^{2판} 외식사업경영

RESTAURANT
MANAGEMENT

2판 외식사업경영

양일선 외 지음

교문사

현대인의 삶에서 외식이나 외식산업은 매우 친밀한 영역이다. 음식을 먹는 것은 이제 생존을 위한 단순한 행위가 아니다. 외식 소비자로서 생활양식과 소비패턴에 맞는 외식상품을 선택적으로 구매한다. 시간적 제약을 받는 사람들은 편리성을 우선시하여 음식을 소비하는 반면, 건강에 관심이 많은 사람은 각종 영양정보를 일일이 확인하며 음식을 선택한다. 외식을 문화적 향유라고 생각하는 이들은 파인 다이닝 레스토랑에서 고가의 소비도 주저하지 않고 한다. 외식은 경제·사회·문화 등 다양한 영역과 연계된 거대한 산업활동의 일부가 되었다.

외식산업은 인력 중심의 산업(people industry)이라는 점에서 국가의 성장동력이 되어야 한다. 국가의 산업구조를 볼 때 외식업은 내수시장 성장과 고용효과 창출에 기여하면서 경제 발전에 영향을 미친다. 외식기업의 전문화, 외식 브랜드 육성 및 글로벌화에 관심을 가지지 않는다면 머지않아 한국의 외식시장은 전 세계 외식기업들의 각축장이 될 것이다. 따라서 외식기업들은 외식 트렌드를 선도할 만한 경쟁력을 확보해야 하고 정부에서도 외식전문기업을 적극적으로 육성·지원해야 한다.

본 교재의 집필진들은 외식전문인재 양성을 책임지는 대학교수로서 수십 년간 국내 외식산업의 성장을 지켜보았다. 생활양식의 변화, 고령인구의 증가, 1인가구 비중의 확대 등 인구학적 변화는 외식산업 성장의 원동력이다. 건강에 대한 관심과 웰빙 추구 경향에 더불어 지속가능한 사회와 환경에 대한 이슈로 인해 외식소비자들의 가치중심적 소비 성향이 커지고 있다. 여기에다 전 세계를 강타한 코로나19로 도래한 뉴노멀 시대에 맞춰 외식산업 환경 변화 속도는 더욱 빨라지고 있다. 금번 개정판에서는 이와 같이 급변하고 있는 국내외 외식산업의 환경변화에 맞춰 실질적인 운영 사례와 최신 트렌드를 담고자 하였다.

　이 책은 외식사업경영에 필요한 기본 개념과 함께 실제적인 운영에 필요한 실무지식을 크게 3부로 나누어 1부 외식사업의 이해, 2부 외식사업 기획, 3부 외식사업 운영 실제의 순으로 구성하였다. 1~2장에서는 외식사업의 이해를 돕기 위해 외식산업의 개요, 외식사업 특성과 트렌드를 다루고, 3~4장에서는 외식사업 기획에 필요한 브랜드 콘셉트 개발과 사업화, 외식공간 디자인에 관해 서술하였다. 5~10장에서는 외식사업을 실제로 운영하기 위해 꼭 알아야 할 실무에 해당하는 메뉴, 위생, 인적자원, 고객서비스, 마케팅 커뮤니케이션, 원가관리를 다루었다. 부디 이 책이 대학에서 외식을 전공하는 학생에게 외식사업경영의 이해를 돕는 전공서로 활용되고, 현장에서 외식사업을 운영하는 경영자에게는 든든한 실무지침서가 되었으면 하는 바람이다.

　책이 나오기까지 한마음으로 참여하고 지원해주신 연세대학교 급식외식경영연구실 구성원에게 감사의 말을 전하고 싶다. 그간 연구실에서 배출된 학문적 동지들이 국내외에서 교육과 연구·실무를 감당하며 서로에게 버팀목이 되어주었기에 오늘의 뜻깊은 결실이 가능했다고 본다.

　또한 책을 출간할 수 있도록 아낌없이 후원해주신 교문사의 류제동 사장님을 비롯한 직원 여러분께도 진심으로 감사드린다. 집필에 전념할 수 있도록 사랑과 이해로 감싸준 가족 모두에게 감사하고, 시작부터 끝까지 출간을 주관해주신 하나님께 이 영광을 돌린다.

2021년 2월

저자 일동

차 례
CONTENTS

PART 3
외식사업 운영의 실제

PART 1
외식사업의 이해

CHAPTER 1

외식산업의
개요

현대사회에서 외식은 특별한 일이 아닌 생활의 일부
가 되었다. 외식사업은 단순히 먹는다는 생리적 욕구
해결에서 벗어나 인간의 사회적, 문화적 욕구를 충족
시켜주는 주요 사업 영역의 하나로 자리 잡았다. 외
식사업은 고객에게 다양한 환경에서 음식을 경험할
수 있는 기회를 제공하며 인적서비스를 통해 편익을
제공하는 대표적인 서비스업이다.

외식산업은 서비스산업, 호스피탈리티(hospitality)
산업, 식품 제조 및 유통산업 등과 연계되어 성장·발
전하고 있으며, 삶의 질 향상 및 웰빙 가치 추구 등에
의해 외식 관련 지출도 꾸준히 증가하고 있다. 본 장
에서는 외식사업의 범위와 분류를 파악하고, 외식산
업의 현황과 환경을 살펴봄으로써 외식사업 및 외식
산업을 전반적으로 이해하고자 한다.

외식 소비시장이 일회성 방문에서 지속적 서비스 이용으로 트렌드가 바뀌면서 구독모델 도입이 확산되고 있다. 코로나19 여파로 대면 서비스에 대한 심리적 부담이 커지면서 온라인 중심 언택트 소비 증가로 구독경제가 각광을 받고 있다. 구독경제(Subscription economy)란 일정 금액을 지불하고 원하는 상품 및 서비스를 주기적으로 제공받는 비즈니스를 말한다. 구독경제는 이미 전 세계적으로 확산되고 있는 새로운 비즈니스 모델이다. 기존의 신문·잡지, 우유, 인터넷 등의 전통적인 구독 서비스와 다른 가장 큰 차별점은 기업이 소비자의 구매과정에서 발생하는 데이터를 수집하고 비즈니스에 활용 가능해졌다는 점이다. 소유보다는 효용을 중시하는 소비 트렌드와 디지털 기술발전으로 구독경제 시장범위는 생필품에서 나아가 콘텐츠, 소프트웨어, 가전, 자동차, 기업간 거래 등으로 확장되고 있다.

구독경제의 대표적인 비즈니스 모델인 미국 아마존 프라임(멤버십형 구독서비스) 가입자 수는 2019년 1.12억 명으로 전체 아마존 고객의 65%를 차지하고 있다. 아마존 프라임 소비자는 연회비를 내고, 식료품 및 가정용품 무료 배송, 무제한 콘텐츠 스트리밍 등 서비스 혜택을 제공받고 있다.

2020년 한국의 소비자는 콘텐츠, 생필품, 화장품 등에서 구독 비즈니스를 이용해 본 경험이 이미 70% 이상이다. 국내 외식 분야에 있어서도 구독경제는 온라인 플랫폼 및 e커머스 시장의 확장으로 지속적인 성장이 예측되고 있다. 버거킹은 2020년 5월 햄버거 구독 서비스를 처음 도입했다. 매월 4,700원을 내면 매장에서 먹을 수 있는 킹치킨 버거 쿠폰을 4개 받을 수 있다. 햄버거 개당 약 1,200원에 먹을 수 있는 것으로 햄버거를 좋아하는 고객에게는 최고의 가성비를 자랑하는 서비스이다. 뚜레쥬르는 국내 베이커리 업계 최초로 월간 구독 서비스를 실시했다. 식빵, 커피, 모닝세트 등 반복 구매 패턴을 보이는 제품에 대해 월 구독료를 내면 특정 제품을 정상가 대비 50~80% 가량 할인된 가격에 주기적으로 제공받을 수 있다.

소비자는 매번 제품을 고르는 시간과 노력을 절약하는 동시에 구매 비용보다 저렴한 금액으로 다양한 경험을 얻을 수 있고 기업 입장에서는 일회성 판매에서 그치지 않고 고객을 구독자로 전환함에 따라 반복적이고 안정적인 수익 확보가 가능하다는 점에서 구독 경제에 대한 수요와 공급은 앞으로도 지속될 전망이다.

뚜레쥬르는 빅데이터 분석으로 반복구매율이 높은 제품을 대상으로 월간구독서비스를 도입했다.

자료: 식품음료신문(http://www.thinkfood.co.kr). 한국무역협회 국제무역통상연구원(2021).

1. 외식산업의 범위와 분류

1) 외식의 기본 개념

'외식'이라는 단어를 들으면 무엇이 먼저 떠오르는가? 분위기 좋은 레스토랑에서의 멋진 식사? 커피 전문점에서 테이크아웃(take-out)한 커피를 들고 바쁘게 걸어가는 모습? 학교 식당에서의 급식서비스? 혹은 집에서 피자를 주문해 먹는 모습? 이처럼 현대인의 외식은 다양한 상황에서 다양한 형태로 나타나고 있다.

사전적 의미로 본다면 외식(外食, dining-out)은 내식(內食, 가정 내 조리 및 식사)과 구분되는 개념으로 "집에서 직접 만들지 않고 밖에서 음식을 사 먹음 또는 그런 식사"라고 정의할 수 있다. 외식산업진흥법에 따르면 외식이란 "가정에서 취사(炊事)를 통하여 음식을 마련하지 아니하고 음식점 등에서 음식을 사서 이루어지는 식사 형태"를 의미한다.

일본의 학자 미야 에이지(三家英治)는 조리 주체·조리 장소·식사 장소의 3가지 요소를 바탕으로 내식·외식·중식을 구분하여 정의하였다. **내식**은 조리 주체가 가정 내의 사람이고 조리 장소와 식사 장소가 원칙적으로 가정 내에서 이루어진다. 가정 내 구성원이 식품 전문점에서 식재료를 구매하고 가정에서 음식을 조리하여 식사를 하는 경우가 이에 해당된다.

외식은 조리 주체가 가정 외의 사람으로 조리의 장소는 원칙적으로 가정 외에 있으며, 식사 장소도 가정 외에서 이루어진다. 식생활과 생활패턴의 변화로 인해 외식소비의 형태가 다양해지고 보편화되면서 외식의 범주는 더욱 넓어지고 있다.

중식(中食)은 조리 주체가 가정 외의 사람으로 조리 장소는 원칙적으로 가정 외에 있으며, 식사 장소가 가정 내인 식사를 의미한다. 중식은 가정 외에서 조리된 음식을 구입하여 가정에서 먹는 외식과 내식의 중간 형태로 할인점 및 백화점의 식품코너, 반찬가게, 테이크아웃, 주문 배달, 케이터링(연회, 출장서비스) 등이 중식의 범주에 해당한다.

따라서 외식이란 가정 외에서 조리된 음식을 먹는 것으로 가정 밖(레스토랑 등)에서의 식사뿐 아니라 가정 외에서 조리된 음식을 테이크아웃, 주문 배달 등의 형태로 가져와 가정 내에서 식사를 해결하는 것, 즉 중식을 포함하는 광의의 개념으로 사용되고 있다. 오늘날에는 여성의 사회 진출 확대, 독신자의 증가, 편의와 간편성 추구, 라이프스타일의 변화 등으로 외식산업 내에서 중식시장이 차지하는 비중이 지속적으로 확대되고 있다.

2) 외식산업의 범위

외식사업(restaurant business)은 "고객들에게 외식상품을 판매하는 사업으로 외식산업과 관련된 경제활동"으로 정의된다. 이는 요식업, 식당업, 음식업의 명칭으로 다양하게 일컬어졌으나 외식시장의 기업화·규모화·전문화 추세에 따라 외식사업이라는 용어로 통일되어 보편화되었다.

노트 외식산업과 호스피탈리티산업

외식산업은 호스피탈리티산업을 구성하고 있는 핵심산업이다. 개인의 여유시간과 가처분소득이 늘어남에 따라 삶의 질을 향상시키기 위한 지출활동이 증가하면서 하나의 산업으로 등장하게 된 것이 호스피탈리티산업이다.

'호스피탈리티(hospitality)'라는 말의 어원은 라틴어로 '손님(hospes)'이다. 이방인이나 손님에게 숙박이나 식사를 제공한다는 의미를 지니고 있다. 국내에서 호스피탈리티는 '환대'로 해석되는데 환대란 '반갑게 맞아 정성껏 대접한다.'는 뜻이다. 프랑스의 철학자 자크 데리다(Jacques Derrida)는 환대를 아무런 조건 없이 가진 것을 타인과 아낌없이 공유하는 무조건적 환대와 자신의 이익이나 대가를 획득하기 위한 의무적인 행위로서의 조건적 환대로 구별하였다. 현대사회에서 환대는 제공자와 수혜자의 상호 공생관계를 기반으로 하므로 조건적 환대에 해당된다.

호스피탈리티산업은 고객에게 최고의 환대를 제공함으로써 고객가치를 창출하는 것을 목표로 한다. 이 산업은 숙박(호텔, 모텔, 리조트 등)과 외식(레스토랑 등)이 주요 산업군이며, 이외에도 여가 및 관광산업 중 고객에게 서비스를 제공하는 오락시설, 카지노, 테마공원, 여객운송, 크루즈 등을 포함한다.

외식산업진흥법(2011)에 의하면 **외식상품**은 "외식을 위하여 판매가 가능하도록 생산한 제품 및 외식과 관련된 서비스, 교육·훈련, 운영체계, 상표·서비스표" 등을 말한다. 또한, **외식산업**(restaurant industry)은 "외식상품의 기획·개발·생산·유통·소비·수출·수입·가맹사업 및 이에 관련된 서비스를 행하는 산업"으로 정의된다.

미국레스토랑협회(NRA)는 외식산업을 "가정 외에서 조리된 모든 식사(meals and snacks)의 제공과 관련된 산업"으로 규정하고, 일반음식점 외에도 테이크아웃, 주문 배달, 가정식대용식(HMR: Home Meal Replacement), 단체급식(institutional food service), 케이터링 등을 포함하는 광범위한 산업으로 보고 있다.

외식산업은 식재료를 수급, 제조·가공하여 외식상품을 생산한다는 측면에서는 제조업과 관련이 있고, 소비자에게 외식상품을 유통·판매한다는 점에서 소매업으로 볼 수 있다. 외식산업은 식음료의 생산뿐 아니라 무형의 인적서비스, 분위기 연출 및 이와 관련된 다양한 편익을 제공하는 제조업과 서비스업의 특징을 동시에 지니는 복합산업이라고 할 수 있다.

3) 외식산업의 분류

외식산업은 국가기관 및 업계, 학계 등에서 메뉴의 특성, 서비스 제공 형태, 영리 추구 여부, 주류 판매 여부 등에 의해 다양하게 분류되고 있다. 국내 외식산업의 객관적인 분류는 통계청의 한국표준산업분류, 식품위생법상의 분류 등을 참조해서 살펴볼 수 있다.

한국표준산업분류*는 UN국제산업분류를 기초로 작성한 것으로 외식산업은 대분류 〈I. 숙박 및 음식업〉 내 중분류 〈56. 음식점 및 주점업〉에 해당된다. 음식점 및 주점업은 소분류 〈561. 음식점업〉, 〈562. 주점 및 비알코올음료점업〉으로 구분되며 세분류로 한식음심점업, 외국식 음식점업, 기관 구내식당업, 출장

표 1-1 한국표준산업분류에 의한 외식산업 분류

중분류	소분류	세분류	세세분류	
56 음식점 및 주정업	561 음식점업	5611 한식 음식점업	5611	한식 일반 음식점업
			5612	한식 면 요리 점문점
			5613	한식 육류 요리 전문점
			5614	한식 해산물 요리전문점
		5612 외국식 음식점업	56121	중식 음식점업
			56122	일식 음식점업
			56123	서양식 음식점업
			56129	기타 외국식 음식점업
		5613 기관 구내식당업	56130	기관 구내식당업
		5614 출장 및 이동 음식점업	56141	출장 음식 서비스업
			56142	이동 음식점업
		5619 기타 간이 음식점업	56191	제과점업
			56192	피자, 햄버거, 샌드위치 및 유사 음식점업
			56193	치킨 전문점
			56194	김밥 및 기타 간이 음식점업
			56199	간이 음식 포장 판매 전문점
	562 주점 및 비알코올 음료점업	5621 주점업	56211	일반 유흥 주점업
			56212	무도 유흥 주점업
			56213	생맥주 전문점
			56219	기타 주점업
		5622 비알코올 음료점업	56221	커피 전문점
			56229	기타 비알코올 음료점업

자료: 통계청(2017).

및 이동음식점업, 기타 간이 음식점업, 주점업, 비알코올 음료점업으로 세분된다.(표 1-1).

식품위생법 시행령 제21조에 의하면 외식산업은 식품접객업에 해당되며 음식점과 주점으로 구분할 수 있다. 음식점은 주류의 판매 여부에 따라 휴게음식점영업, 일반음식점영업, 위탁급식영업, 제과점영업으로 분류되며 주점은 유흥종사자 유무에 따라 단란주점영업과 유흥주점영업으로 분류된다(표 1-2).

★ 한국표준산업분류란 사업체가 주로 수행하는 산업활동을 그 유사성에 따라 체계적으로 유형화(분류)한 것이다. 분류 구조는 대분류(알파벳 문자 사용, Sections), 중분류(2자리 숫자 사용, Divisions), 소분류(3자리 숫자 사용, Groups), 세분류(4자리 숫자 사용, Classes). 세세분류(5자리 숫자 사용, Sub-Classes)의 5단계이다(자료: 통계청 홈페이지).

표 1-2 식품위생법 시행령에 의한 외식산업 분류

구분	분류	내용
음식점	휴게음식점영업	주로 다류, 아이스크림류 등을 조리·판매하거나 패스트푸드점, 분식점 형태의 영업 등 음식류를 조리·판매하는 영업으로서 음주행위가 허용되지 아니하는 영업. 다만, 편의점·슈퍼마켓·휴게소 기타 음식류를 판매하는 장소에서 컵라면, 1회용 다류 기타 음식류에 뜨거운 물을 부어주는 경우를 제외한다.
	일반음식점영업	음식류를 조리·판매하는 영업으로서 식사와 함께 부수적으로 음주행위가 허용되는 영업
	위탁급식영업	집단급식소를 설치·운영하는 자와의 계약에 의하여 그 집단급식소 내에서 음식류를 조리하여 제공하는 영업
	제과점영업	주로 빵, 떡, 과자 등을 제조·판매하는 영업으로서 음주행위가 허용되지 아니하는 영업
주점	단란주점영업	주로 주류를 조리·판매하는 영업으로서 손님이 노래를 부르는 행위가 허용되는 영업
	유흥주점영업	주로 주류를 조리·판매하는 영업으로서 유흥종사자를 두거나 유흥시설을 설치할 수 있고 손님이 노래를 부르거나 춤을 추는 행위가 허용되는 영업

자료: 식품위생법 시행령 제 21조.

2. 외식산업의 현황

1) 국내 외식산업의 현황

국내 외식산업은 1986년 아시안게임과 1988년 서울올림픽 등 국제적인 행사를 계기로 급성장하였다. 1979년 일본 *롯데리아*와 합작 형태로 국내에 도입된 *롯데리아*를 시작으로 1980년대 *버거킹*(1982), *KFC*(1984), *피자헛*(1985) 등 해외 브랜드의 국내 시장 진출이 본격화되면서 외식산업은 활기를 띠었다. 1990년대에는 대기업의 외식사업 진출과 *TGIF*(1992), *베니건스*(1995) 등 해외 패밀리레스토랑의 국내 진출로 외식산업이 질적으로 성장했으며, 1990년대 중반부터 제너시스 *BBQ*, *놀부*, *원앤원* 등을 중심으로 프랜차이즈업계가 성장하기 시작하였다.

국내 외식산업은 국민소득 수준의 향상, 주5일 근무제의 확산, 여성의 사회활

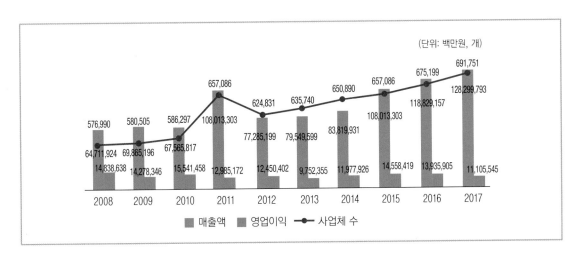

(단위: 백만원, 개)

그림 1-1
음식점업 사업체 수 및
매출액, 영업이익 변화 추세
(2008~2017)
자료: 통계청 도소매업조사
(2008~2009, 2011~2014,
2016); 경제총조사(2005, 2010);
서비스업조사(2017).

동 참여 증가, 해외브랜드의 국내 시장 진출, 식생활 패턴의 변화 등으로 외식문화가 발달하면서 시장 규모가 점차 커지고 있다. 통계청 조사에 따르면 가구당 월평균 식비 지출액 중 식료품이 차지하는 비중은 지속적으로 감소하고 외식이 차지하는 비중은 점차 증가하고 있다. 2019년 가계동향조사에서 식비 지출액 66만 6,000원 중 식사비는 33만 4,000원으로 50.15%를 차지하였다(KOSIS 국가통계포털, 2020).

전국의 음식점업 사업체수는 2008년 57만 6,990개에서 2017년 69만 1,751개소로 매년 꾸준히 상승한 것으로 나타났다. 통계청 조사로 본 국내 외식산업 매출 규모는 2008년 64조에서 2015년 108조원으로 100조원을 넘어섰고 2017년 128조 원에 달하고 있다. 영업이익은 꾸준히 증가와 감소를 반복하였으며 최근 2015년부터 2017년까지 하락하고 있는 상황이다(그림 1-1).

한국표준산업분류에 따른 음식점업의 업종별 사업체수는 2018년 기준 한식음식점업이 가장 많고 다음으로 기타 간이 음식점업 순으로 나타났다. 한식음점업 중에서도 한식 일반 음식점업, 한식 육류요리 전문점의 순으로 사업체 수가 많았고 종사자수는 사업체수와 유사한 양상을 보이고 있다(표 1-3).

표 1-3 한국표준산업분류에 따른 음식점업 업종별 사업체수와 종사자수 및 매출액 현황

(단위: 개, 명, 백만 원)

산업별	2017			2018		
	사업체수(개)	종사자수(명)	매출액(백만원)	사업체수(개)	종사자수(명)	매출액(백만원)
음식점 및 주점업	691,751	2,036,682	128,299,793	709,014	2,138,772	138,183,129
음식점업	496,915	1,575,626	107,483,063	506,407	1,647,466	114,868,886
한식 음식점업	310,692	911,595	60,146,341	313,562	944,568	63,132,792
한식 일반 음식점업	192,124	541,886	34,152,478	188,565	539,764	34,572,560
한식 면 요리 전문점	21,455	57,654	3,134,635	22,028	61,497	3,535,730
한식 육류 요리 전문점	67,733	224,798	16,155,222	72,878	251,831	18,134,259
한식 해산물 요리 전문점	29,380	87,257	6,704,006	30,091	91,476	6,890,243
외국식 음식점업	52,238	229,161	14,978,987	55,136	240,316	16,148,805
중식 음식점업	24,839	92,087	5,272,970	24,546	92,334	5,802,680
일식 음식점업	11,714	50,235	3,968,345	13,436	58,697	4,451,432
서양식 음식점업	11,831	70,248	4,753,961	12,607	70,712	4,783,493
기타 외국식 음식점업	3,854	16,591	983,711	4,547	18,573	1,111,200
기관 구내식당업	11,178	68,751	9,509,326	11,325	72,258	10,113,324
기관 구내식당업	11,178	68,751	9,509,326	11,325	72,258	10,113,324
출장 및 이동 음식점업	598	2,654	176,455	563	2,441	159,807
출장 음식 서비스업	598	2,654	176,455	563	2,441	159,807
기타 간이 음식점업	122,209	363,465	22,671,954	125,821	387,883	25,314,158
제과점업	17,075	66,790	5,381,570	19,390	75,988	5,936,409
피자, 햄버거, 샌드위치 및 유사 음식점업	17,785	90,265	5,684,654	19,017	96,332	6,168,086
치킨 전문점	38,099	88,378	4,994,363	36,791	88,330	5,365,202
김밥 및 기타 간이 음식점업	41,933	99,682	4,644,593	43,212	107,975	5,191,216
간이 음식 포장 판매 전문점	7,317	18,350	1,966,774	7,411	19,258	2,653,245
주점 및 비알콜음료점업	194,836	461,056	20,816,730	202,607	491,306	23,314,243
주점업	121,018	263,266	11,896,969	119,162	258,587	12,437,010
일반유흥 주점업	32,319	81,686	3,340,703	29,905	72,374	2,997,373
무도유흥 주점업	1,814	7,598	375,669	1,934	7,740	411,697
생맥주 전문점	7,194	16,922	823,635	7,562	18,062	919,172
기타 주점업	79,691	157,060	7,356,962	79,761	160,411	8,108,768
비알콜 음료점업	73,818	197,790	8,919,761	83,445	232,719	10,877,233
커피 전문점	56,928	164,512	7,850,364	66,231	197,088	9,687,014
기타 비알코올 음료점업	16,890	33,278	1,069,397	17,214	35,631	1,190,219

자료: 농림축산식품부, 한국농수산식품유통공사(2020).

노 트 각국의 1만 명당 외식업체수는 얼마나 되나?

2017년 기준 주요 국가별 인구 1만 명당 외식 사업체수를 보면 한국이 다른 주요국가에 비해 월등히 많다. 미국은 인구 1만 명당 20.8개, 일본이 58.3개, 중국이 66.4개에 비해 한국은 125.4개로 경쟁이 매우 치열한 상황임을 알 수 있다. 2017년 경제활동인구 2772만 명을 기준으로 보더라도 전국적으로 69만 개의 음식점이 있으니 경제활동 인구 40명당 1개꼴이다.

2019년 한국외식업중앙회 조사에 의하면 식당 창업 후 1년 내 폐업하는 확률이 31.3%, 창업 5년 내 5곳 중 1곳만 생존하는 것으로 나타났다. 특별한 기술이나 창업에 대한 준비 없이 외식업을 시작하는 것이 얼마나 위험한 일인지 잘 알 수 있다. 외식업은 농업, 식품제조업, 서비스 판매업 등의 복합산업의 성격을 갖고 있다. 경영에 대한 풍부한 지식을 갖춰야 성공할 수 있는 사업인 것이다.

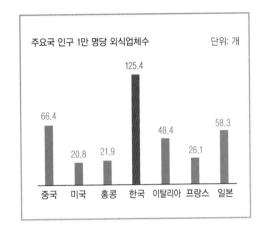

자료: 유로모니터 인구통계(2017); 한국외식업중앙회(2019)

2) 해외 외식산업의 현황

(1) 미국

미국의 외식산업은 전체 GDP의 평균 3.25%를 차지하고 있으며, 미국 내 노동시장의 9% 이상을 차지하는 주요 취업 직군이다. 미국 외식산업은 2000~2008년 동안 연평균 4.7%의 성장률을 기록했으나 외식산업 성숙기 진입과 함께 금융위기로 인한 소비심리 위축으로 성장률이 감소하는 추세이다. 2019년 기준 전년 대비 연평균 3.6%의 성장률을 기록했으며 외식산업 매출 규모는 8,629억 달러로 추산된다(표 1-4).

미국은 코로나19 팬데믹 이후 외식보다 가정에서 식사하는 비중이 증가했고,

표 1-4 미국 외식산업 매출액 현황

	2018 sales (billions)	2019 sales (billions)	Percent change	Real percent change
COMMERCIAL RESTAURANT SERVICES[1]	$767.8	$795.4	3.6%	1.1%
Total eating-and-drinking places	$592.0	$613.0	3.6%	1.1%
Eatubg okaces	$570.8	$591.0	3.6%	1.1%
Fullservice restaurants[2]	$274.8	$285.3	3.8%	1.5%
Limited-service(quick service) restaurants[3]	$239.1	$246.7	3.2%	0.7%
Cafeterias, grill-buffets and buffets[4]	$6.1	$6.0	−1.9%	−4.4%
Snack and nonalcoholic beverage bars	$41.8	$43.7	4.6%	2.1%
Social caterers	$9.0	$9.4	4.1%	1.8%
Bars and taverns	$21.2	$22.0	3.7%	1.7%
Other[5]	$175.8	$182.4	3.8%	1.3%
NONCOMMERCIAL RESTAURANT SERVICES[1]	$62.5	$64.6	3.4%	0.7%
MILITARY RESTAURANT SERVICES[2]	$2.8	$2.9	3.0%	0.5%
TOTAL	$833.1	$862.9	3.6%	1.1%

자료: National restaurant association(2019).

향후 온라인 식료품 쇼핑, 요리하는 습관, 밀키트 활용 증가 등의 소비행동의 변화가 지속될 것으로 보인다. 홀푸드(Whole Foods)의 발표에 따르면 2021년 주요 식품 트렌드는 웰빙 추구, 아침식사 증가, 맛을 더한 기본 식재료(소스, 향신료 등) 등으로 변화되면서 소비자의 새로운 욕구를 충족시키기 위한 제품과 서비스 수요가 늘어나고 있다.

(2) 영국

KOTRA 해외시장뉴스에 따르면 영국의 외식시장은 코로나19로 인한 록다운(lockdown), 이동제한 및 영업제한으로 레스토랑의 매출은 급감한 반면, 음식배달과 온라인 판매 분야는 급성장하였다. 코로나19의 유행으로 소비자의 온라인 구매 비중이 높아지고 가성비를 중시하는 신중한 소비가 증가하면서 외식 및 식음료업계에서는 사업모델을 온라인 중심으로 전환하거나 비대면 서비스를 확대하고 있다.

레스토랑 및 식료품 매장에서는 소비자가 제품을 온라인으로 주문, 결제한 후 직접 매장에 가서 구매한 제품을 픽업하는 시스템인 **클릭앤콜렉트**(click&collect)에 대한 수요가 증가했으며, 영국의 대표적인 식료품 체인인 알디(Aldi)를 비롯한 대형 식료품 체인은 타인과의 사회적 접촉을 최소화할 수 있는 클릭앤콜렉스 서비스를 확대하고 있다. 또한, 소비자의 비대면서비스 선호경향으로 외식업계는 테이크아웃 및 드라이브스루(drive-through)의 수요가 급증하였고, 이에 맥도날드, 스타벅스, 버거킹 등 체인레스토랑은 드라이브스루 매장을 확대하고 있으며, 이러한 변화는 지속될 것으로 전망된다.

(3) 중국

중국의 외식시장 규모는 2019년 4조 6700억 위안을 넘어설 것으로 전망되며, 연평균 10%대의 성장률을 보이고 있다. 2015년도 이후 외식시장의 성장률은 다소 둔화되었으나 지속적인 성장추세를 보이고 있으며 전체 소비시장의 성장률을 소폭 앞서고 있다. KOTRA 해외시장뉴스에 따르면 중국의 외식시장은 중국 식당이 전체의 51%를 차지하며, '휴한간찬'(기존 패스트푸드 매장보다는 고급스러운 분위기에서 식사 및 커피를 즐길 수 있는 식당 및 카페)이 16%, 패스트푸드가 10% 순으로 비율이 높은 것으로 나타났다. 특히 최근 각광을 받고 있는 휴한간

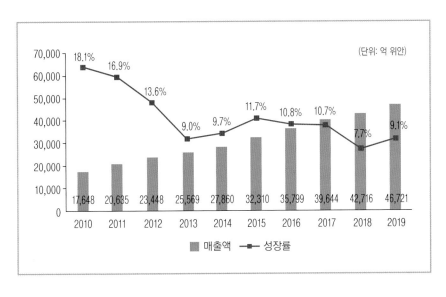

그림 **1-2**
중국 외식산업 시장규모
자료: 한국외식정보(2021)

찬은 신세대를 겨냥한 메뉴 개발 및 매장 분위기 전환 등 새로운 트렌드에 부합하면서 외식산업의 성장을 주도하고 있다.

중국의 외식 트렌드를 살펴보면, 개방 이후 경제발전에 따라 소득 수준이 향상되고 젊은 여성층이 주요 외식 소비 계층으로 부상하면서 외식시장의 고급화, 전문화, 개성화 트렌드가 가속화되고 있다. 또한, 온라인 플랫폼을 통한 외식업체 검색, 예약, 주문 접수, 계산 및 영수증 발급까지 원스톱 체계로 운영하는 등 스마트 기기의 활용이 늘어나고 있고, 소셜커머스 산업은 급성장하고 있다. 뿐만 아니라 웰빙, 친환경을 추구하는 소비자가 늘고 있으며, 코로나19로 1인 식단과 혼밥이 주요 트렌드로 부상하고 있고 가정간편식(HMR)과 밀키트(Meal Kit) 소비가 증가하고 있다.

(4) 일본

일본의 외식산업은 2011년 GDP 기준 전체의 4.3%를 차지하고 있으며 완만한 증가세를 보이고 있다. 일본의 외식산업은 가계소비자수 악화와 더불어 가계 소비 지출 내 외식비의 지출 비중까지 감소하면서 외식시장 축소세를 보였으나, 방일 외국인 관광객의 지출 증가로 완만한 성장을 지속하고 있다. 그러나 코로나19의 확산으로 인바운드 소비의 단절 및 레스토랑 영업시간 단축과 휴업 등으로 2020년에는 시장규모가 감소할 것으로 예측되고 있다.

다른 국가와 마찬가지로 건강지향적인 소비를 추구하고 있으며, 식품안전에 대한 소비자의 욕구가 증가함에 따라 정부에서도 식품안전규제 방안을 강화하고 있다. 고령화와 독신가구의 증가로 이들을 대상으로 한 다양한 외식상품이 인기를 끌고 있으며, 공정거래, 환경중시, 지역사회에의 공헌 등 윤리적 소비 트렌드가 보편화되고 있다. 또한, 코로나19 팬데믹으로 인해 테이크아웃과 배달수요가 확대되고 있으며, 가게 내점 전에 스마트폰 앱으로 주문 및 결제를 끝내고 방문하여 음식을 픽업하는 형태인 모바일 오더와 점포에서 식사하지 않고 배달 주문을 하는 고객 수요에만 대응하도록 만들어진 고스트 레스토랑이 등장하고 있다.

3. 외식산업의 환경

외식산업은 다양한 경제·사회·문화·기술적 환경 요인에 의해 성장·발전하고 있다. 국민소득 증가, 여가생활 증대, 대기업의 외식산업 진출 등의 경제적 환경, 여성의 사회 진출, 레저 및 식생활 패턴의 다양화, 식습관의 서구화, 건강식에 대한 욕구 증대 등의 사회·문화적 환경, 첨단기술 도입 및 인터넷 마케팅 활성화 등 기술적 환경이 외식산업의 변화를 주도하고 있다. 외식산업을 둘러싼 법적·제도적 환경 변화 또한 외식업 창업 및 운영자라면 간과할 수 없는 부분이다.

1) 경제적 환경

그동안 우리나라 외식산업이 비약적으로 발전할 수 있었던 것은 경제 발달에 따른 국민소득 증가가 원동력이 되었기 때문이다. 국가의 경제 발전은 기업뿐만 아니라 개인의 삶의 방식과 지출 규모에도 많은 영향을 미친다.

사회 전반의 경제 상황과 소비자들의 외식비 지출 규모는 외식산업의 경기와 외식업의 성패를 좌우하는 중요한 요인이다. 한국농수산식품유통공사는 최근 외식업에 대한 경기 수준을 측정하여 외식업경기지수를 발표함으로써 외식업 종사자들에게 실질적인 정보를 제공하고 있다.

국민소득과 소비, 가구별 가계수지 동향, 물가상승률, 실업률 등 외식산업에 영향을 주는 대내적 경제적 요인 이외에도 세계 경제동향, 기후 변화 및 환율 변동으로 인한 국제 곡물가 상승과 같은 대외적인 요인도 외식산업에 영향을 미친다. 국내 산업구조의 불안 요소와 해외 글로벌 경쟁 심화 등의 흐름은 국내 전 산업 분야에서 체계적인 위기관리와 글로벌 경쟁력 확보를 요구하고 있다.

농림축산식품부와 한국농수산식품유통공사(aT)는 외식업경기지수를 개발하여 외식업에 대한 경기동향을 가늠하는 정보를 제공하고 있다. 외식업경기지수(KRBI: Korean Restaurant Business Index)는 외식업소의 매출액, 고객 수, 식재료 지출, 종업원 수, 프라임 원가, 투자지출 등의 요소를 분석하여 외식업계의 성장과 위축 정도를 수치화하여 산출한 지수이다.

국내 외식업체 3,000곳을 표본으로 선정하여 전년 동기 대비 매출의 증가 혹은 감소 현황을 조사하여 현재와 미래의 외식업경기지수를 산출한다. 현재 외식업경기지수는 전년 동기대비 최근 3개월간의 매출액 증감을 조사한 것으로 외식업 경기가 전년도에 비해 좋고 나쁜 정도를 나타낸다. 미래 외식업경기지수는 전년 동기 대비 향후 6개월간의 매출액의 증감을 예측하므로 향후 경기전망을 가늠할 수 있게 해준다.

$$\text{외식업경기지수(KRBI)} = \frac{(\text{매출 증가 사업체 수} \times 0.5 - \text{매출 감소 사업체 수} \times 0.5)}{\text{전체 응답 사업체 수}} \times 100 + 100$$

- KRBI는 50~150 사이의 값을 가지며, 모든 사업체에 전년 동분기 대비 매출 증감이 없는 경우는 지수가 100이 된다. 지수 값이 100 미만인 경우는 매출이 감소한 사업체 수가 증가한 사업체 수보다 많다는 뜻이고 100 이상인 경우는 그 반대이다.

2020년 4/4분기에 발표된 외식업경기지수는 59.33으로 3분기 및 전년 동기 대비 모두 하락한 것으로 나타났다. 2021년 1/4분기 미래 외식업경기지수는 66.01로 전망되어 약간 상승할 것으로 전망되지만, 지속적인 코로나19의 영향으로 민간소비가 위축되고 외식업 경기가 장기 침체 현상을 보이는 것으로 나타났다.

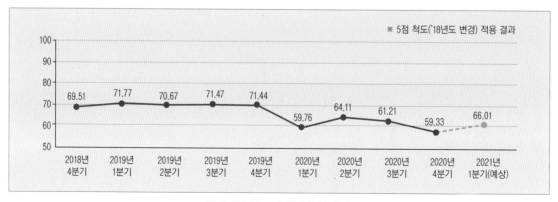

2018-2021년도 외식업경기지수 추이

2) 사회 · 문화적 환경

1인 가구와 맞벌이 가정의 증가, 노인 인구 증가와 같은 사회·문화적 환경 변화 역시 외식산업에 많은 영향을 준다. 여성의 사회 진출 증가로 높아진 외식 의존도가 국내 외식시장 성장에 결정적 기여를 한 것 또한 사실이다.

불황이 장기화되는 환경에서 1인 가구나 맞벌이 가구 수 증가는 외식시장에 부정적인 요소가 되기도 한다. 이른바 싱글족이라 불리는 1인 가구는 혼자 외식하는 것을 꺼리는 경향이 있으며, 시간적·경제적 여유가 부족한 맞벌이 가정에서는 편리하면서도 상대적으로 저렴하게 식사를 해결할 수 있는 가정간편식(HMR)을 선택하기 때문이다. 이와 같은 사회적 변화는 HMR 시장에는 긍정적이지만 이와 경쟁해야 하는 외식시장을 상대적으로 위축시키는 결과를 가져온다.

통계청에 따르면 2010년 4가구당 1가구 수준(23.9%)이던 1인 가구의 비율은 꾸준히 증가하여 2020년 30%를 넘어섰고 2030년에는 720만 가구로 전체 가구 수 대비 33.3%, 전체 인구 5,191만 명 가운데 13.9% 비중을 차지할 것으로 예상된다(그림 1-3). 총 인구의 자연증가가 멈추고 감소하는 상황에도 불구하고 1인 가구의 규모는 증가하고 있어서 1인 가구의 생활형태가 사회, 경제 전반에 미치는 영향은 더욱 확대될 것으로 전망된다.

배달음식 시장규모의 성장은 배달앱 이용률 급증에 힘입은 바 크다. 2015년 전체 배달음식 시장규모는 12조 원, 배달앱 시장은 약 1조 원 수준이었지만 5년새 배달음식 시장이 20조, 배달앱 시장은 7.6조로 수직 상승하였다.
자료: TV조선(2015. 7. 11.); 스페셜경제(2020. 10. 16.)

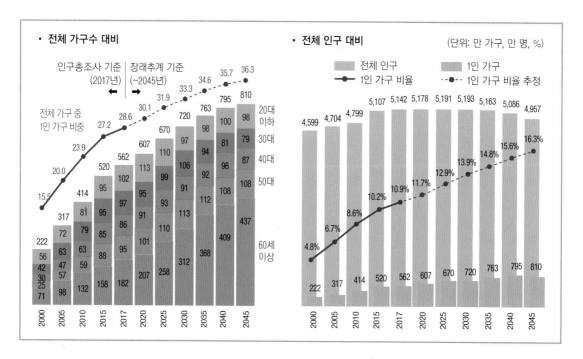

그림 1-3
전체 가구 중 1인 가구 비중
및 성장 전망
자료: 이코노믹리뷰
(2019.06.23.)

1인 가구에서 늘어나는 간편식이나 배달음식 소비는 외식시장에 많은 영향을 미치고 있다. 코로나19 이후 시장이 더욱 커진 배달음식 시장은 1인 가구의 혼밥, 혼술 소비를 홈밥, 홈술 문화로 바꿔 놓았고, 간편식을 먹더라도 건강하게 한 끼를 먹고자 하는 욕구는 더 커졌다. 편의점에서 소용량, 소포장 형태의 상품이 큰 인기를 끌고 있으며 이른바 편리미엄 상품이 식생활에도 중요한 트렌드로 자리하게 되었다. 여기에 편의점이 배달 서비스까지 시작하면서 배달 음식점은 이제 편의점과도 경쟁해야 하는 시대가 도래하였다.

고령화로 인한 노년인구의 증가는 **실버마켓**(silver market)의 잠재력에 주목하도록 만든다. 선진국에서는 구매력 있는 노년층이 '골드 세대'로 부각되면서 이들을 겨냥한 사업이 급증하고 있다. 베이비붐 세대의 본격적인 은퇴로 등장한 액티브 시니어(active senior, 주로 50~64세로 경제력과 건강을 바탕으로 능동적인 삶을 추구하며 소비 수준이 높은 세대)들이 여가와 문화의 소비주체로 부상하고 있다.

따라서 외식공간은 노년 소비자들의 건강지향성, 웰빙, 감성을 충족시킬 수 있는 독특한 메뉴 제안과 감각적 재미를 갖추어야 한다. 노년 소비자의 방문을

채식 인구의 증가는 외식, 식품, 유통업계에 모두 신시장 개척의 기회가 되고 있다. 식물성버거에서 비건 전문몰까지 대중에게 빠르게 저변을 넓혀가고 있는 채식은 이제 하나의 라이프스타일로 자리 잡았다.
자료: 롯데GRS 홈페이지; 헬로네이처 홈페이지.

유도하기 위해서 접근의 용이성 및 주차의 편리함에도 신경 써야 한다. 외식업계는 노년 소비자의 행동 욕구 및 추구 가치에 영향을 미칠 수 있는 라이프스타일, 신체적·심리적 건강을 바탕으로 고객세분화 전략을 짜야 한다.

웰빙 라이프스타일(well-being lifestyle)과 로하스(LOHAS: Lifestyle of Health and Sustainability) 트렌드에 따른 슬로푸드(slow food), 로컬푸드(local food), 친환경 농수산물 소비의 증가도 전 연령과 소득층으로 확산되고 있다. 로하스족은 식품의 생산부터 소비까지 나타나는 일련의 과정에서 에너지와 자원 사용을 줄이고 온실가스 및 오염물질의 배출을 최소화하는 녹색 식생활을 추구하고 있다. 최근 환경에 대해 관심이 많아진 1030세대를 중심으로 채식인구도 점차 늘고 있다. 과거 40, 50대 이상에서 건강상의 이유로 채식을 하였지만 이제는 환경 문제와 동물 보호에 대한 가치관에 기반하여 채식주의를 선택하는 젊은 세대가 늘어났다. 채식에 대한 인식이 바뀌면서 비건 레스토랑이 아니어도 채식 메뉴를 적극 도입하여 선택권을 넓히고 있고 식품업계에서는 새로운 채식 수요에 대응하기 위한 상품과 서비스를 개발하고 있다.

3) 기술적 환경

외식산업과 정보통신기술(ICT)이 접목된 **푸드테크(Foodtech)** 산업의 활성화는

외식업체 운영 전반의 변화를 주도하고 있다. 배달앱 사용과 키오스크 보급뿐
아니라 3D 프린터로 만드는 요리, 로봇 셰프의 등장, 빅데이터와 인공지능을 활
용한 마케팅 등 푸드테크는 날로 진화하고 있다.

기술의 발전으로 산업 간의 영역이나 경계도 점차 사라지고 있다. 제약·바이
오 등 타 산업과의 융·복합을 통하여 식품·외식산업의 영역이 확대되고 있는
것이다. 네슬레, CJ와 같은 기업들은 기능성 식품, 제약, 화학 등으로 사업을 확
장하고 듀퐁, 몬산토, 다우케미컬 같은 다른 산업에 종사하던 기업이 식품산업
으로 진입하는 등 산업의 융·복합이 가속화되고 있다.

식품 제조업체들은 생산 사이클에서의 식량 낭비 감소를 위해 소포장, 지능
형 스마트포장, 무균 포장 같은 혁신적 기술을 사용하고 있다. 포장기술의 발
달은 친환경 및 편의성을 강조하는 소비행태를 지닌 소비자에게 만족감을 제
공함과 동시에 점포관리 및 메뉴관리를 획기적으로 변화시켰다. 분자요리
(molecular gastronomy), 수비드(sousvide, 저온조리), 초고압기술 등 조리기
술 발달은 웰빙 트렌드 및 미식을 추구하는 소비자들의 욕구를 충족시키고 있

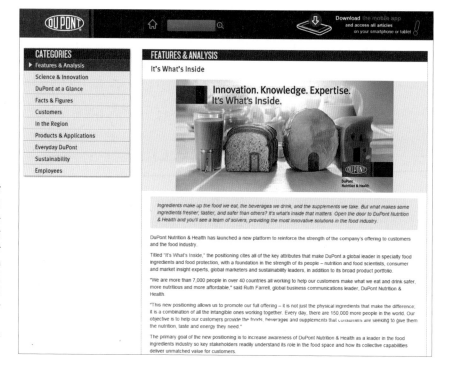

나일론을 개발한 회사로 잘
알려진 미국 1위의 화학기업
듀퐁사는 식품산업으로 눈을
돌려 기능성 식품소재 개발
에 많은 연구 개발비를 투자
하고 있다. 듀퐁 Nutiontion
& Health 사의 광고는 소비
자들에게 음식에 포함된 영
양소의 중요성에 대해 생각
하게 한다.
자료: 듀퐁 Nutrition & Health 홈
페이지.

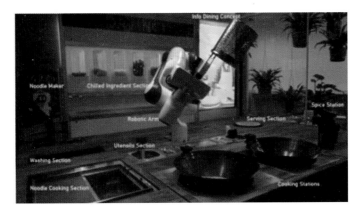

로봇 셰프가 만드는 3분 파스타, 전용 모바일 앱을 통해 원하는 시간에 음식 주문이 가능하다. 로보틱스와 자동화가 외식업계에 어떠한 파장을 가져올 것인지에 관심이 쏠리고 있다.
자료: DaVinCi Kitchen 홈페이지.

다. 식품가공 기술이 발달하면서 **밀키트(Meal-kit), 레스토랑 간편식(RMR: Restaurant Meal Replacement)** 등 간편식 제품이 다양한 형태로 출시되고 있다. 간편식 제품들은 레스토랑 메뉴 수준의 고품질 제품의 일상식으로 전환될 것으로 전망되고 있다.

IT 기술의 발달은 외식업체의 주문 방식 및 마케팅활동을 이전과는 다른 방식으로 전환시키고 있다. 최근에는 온라인·모바일 주문서비스, 프로슈머 마케팅(prosumer marketing) 등이 많이 이루어지며, SNS(Social Network Service)의 발달에 따라 이를 도입·활용하는 것이 보편화되었다. 코로나19로 인한 비대면, 온라인 중심의 소비방식 변화는 Facebook, Instagram, YouTube 등 소셜미디어 플랫폼을 통한 디지털 소통을 활성화시키고 있다.

4) 법적 · 제도적 환경

법률의 제정 및 개정, 규제의 완화 및 강화 등의 법적·제도적 환경 변화는 외식업의 창업 및 영업에 직접적인 영향을 준다. 법과 제도는 기업의 활동에 적용되는 기준이나 규칙이 되며, 이에 따라 경영의 방식과 범위가 달라질 수 있다. 외식업 경영에 영향을 주는 법령으로는 식품위생법, 식품안전기본법, 외식산업진흥법, 식품산업진흥법, 농수산물의 원산지 표시에 관한 법률, 유통산업발전법 등이 있으며 영양표시제도, 동반성장위원회의 골목상권보호를 위한 중소기업적합업종 지정 등 외식업과 관련된 제도나 규제 등이 사회적인 이슈가 되면서 외식업 운영에 많은 변화가 생겨나고 있다.

외식산업 진흥의 기반을 조성하고 한식의 경쟁력 강화를 위해 외식산업 정책을 규정해놓은 **외식산업진흥법**은 2011년에 제정되었다. 국제교류 및 해외시장 진출 지원, 외식상품 표준화 추진, 외식산업 전문인력의 양성, 연구 개발 사업의 추진 등 다양한 방면으로의 접근을 시도하고 있다.

식품·외식 경쟁력의 강화와 식문화 홍보 및 확산을 통한 한식세계화는 수출 증대, 고용 창출 등의 경제적 효과뿐만 아니라 식자재산업, 관광산업, 문화산업 등 연계 산업의 동반성장이 가능하고 이는 국가 브랜드의 경쟁력 강화에 기여하고 있다. 한식세계화의 주요 정책으로는 한식세계화 콘텐츠 개발 및 보급, 한식 우수성·기능성 규명 연구, 스타 셰프 등의 전문인력 양성, 한식 문화 홍보, 해외 우수 한식당 추천제 및 한식 현지화 지원사업 등을 통한 한식당 경쟁력 강화 등이 있다.

세계적으로 대처해야 할 기후 변화, 환경오염 등의 문제 또한 외식산업의 법적·제도적 환경과 밀접하게 연관되어 있다. 유럽연합, 미국, 일본에서는 재활용 의무 및 유해물질 사용금지 규정을 강화하고 있으며, 국내에서도 생산자책임재활용제도(EPR: Extended Producer Responsibility) 시행에 따라 제품이나 포장재 폐기물 재활용을 의무화하고 일회용품 사용을 규제하고 있다.

음식점 원산지 표시제, 배달음식 확대 시행

통신판매를 통한 비대면 식품 소비가 급증함에 따라 배달음식에도 원산지를 의무적으로 표시하도록 농수산물의 원산지 표시에 관한 법률이 개정되었다(2020년 7월 시행). 일반음식점, 유게음식점, 위탁급식영업, 집단급식소의 원산지 표시 의무화에 이어 온라인이나 배달앱을 통해 판매되는 음식에도 원산지 표시가 의무화된 것이다. 포장재에 표시하기 어려운 경우라면 전단, 스티커, 영수증 등에 원산지를 적어야 한다. 표시대상 품목은 쌀, 콩, 배추김치 등 농산물 3종, 소, 돼지, 닭 등 축산물 6종, 넙치, 낙지, 명태 등 수산물 15종 등이다. 원산지를 거짓으로 표시하면 7년 이하의 징역 또는 1억 원 이하의 벌금을 부과한다. 원산지를 표시하지 않거나 잘못 표시한 경우에는 1,000만 원 이하의 과태료가 부과된다.

자료: 법제처 홈페이지.

외식업계-환경부, 포장·배달 플라스틱 감량 협약

코로나19 이후 배달, 포장 주문이 급증하면서 외식업계에서 플라스틱 사용량이 크게 늘자 한국프랜차이즈산업협회는 환경부와 '포장·배달 플라스틱 사용량 감량을 위한 자발적 협약'을 체결했다.

정부와 업계가 배달용기 규격화와 경량화를 통해 포장·배달에 쓰이는 플라스틱을 최대 20% 줄이기로 했다. 플라스틱 재질의 배달·포장 용기 두께 최소화, 용기 사용 최소화 및 다회용기 사용 독려, 수저·포크·나이프 등 1회용 식기류 20% 감량 및 사용 선택권 부여, 플라스틱 제품 재질 단일화 등을 통한 재활용 촉진, 올바른 분리배출 방법 홍보 등을 적극 추진한다. 환경부는 업계 저감 노력을 위해 행정적, 제도적 지원을 하며 시민단체 모니터링과 국민인식 변화를 위한 캠페인도 실시한다.

자료: 식품음료신문(2020.05.29.); KBS뉴스(2020.05.31.).

'음식점 특화거리'를 골목형상점가로 지정 육성

중소벤처기업부는 소상공인이 2000m² 이내에 30개 이상 밀집한 구역을 지방자치단체가 골목형상점가로 지정할 수 있도록 '전통시장 및 상점가 육성을 위한 특별법'을 마련하였다. 이에 따라 음식점 밀집지역도 전통시장법에서 지원대상이 되는 골목형 상점가로 인정받게 되었다(2020년 8월 시행). 음식점 특화거리를 골목형 상점가로 지정하면 지자체의 홍보, 마케팅 지원, 주차장 건립, 온누리상품권 취급 등의 지원이 가능해진다.

자료: 식품저널 foodnews(2020.05.15.).

활동 사례
ACTIVITY

코로나 장기화에 밀키트 시장의 성장세는 독보적

코로나19 사태가 장기화되고 집밥 수요가 늘면서 밀키트(Meal Kit) 시장이 성장하고 있다. 밀키트는 손질된 식재료와 양념이 요리법과 함께 들어 있는 간편식 키트로 쿠킹 박스로 불린다. 한국농촌경제연구원에 따르면 국내 밀키트 시장은 작년 400억 원 규모에서 2024년 7000억 원까지 성장할 것으로 전망된다. 이 때문에 업계 1위인 프레시지부터 후발주자인 CJ제일제당, SSG닷컴, SPC삼립, 현대그린푸드까지 가세하여 경쟁이 치열해지고 있다.

밀키트가 주목받는 이유는 요리를 못하는 사람들도 요리법만 따라하면 제대로 된 한 끼를 차릴 수 있고, 미리 만들어진 음식을 데워 먹는 것보다 신선하기 때문이다. 식재료가 한 끼분의 정량으로 담겨 있고 끓이거나 볶는 등 간단한 조리 과정만 거치면 되기 때문에 1인 가구와 맞벌이 부부에게 인기가 높으며, 직접 만드는 과정에서의 재미와 경험을 추구하는 니즈를 충족시켜줄 수 있다.

이에 특급 호텔과 고급 레스토랑의 요리를 집에서 간단히 먹을 수 있는 프리미엄 밀키트, 조리시간과 가격을 반으로 줄인 차세대 밀키드 등이 출시되는 등 전체 식품군중 밀키트 시장의 성장세가 독보적이다.

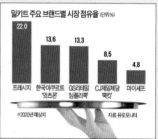

자료: 조선비즈(2020.09.04.) 재구성

1. 밀키트를 구입해서 먹는 것을 외식이라고 볼 수 있을지 토론해보자.
2. 밀키트 등 가정간편식과 외식업이 경쟁관계에 놓이게 된 배경을 분석하고 전망을 논의해보자.
3. 외식상품이 밀키트 상품에 대한 경쟁력을 갖추기 위해서는 어떠한 대책을 세워야 할지 방안을 제시해보자.

1. 외식, 내식, 중식의 개념을 설명하고 각각을 구분하는 요소를 바탕으로 정의해보자.
2. 외식사업, 외식상품, 외식산업을 정의해보자.
3. 통계청의 한국표준산업분류와 식품위생법시행령에 의한 외식산업 분류를 비교해보자.
4. 국내 외식산업의 성장과정을 사회경제적 요인과 연결지어 서술해보자.
5. 외식업경기지수가 게재되는 홈페이지를 방문하여 최근 3개월간의 외식경기전망을 알아보자.
6. 외식산업을 둘러싼 환경 요소를 나열하고, 이러한 환경이 외식산업에 어떠한 영향을 미치는지 설명해보자.
7. 외식업 경영주가 알아야 할 각종 법규와 내용을 조사해보자.
8. 기술적 환경이 외식산업에 영향을 미친 사례를 조사해보자.

용어 정리
KEYWORD

외식(外食) 좁은 의미로는 가정에서 음식을 마련하지 않고 음식점 등에서 음식을 사서 먹는 형태를 말하지만 넓은 의미로는 가정 외에서 조리된 음식으로 가정 내에서 식사를 해결하는 중식을 포함

내식(內食) 가정 내 구성원이 식재료를 구매하여 가정에서 음식을 조리하여 먹는 형태

중식(中食) 가정 외에서 조리된 음식을 구입(테이크아웃, 주문 배달 등)하여 가정에서 먹는 외식과 내식의 중간 형태

외식사업 고객에게 외식상품을 판매하는 사업으로 외식산업과 관련된 경제활동

외식상품 외식을 위해 판매가 가능하도록 생산한 제품 및 외식과 관련된 서비스, 교육·훈련, 운영체계, 상표·서비스표

외식산업 외식산업진흥법에 의하면 "외식상품의 기획·개발·생산·유통·소비·수출·수입·가맹사업 및 이에 관련된 서비를 행하는 산업"으로 정의되며, 미국레스토랑협회에 의하면 "가정 외에서 조리된 모든 음식의 제공과 관련된 산업"으로 규정

외식산업 분류 통계청 한국표준산업분류에서는 중분류 음식점 및 주점업에 속하는데 이 중에서도 음식점업으로 일반음식점업, 기관구내식당업, 출장 및 이동음식업, 기타 음식점업으로 구분하고 있음. 식품위생법에 의하면 식품접객업에 해당되며 음식점과 주점으로 구분

외식산업의 환경 경제적 환경, 사회·문화적 환경, 기술적 환경, 법적·제도적 환경 등 다양한 환경 요소의 영향을 받음

참 고 문 헌
REFERENCE

농림축산식품부, 한국농수산식품유통공사(2020). 2020년 식품외식산업주요통계.

미국레스토랑협회(2011). 2011 Restaurant Industry Pocket Factbook.

양일선(2012). 기관탐방-한식재단. 한국콘텐츠학회지, 10(3):61-64.

유로모니터 인구통계(2017).

이해영, 정라나, 양일선(2005). 델파이 기법을 이용한 한국에서의 Home Meal Replacement(HMR) 개념 정립 및 국내 HMR 산업 전망 예측. 한국영양학회지, 38(3):251-258.

정라나, 이해영, 양일선(2007). 가정식사 대용식 제품 유형별 재구매 의도와 소비자 태도 구성개념간의 구조적 관련성 검증. 대한지역사회영양학회지, 12(3):344-351.

정유선, 함선옥, 양일선, 김하영(2014). 외식 영양표시에 대한 소비자의 인지도 및 만족도 조사. 호텔경영학연구, 23(5):221-237.

정진이, 김어지나, 양일선, 함선옥(2015). 외식업체의 영양표시제도 시행동기 및 장애요인. 호텔경영학연구, 24(1):227-243.

통계청(2017). 한국표준산업분류. 10차 개정.

통계청(2008~2017). 도소매업조사, 도소매업 및 서비스업 총조사.

한국무역협회 국제무역통상연구원(2021). 글로벌 구독경제 현황과 우리 기업의 비즈니스 전략.

한국외식정보(2021) 제공 자료. 2020 중국국가통계국 중국요식업 현황.

Ninemeier(2010). Management of Food and Beverage Operations (5th ed.). American Hotel & Lodging Educational Institute.

Walker, J.(2008). Exploring the hospitality industry. Upper Saddle River, NJ: Prentice Hall.

경제신문 이투데이 홈페이지. www.etoday.co.kr/news

국가법령정보센터 홈페이지. www.law.go.kr

국가통계포털 홈페이지(KOSIS). www.kosis.kr

듀퐁 홈페이지. emeaapp.dupont.com

롯데GRS홈페이지. www.lottegrs.com

미국레스토랑협회 홈페이지. www.restaurant.org

미국 통계청 홈페이지. www.census.gov

법제처 홈페이지. www.moleg.go.kr

식품외식경제 홈페이지. www.foodbank.co.kr

식품음료신문 홈페이지. www.thinkfood.co.kr

식품저널 foodnews 홈페이지. www.foodnews.co.kr

스페셜경제 홈페이지. www.speconomy.com

일간식당 홈페이지. month.foodbank.co.kr

이코노믹리뷰 홈페이지. www.econovill.com

일본 통계청 홈페이지. www.stat.go.jp

1코노미뉴스 홈페이지. www.1conomynews.co.kr

중국 산업정보 네트워크 홈페이지. www.chyxx.com/industry/201911/807042.html

코트라 해외시장뉴스 홈페이지. news.kotra.or.kr/kotranews

통계청 홈페이지. www.kosis.kr

한국경제 홈페이지. www.hankyung.com

한국외식산업정보 홈페이지. www.atfis.or.kr

한식세계화 홈페이지. www.hansik.org

헬로네이처 홈페이지. www.hellonature.co.kr

DaVinCi Kitchen 홈페이지. davincikitchen.de

KBS뉴스 홈페이지. news.kbs.co.kr

TV조선 홈페이지. news.tvchosun.com

CHAPTER 2

외식사업의
특성과 트렌드

국내 및 글로벌 경제, 사회, 문화적 환경의 변화로
산업계는 빠르게 변화하고 있다. 최근에 가속화된
테크놀로지의 발달은 산업계의 혁신을 불러일으켰
고, 소비자의 욕구를 충족시키는 데 큰 몫을 했다.
푸드서비스 마켓을 정확하게 이해하려면 외식환경
의 변화와 소비 트렌드의 변화 흐름을 파악하여야
한다. 본 장에서는 외식사업의 특성과 유형에 대해
설명하고, 외식업의 국내외 최신 트렌드에 대해 살펴
보고자 한다.

인공지능(Artificial Intelligence, AI)의 발달로 로봇은 인건비의 상승으로 곤욕을 겪고 있는 외식업계에 빛이 되어 주고 있다. 코로나19로 만연해진 언택트(un-tact) 문화는 이러한 자동화를 더욱 가속화하고 있다. 홀에서부터 주방까지, 로봇이 외식업계를 종횡무진하며 활동무대를 넓혀가고 있다. 미국, 보스턴의 다운타운에 위치한 패스트 캐주얼 레스토랑 'Spyce'는 로봇을 조리에 적용한 좋은 예이다. 'Spyce'는 미슐랭 스타 셰프 다니엘 볼루드와 MIT

졸업생 4명이 협업하여 오픈하였다. 고객은 터치 스크린과 키오스크를 통해 메뉴를 하나 선택한 후 드럼과 같은 7개의 자율 웍 중 하나에서 조리되는 자신의 음식을 기다린다. 자체 개발한 재료 이동 시스템과 인덕션 기술을 이용한 빠른 가열로 음식을 만드는 데 걸리는 시간은 단 3분이다.

자료: Engadget, The Washington Post 재구성.

대구의 '디떽'에는 치킨을 튀기는 로봇이 있다. 로봇 개발자는 치킨을 튀기는 바스켓의 무게, 유증기로 인한 각종 폐질환, 높은 화상 가능성 등과 같은 위험한 주방환경을 보고 로봇개발을 결심하게 되었다. '디떽'은 닭고기의 부위별로 익히는 시간을 달리하는 것에서 차별점을 만들어냈다. 치킨로봇은 튀

기는 온도가 일정하고 항상 일정한 힘으로 기름기를 털어 낼 수 있기 때문에 바삭하고 균일한 맛을 낼 수 있다.

자료: 조선일보, 매경일보 재구성.

'메리 고 키친(merry go kitchen)'은 2019년 7월 서울시 송파구에 개장했다. '메리 고 키친'은 배달의 민족이 자체적으로 자율주행 로봇을 개발해 이탈리안 식당 점주에게 제안해 개장한 식당이다. 어느 자리든 이용을 할 수 있는 보행로봇은 한 번에 최대 네 테이블까지 서빙이 가능하다. 벽 한쪽에 배치된 레일을 따라 움직이는 레일 로봇은 매장의 창가 자리에 앉으면 이용할 수 있다. 주방에서 출발해 자리에 도착하는

레일 로봇은 음식을 받고 '확인' 버튼을 누르면 다시 주방으로 돌아간다. 해당 매장은 일반 고객을 위한 식당인 동시에 미래 외식업의 쇼룸이기도 하다는 게 업계 관계자의 설명이다.

자료: Platum, 뉴데일리 경제 재구성.

1. 외식사업의 특성과 유형

1) 외식사업의 특성

(1) 사람 중심

외식사업은 고객, 종사원, 경영진의 상호작용이 중요한 **사람(people) 중심**의 사업이다. 또한 식음료의 생산·조리와 인적 서비스 제공 등 인적자원의 활용도가 높고, 생산자동화의 한계성을 가진 노동집약적 사업이다. 고객과 종사원의 대면 접촉을 통해 고객의 욕구 및 선호를 파악하고 기대 수준을 충족시킴으로써 고객가치를 창출해야 하는 고객지향적 사업이기도 하다.

경영주의 고객 중심 경영철학은 조직문화를 좌우하며 내부 종사원들의 고객지향적 서비스 마인드를 고취시켜주고, 동기 부여를 이끌어낸다. 종사원에 대한 서비스 역량 강화 훈련 및 지원, 효과적 보상은 내부 서비스 품질 수준 및 생산성을 향상시켜 고객만족을 유도하고 충성고객을 확보하게 하며, 기업의 긍정적인 경영 성과로 연계된다.

(2) 서비스 지향성

외식사업은 유형의 상품(음식)과 무형의 서비스가 결합된 형태로 서비스업의 특성을 그대로 지닌다. 서비스는 기본적으로 무형성(intangibility), 비분리성(inseparability), 이질성(heterogeneity), 저장불능성(perishability)이라는 4가지 특성을 가지고 있다.

서비스 무형성이란 실체가 없기 때문에 구매 전에 보거나 만질 수 없다는 것을 의미한다. 외식 고객은 서비스를 받기 이전에는 그 가치를 파악하기 어렵다.

외식서비스는 서비스 종사원에 의해 제공됨과 동시에 고객에 의해 소비되는데, 이를 **서비스 비분리성**이라 한다. 고객과 접촉하는 서비스 종사원의 능력, 친절도뿐만 아니라 서비스 생산과정에 직접 참여하는 고객의 역할도 서비스의 종합적 평가에 영향을 미치게 된다.

서비스 품질은 누가, 언제, 어디서, 어떻게 서비스를 제공하느냐에 따라 달라지는데, 이러한 **서비스 이질성**으로 인해 서비스 품질 통제가 어렵게 된다. 레스토랑에서 점심 때 팔지 못한 좌석은 저녁에 사용하기 위해 저장할 수 없는데 이는 **서비스 저장불능성**에 의한 것으로 예약한 고객이 나타나지 않으면 그 좌석의 가치는 사라지게 된다.

이러한 서비스의 4가지 특성에 따른 대응 전략은 8장에서 자세히 다루도록 한다.

(3) 입지 의존성

외식사업은 점포의 위치가 사업의 성패를 좌우할 만큼 입지 의존성이 높다. 따라서 동일한 상호라 해도 입지에 따라 매출에 차이가 난다. 일단 입지가 정해지고 나면 많은 고정자본이 투입되어 변경이 어려우므로 체계적인 환경 및 상권 분석에 기초한 점포의 입지 선정이 요구된다.

(4) 높은 경쟁강도와 낮은 진입장벽

외식사업이 기업화되면서 대기업의 진출이 늘고 있지만 여전히 생계형 자영업이 주를 이루고 있다. 외식사업은 창업에 특별한 자격요건이 필요하지 않고 진입장벽이 낮아 폐업과 재창업이 빈번하게 일어난다. 경제적인 문제뿐만 아니라 과잉 창업, 경영 노하우 부족으로 창업한 지 3~5년 내에 폐업하는 비율이 높다.

국내 외식업체 수는 매년 늘어나고 있으며 전체 매출은 증가하는 추세이지만, 점포당 매출은 크게 줄고 있다. 이러한 상황이 수년간 지속된다면 일본의 경우처럼 업체 수가 줄어들면서 전체 외식업계의 매출이 함께 하락하는 상황이 올 것으로 보인다.

2) 외식사업의 유형

외식사업의 유형은 서비스 제공 방식 및 수준에 따라 크게 풀 서비스(full service) 레스토랑과 제한된 서비스(limited service) 레스토랑으로 구분되며 객단가, 제공 메뉴 등에 따라 세분화된다. 풀 서비스 레스토랑에는 파인 다이닝, 캐주얼 다이닝 등이 있으며, 제한된 서비스 레스토랑에는 패스트 캐주얼, 패스트푸드, 테이크아웃·드라이브 스루·배달식 서비스 등이 있다.

(1) 풀 서비스 레스토랑

풀 서비스 레스토랑(full service restaurant)이란 서비스 직원의 안내에 따라 테이블에 착석한 후 식음료를 주문하면 서비스 직원이 직접 테이블에 음식을 서빙하고, 식사 후 계산도 테이블에서 이루어지는 서비스 방식의 레스토랑이다. 다양한 메뉴와 알코올 음료를 제공하며, 테이크아웃 서비스가 이루어지기도 한다. 주문부터 식사, 정산까지 모든 서비스가 테이블에서 이루어지므로 테이블서비스 레스토랑이라 부르기도 한다.

파인 다이닝 레스토랑

파인 다이닝 레스토랑(fine dining restaurant)에서는 고급 식재료에 섬세한 데커레이션으로 구성된 특별 요리를 그에 걸맞는 인테리어와 분위기에서 숙련된 종사원들의 서비스를 받으며 즐길 수 있다. 가격이 비싼 편이며 고객에게도 테이블 매너를 지키는 것이 요구된다. 일반적으로 풀코스 요리와 와인 등 고급 정찬을 제공한다.

캐주얼 다이닝 레스토랑

캐주얼 다이닝 레스토랑(casual dining restaurant)은 파인 다이닝 레스토랑보다는 캐주얼한 분위기와 중간 수준 가격대(moderately price)의 다양한 메뉴와 테이블 서비스가 제공되는 레스토랑이다. 파인 다이닝 레스토랑과 달리 고객 복장에 대한 규제가 없으며 테이블 매너도 엄격하지 않아 식사를 편하게 즐길 수 있다. 메뉴 품질, 가격, 분위기 등이 고급 레스토랑과 패스트푸드의 중간 수준이며, 다양한 알코올 음료와 한정된 와인 메뉴를 갖추고 있다.

국내에서 흔히 패밀리레스토랑으로 불리는 *아웃백스테이크하우스*(Outback Steakhouse), *빕스*(VIPS), *애슐리*(Ashley) 등은 캐주얼 다이닝 레스토랑에 속한다. 패밀리레스토랑은 커피, 음료 및 간단한 식사를 곁들여 판매하는 미국의 커

1. 파인 다이닝 레스토랑은 인테리어, 서비스, 음식의 수준이 가장 높다. 2. 캐주얼 다이닝 레스토랑은 좀 더 편안한 분위기에서 부담 없는 가격에 식사를 즐길 수 있다.

피숍 스타일 레스토랑(커피 전문점)이 발전된 형태로, 모든 연령대의 가족이 편하게 식사할 수 있기 때문에 패밀리레스토랑으로 불린다. 캐주얼 다이닝 레스토랑은 다양한 메뉴, 부담 없는 가격, 정형화된 풀 서비스, 편안한 분위기 등이 특징이다.

(2) 제한된 서비스 레스토랑

제한된 서비스 레스토랑(limited service restaurant)에서는 풀 서비스 레스토랑과 달리 고객이 직접 카운터에서 음식을 주문하고 테이블로 운반하며 식사한 후 남은 음식을 스스로 처리하는 등 제한적인 서비스가 이루어진다.

패스트 캐주얼 레스토랑

패스트 캐주얼 레스토랑(fast casual restaurant)은 패스트푸드와 캐주얼 다이닝 레스토랑의 중간 형태로, 캐주얼 다이닝 레스토랑 수준의 메뉴와 서비스를 패스트푸드 레스토랑과 유사한 가격대와 신속한 서비스로 제공한다. 패스트푸드와 캐주얼 다이닝의 장점을 동시에 갖춘 새로운 형태의 레스토랑으로 고품질의 식재료 사용, 주문 후 생산(made to order) 시스템, 다양한 건강식 제공, 셀프 서비스, 매장 내 식사 또는 테이크아웃 등이 특징이다.

패스트푸드 레스토랑

패스트푸드 레스토랑(fast food restaurant)은 신속한 서비스 제공을 특징으로

1. 패스트캐주얼 레스토랑은 패스트푸드 레스토랑처럼 신속하게 음식이 서비스되지만 대부분 자체 주방을 갖추고 있어 보다 신선하고 질 좋은 음식이 제공된다. **2.** 패스트푸드 레스토랑은 한정된 메뉴를 저렴한 객단가로 신속하게 제공한다.

하며 퀵서비스(quick service) 레스토랑이라고도 한다. 저렴한 객단가로 한정된 메뉴(주로 샌드위치, 햄버거, 치킨 등의 패스트푸드)를 고객이 직접 서비스카운터에서 주문 후 직접 테이블로 가져가 식사하는 셀프서비스 방식으로 서비스가 이루어지며 테이크아웃 서비스도 함께 제공한다.

테이크아웃, 드라이브 스루, 배달식

레스토랑에서의 식사와 같이 음식의 생산과 소비가 같은 장소에서 이루어지는 경우를 온-프리미스(on-premise)라고 하며, 생산은 주방에서 소비는 생산이 이루어진 곳이 아닌 고객이 원하는 장소 및 가정에서 이루어지는 형태를 오프-프리미스(off-premise)라고 한다. 오프-프리미스의 대표적인 형태로는 테이크아웃(take-out), 드라이브스루(drive-through), 배달식(delivery)이 있다.

- **테이크아웃**은 고객이 주문한 메뉴를 레스토랑 안에서(eating in)에서 먹는 것과 대비되는 개념으로, 가지고 다니면서 먹을 수 있도록 음식을 포장해서 판매하는 것으로 캐리아웃(carry-out) 혹은 투고(to-go)서비스라고도 한다. 패스트푸드 레스토랑 및 커피 전문점에서 일반적으로 제공되는 서비스 방식이다. 저렴한 가격 및 편의성 등의 장점으로 최근에는 캐주얼 다이닝 레스토랑 등 풀 시비스 레스토랑에서도 테이크아웃 서비스를 제공하고 있다.

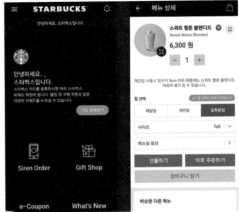

자료: https://www.chosun.com/site/data/html_dir/2020/04/16/2020041602749.html 　자료: https://extrememanual.net/35344

차에서 음료 주문이 가능한 '스타벅스' 드라이브 스루, 모바일 주문 '사이렌 오더'

- **드라이브스루**는 차에 탄 채 음식을 주문하고 테이크아웃 서비스를 제공받는 것으로 맥도날드의 맥드라이브, 스타벅스의 드라이브스루 등이 있다.
- **배달식**은 오프-프리미스 서비스의 가장 대표적인 형태로 전화, 인터넷, 모바일 등을 이용하여 음식을 주문하면 원하는 장소로 배달해주는 서비스이다. 이는 편리함을 추구하는 소비패턴에 따라 더욱 확장되는 추세이다.

2. 외식 트렌드

사회와 산업계 요인의 변화는 소비재 산업의 혁신적인 변화를 초래했다. 노령인구 증가, 1인 가구증가와 같은 인구통계학적 요인, 새로운 푸드엔지니어링 기술, 인공지능의 도입과 자동화 기기 도입의 가속화와 같은 기술적인 요인, 지속가능성 및 친환경 의식 증대와 같은 환경적인 요인과 더불어 편리함 추구, 가시비의 중요 등과 같은 소비자 요구의 증대는 외식산업에도 매우 큰 변화를 왔다. 특히

2019년 12월 중국에서 발생하여, 전세계에 팬데믹 현상을 일으킨 코로나19 바이러스 전염병은 외식산업에 최신 기술의 적용, 비대면 활성화, 건강지향적 메뉴 도입과 같은 변화를 가속화시켰다. 코로나19 바이러스 전염병 이후를 새로운 **뉴노멀(New Normal)** 시대라 한다.

뉴노멀은 시대의 변화에 따라 과거의 표준이 더 이상 통하지 않고 새로운 가치가 세상의 변화를 주도하는 상태를 말한다. IT 버블이 붕괴된 2003년 이후 미국 벤처투자가인 로저 맥나미(Roger McNamee)* 가 처음 사용한 경제 용어인데, 코로나19 팬데믹 사태로 급격한 시대 변화를 겪으면서 우리의 일상 속으로 들어왔다. H.O.M.E는 코로나19 상황 속에서 뉴노멀로 떠오른 산업이다. H.O.M.E는 건강에 관한 관심이 증대되면서 떠오른 '헬스케어(Healthcare)', 인공지능(AI)·빅데이터·5세대 이동통신(5G) 기술을 토대로 디지털 경제의 핵심이 된 '온라인(Online)', 사회적 거리두기 장기화와 방역 효율성을 위해 도입된 '무인화(Manless)', 재택근무 확대로 집에 머무는 시간이 증가하면서 발생한 '홈코노미(Economy at Home)'**를 말한다. 다음은 외식산업계의 최신 트렌드를 소개한다.

1) 언택트

언택트(untact)는 접촉을 뜻하는 콘택트(contact)에 부정 접두사 언(un)을 붙인 합성어로, 비대면·비접촉 방식을 말하는 신조어이다. 코로나19 확산으로 사회적 거리두기가 실시되면서 언택트 산업이 급부상했다.

언택트 산업의 발전의 배경에는 **레이지 이코노미(lazy economy)**가 있다. 한국에서 편리미엄이라고 불리는 레이지 이코노미는 간편함과 시간을 돈으로 사는

---

* https://terms.naver.com/entry.nhn?docId=3555991&cid=40942&categoryId=31863
** https://www.yna.co.kr/view/AKR20200505033500003

노량진수산시장에 설치된 드라이브 스루 판매부스
자료: http://news.khan.co.kr/kh_news/khan_art_view.html?art_id=202003261104001

자료: https://www.chosun.com/site/data/html_dir/2020/04/17/2020041702987.html

자료: https://www.mk.co.kr/news/business/view/2020/04/339524/

소비행태이다. 이 게으른 소비자의 위상은 시장에서 뚜렷하게 나타났다. 레이지 이코노미의 대표 산업인 이커머스, 주문배달 등은 코로나19 사태에도 불구하고 호황을 누리고 있다.

드라이브스루 서비스가 일상 곳곳에서 활용되고 있는 것도 언택트의 일환이다. 해양수산부에서는 코로나 19로 위축된 활수산물 소비에 활력을 불어넣기 위해 드라이브스루 방식의 수산물 소비 촉진 행사를 개최했다. 호텔에서도 드라이브스루 방식을 도입했다. 호텔 업계 최초로 드라이브스루를 도입한 롯데호텔 서울은 일식당 '모모야마', 중식당 '도림', 한식당 '무궁화', 베리커리인 '델리

현대백화점은 백화점 전문 식당가에서 조리한 식품을 배달하는 '바로 투 홈' 서비스를 선보였다.
자료: https://www.hankyung. com/life/article/202008314648g

'카한스'에서 다양한 언택트 메뉴를 선보였으며 심야 전용 '더 나잇 플렉스'도 출시했다. 노보텔 앰배서더 서울 동대문 호텔은 2가지 종류의 케이터링 박스인 고메박스를 선보였다.

배달은 언택트 산업 중에서도 눈에 띄게 발전했다. 현대백화점은 '현대백화점 투 홈'을 열고 식품관에서 조리한 식품으로 집으로 배달해주는 '바로 투홈' 서비스를 선보였다. 호텔에서도 이례적으로 배달 서비스를 도입했는데 메이필드 호텔은 호텔 인근 지역을 대상으로 메이필드 호텔의 카페와 한식당의 메뉴를 배달해주는 '딜리버리 더 시그니처' 서비스를 시작했다.

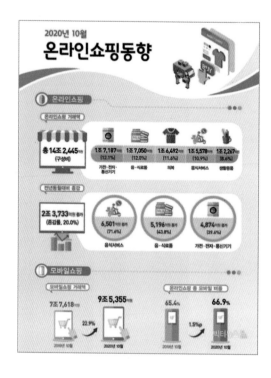

코로나19로 식품 관련 온라인 쇼핑 거래액이 증가했다.
자료: http://www.bigtanews. co.kr/news/userArticlePhoto. html

온라인 쇼핑도 크게 증가했다. 2020년 10월 온라인 쇼핑 거래액은 14조2445억 원으로 지난해 같은 달보다 20.0% 늘었다. 특히 배달음식이나 간편조리식과 같은 음식서비스와 음·식료품에서 가장 큰 증가율을 보였다. 코로나19로 우리의 삶 속에 깊숙하게 자리잡은 언택트 산업들은 포스트 코로나 시대에도 뉴노멀로서 일상에 계속 남아있을 것이라 생각된다.

2) 로봇 주방 · 식당

'로봇'이라는 용어는 1920년 체코 슬로바키아 극작가인 차펙이 〈로섬의 만능로 봇〉이라는 희곡에서 처음 사용하였다. 로봇의 정의는 시대의 흐름에 따라 로봇 의 형태가 달라지면서 변해왔다. 그러나 핵심적인 것은 인간 대신 어떤 작업이 나 조작을 할 수 있는 기계라는 것이다.

많은 산업에서 인건비 감소를 위해 자동화를 추진하고 있다. 이미 붙은 불에 코로나의 비대면 사회는 로봇으로의 대체에 기름을 쏟아 붓고 있다. 로봇은 20세 기 후반에 산업용으로 현실화되기 시작한 후 많은 발전을 이룩하고 있다. 최근 에는 인공지능과 결합되면서 4차 산업혁명을 이끄는 주역이 되었다. 로봇은 다 양한 분야에서 찾아볼 수 있다. 노동집약적이며 사람의 섬세한 손길이 필요하 다 여겨졌던 외식사업에도 발을 들이고 있다.

몰리 로보틱스(Moley robotics)는 가정용 로봇 주방을 생산한다. 몰리의 로봇 손은 3D 모션 캡쳐 기술을 통해 요리 서바이벌 '마스터셰프'의 우승 셰프의 움 직임을 모방하여 조리한다. AI 기술도 탑재하고 있어서 6,000여 가지의 표준 레 시피를 만들 수 있다. 몰리는 조리 기능에 더해 식재료 교 체 시기 안내, 메뉴 제안, 조 리, 뒷정리까지도 담당한다. 조리대와 조리 구역의 공기 를 UV 소독하는 기능도 추 가되어 위생적인 환경 유지에

몰리의 로봇 팔이 주방에서 요리를 하고 있다. 사람의 손 과 같은 다섯 손가락을 가지 고 있으며 팔 끝의 센서로 다 양한 방향에서 손의 압력을 감지한다. 녹일의 로봇 회사 SCHUNK와 협력하여 개발되 었다.

도 적합하다. 다양한 신기술이 접목된 몰리의 설치비용은 절대 만만하지 않다. 몰리는 설치를 위해 3억 4,000만 원이 필요하다.

2020년 1월 12일, 중국 광저우에 생겨난 푸돔(Foodom)은 몰리와 같은 로봇이 식당에 적용된다면 어떻게 될지에 대해 보여준다. 푸돔은 로봇이 응대에서 결제까지 식당의 모든 일을 담당한다. 푸돔의 조리 로봇은 자체 개발한 프로그램을 통해 지역 내의 10명의 셰프들의 모든 스킬을 따라하고 배우고 있다. 푸돔의 개발사인 Country Garden Holdings는 한화 약 321억 원으로 만만치 않은 비용을 들여 식당을 개장했다.

몰리 로보틱스의 높은 설치 단가는 왜 식당에서 복잡한 조리를 하는 기기가 없는지에 대한 설명이 되어줄 수 있다. 기술의 발전 속도는 상상 이상으로 빠르다. 조리의 모든 부분을 로봇이 담당하는 식당이 생겨나는 것은 더 이상 상상 속의 이야기나 먼 미래의 이야기가 아니다.

3) HMR, 밀키트

HMR·밀키트는 편리성과 시간 절약이 중요한 맞벌이 부부와 싱글족의 증가로 가시비*의 시대에 들어서면서 꾸준한 성장세를 보였다. 2020년에는 코로나19 사태와 더불어 외식이 줄고 집에서 식사하는 가정이 늘어나면서 그 수요가 급증했다. 한국농수산식품유통공사(aT)에서 발간한 '2019 가공식품 세분시장 현황

*** 가시비**: 가격을 중요시하는 가성비, 심리적 만족감을 중시하는 가심비에 이어 등장한 트렌드로 노력과 시간을 아낄 수 있는 제품과 서비스에 기꺼이 비용을 지불하는 성향을 뜻한다.

보고서'에 따르면 국내 HMR 시장의 규모는 2019년 4조 원에 육박한 것으로 보이며 2022년에는 5조 원 규모를 넘어설 것으로 전망된다.

가정간편식(HMR: Home Meal Replacement)은 집에서 간편하게 식사를 대체할 수 있도록 만들어진 제품을 말한다. HMR은 조리 정도에 따라 **Ready to Eat(RTE), Ready to Heat(RTH), Ready to Cook(RTC), Ready to Prepare(RTP)** 4가지로 분류된다. 5세대 HMR인 밀키트는 한끼 식사를 만들 수 있도록 손질된 재료들과 레시피를 함께 판매하는 제품이다.

외식산업 전문가들은 21세기 매출 증대의 새로운 주력상품으로 HMR·밀키트를 들고 있으며 실제로 외식업체, 편의점 등이 빠르게 HMR·밀키트 시장에 뛰어들고 있다. 프레시지는 국내 HMR 시장에 밀키트를 최초로 구현한 선도기업이다. 똠양꿍, 생어거스틴 뿌팟봉 커리 등 집에서 쉽게 접하기 어려웠던 메뉴를 선보였으며 호텔 전문 셰프와 함께 레시피를 개발했다. 이마트 '피코크', 롯데마트 '요리하다' 등 유통채널망을 바탕으로 경쟁에서 유리한 고지를 점하는 할인점들도 밀키트 생산 규모와 종류를 늘리고 있다. 별도의 유통 채널을 갖지 못한 CJ제일제당과 한국 야쿠르트는 새벽 배송이나 방문판매를 통해 판매하는 전략을 취했다.

코로나19 사태 이후 건강에 대한 관심이 증가하면서 신선한 식재료로 직접 조리하는 밀키트에 대한 수요가 특히 증가했다. 미국의 대표적인 밀키트 배달업

프레시지는 한화호텔앤드리조트와 MOU 체결 후 호텔 셰프의 레시피로 만든 프리미엄 밀키트 '63 다이닝 키트'를 출시했다.
자료: https://www.mk.co.kr/news/business/view/2020/11/1125631/

체인 '블루 에이프런'은 온라인 구독 기반의 플랫폼으로 코로나가 시작된 2020년 3월 주가가 150% 폭등했고 GS25 '심플리쿡'의 2020년 1분기 매출은 전년 동기 대비 852% 상승했다. 이마트 '피코크' 밀키트도 2020년 3월 21일부터 4월 16일 사이 매출이 전년 대비 40% 증가했다. 코로나19의 영향으로 HMR 취식 경험이 없던 소비자들이 새롭게 유입되고 기존에 HMR을 구매하던 소비자의 구매도 늘어난 것으로 보인다. 이는 포스트 코로나 시대에서도 지속적인 소비 확대로 이어질 가능성이 크다.

밀키트는 요리에 필요한 손질된 식재료와 딱 맞는 양의 양념, 조리법을 세트로 구성해 제공하는 제품이다. 외식보다 저렴하면서도 건강한 식사를 할 수 있고, 재료를 구입하고 손질하는 시간이 절약돼 1인 가구나 맞벌이 가구로부터 특히 인기를 끌고 있다.
자료: https://biz.chosun.com/site/data/html_dir/2020/10/12/2020101202107.html

4) 프리미엄

최근의 소비트렌드는 젊은 밀레니얼 세대에 의해 확산되고 있는데, 중산층이 확대 되면서 모든 소비문화에 고급화 바람이 불고 있다. **프리미엄(Premium)**은 유럽의 명품브랜드의 분류 체계 중 하나로 고품질을 추구하지만 저렴한 가격대로 고객에게 서비스와 품질에 가치를 두는 것이다. 바쁘고 다양한 경험을 원하는 밀레니얼 세대에게는 눈으로 확인한 신선한 재료와 원하는 만큼의 다양한 옵션을 즐길 수 있는 프리미엄 푸드마켓이 새로운 형태의 소비 문화로 떠올랐다.

젊은 소비자에게 인기가 있는 **그로서란트(Grocerant)**는 식료품점인 그로서리(Grocery)와 레스토랑(Restaurant)을 결합한 신개념 식문화공간이다. 그로서란트에서는 구하기 힘든 해외 특산품, 세계 유명 레스토랑의 소스, 향신료, grain-free제품, 식물성 고기, 건강에 좋은 육류, 우유, 설탕 고급 유기농제품 등을 판매하고, 신선한 재료를 산지에서 직접 구매, 손질, 배달하는 서비스를 제공하여 소비자의 편의성을 높이는 등 고객의 가치를 높이기 위한 방안을 제공한다. 그와 더불어 세련되고 쾌적한 환경에서 직접 구매한 식재료를 이용해 유명 셰프가 즉석 조리해서 식사를 할 수 있는 독특한 먹을거리와 쇼핑 체험이 특징이다.

해외 사례로는 미국의 홀푸드(Whole Food Maket)와 DEAN&DELUC가 있고, 2017년 이탈리아의 볼로냐에서 오픈한 Fico Eataly World가 대표이다. Fico Eataly World는 농장에서 식탁까지 식품 관련 모든 경험을 제공하고 레스토랑, 푸드마켓, 쿠킹클래스를 운영하여 식품 디즈니랜드로 불린다. 국내는 갤러리아의 GOURMET 494, 신세계의SSG FOOD MARKET, 현대백화점의 잇탈리(ETALY), 스타필드의 PK마켓이 대표적이다.

패스트푸드의 고급화로 만들어진 패스트 캐주얼(Fast Casual) 레스토랑은 패스트푸드의 프리미엄화를 추구한 것이다. "Fast Food'와 "Casual Dining"이 혼합된 프리미엄 형태의 QSR로 위생과 건강에 대한 소비자의 관심이 높아진 것을 바탕으로 조리의 스피드와 고객 접근성을 유지하면서 매장의 환경은 고급 레스토랑을 지향하는 점이 특징이다. 미국의 쉐이크쉑(Shake Shake) 버거가 대표적인 예이고, 국내에서도 수제버거 체인점인 '버거헌터' 등이 있다. 맥도널드에서

자료: 스타필드 홈페이지

자료: https://www.italianmade.com/ca/ataly-turns-10-how-the-italian-food-marketplace-took-the-world-by-storm/

도 2017년 프리미엄 버거 출시를 시작으로 지속적으로 프리미엄 메뉴를 제공하고 있다. 외식 트렌드의 변화로 피자헛도 1인 메뉴 개발, 프리미엄 메뉴 출시 등 분위기의 패스트 캐주얼 다이닝(Fast Casual Dining) 매장을 늘려가고 있다.

5) 환경적 지속가능성

지속가능성의 정의는 생태계를 해치지 않고 인간의 필요를 충족하는 것이며, 자원 고갈, 에너지 비용, 오염 및 폐기물 관리와 관련된 장기적인 위험을 줄일 수 있는 잠재력을 제공하는 것을 의미한다. 지속가능성은 앞으로도 외식산업에 큰 영향을 미칠 것으로 보이며, 더 많은 고객들이 "깨끗하고" 윤리적 식생활의 중요성을 강조할 것이다. 여기에는 식물성 식품에 대한 수요가 크게 유입되는 것은 물론, '낭비 없는' 식당처럼 환경에 도움이 되고 소비자들이 음식 선택에 대해 더 좋게 느낄 수 있는 방법을 강조하는 내용도 포함된다.

환경적 지속가능성을 위해 나타나고 있는 사회의 변화가 로컬푸드 및 유기 농식품 소비의 증가이다. 로컬푸드란 장거리 운송을 거치지 않은 지역농산물을 의미한다. 최근에는 자신의 농장에서 직접 수확한 농산물을 이용하여 음식을 만들어 제공하는 하이퍼 로컬 레스토랑(Hyper Local Restaurant)이 소비자

자료: 세계 유기농 인증마크. 위키피디아

에게 인기가 높다. 대표적인 사례로 싱가폴의 Open farm community, 프랑스의 Bernard Loiseau, 벨기에의 L'air du temps 가 있다. 위의 레스토랑들이 인기있는 이유는 소비자들이 최근 로컬푸드와 지속가능한 식재료를 사용한 레스토랑을 선호한다는 미국 외식업협회(National Restaurant Association) 연구 결과(2017)와 관련이 있다.

환경과 건강을 추구하는 트렌드에 따라 유기농의 소비도 점차 증가하는 추세다. 미국의 경우, 2020년 유기농 식품 매출은 전년 대비 4.6% 증가한 510억 달러로 나타나고 지속적으로 증가될 것으로 예상된다(Organic Trade association, 2020).

식품 산업에서는 특히 식재료 폐기물로 인한 환경 오염이 문제로 대두되고 있다. 미국 농무성(U.S Department of Agriculture)과 환경청(Environmental Protection Agency)에서는 2030년까지 식량 손실과 폐기물을 50%까지 절감하겠다는 'National food waste reduction goal'을 발표했다. 여기에 참여하는 대표적인 업체로는 밀키트 서비스 업체 블루 에이프런(Blue Apron), 위탁급식 업체 아라마크(Aramark), 미국 최대 유통 업체 월마트(Walmart) 등 총 33곳이 있다.

식재료 폐기물 감소를 위해 다양한 식재료 폐기물 추적 시스템들이 사용되고

있다. 대표적인 푸드테크 기업 린패스(LeanPath)는 외식 업장의 데이터를 모으고 이를 기반으로 식재료 폐기물감량 방안을 제시하고 있다. 린패스는 2014년부터 구글과 손잡고 구글 내 구내식당 데이터를 수입하여 5년 간 약 2.7톤 이상의 식재료 폐기물을 감축하는 결과를 보여주기도 했다. 이외에도 이케아, 아라마크, 소덱소 등 업체와 협업을 진행하고 있다.

식재료 폐기물 추적시스템인
린패스(LeanPath)는 카메라,
저울, 터치 스크린 등을 활동
해 외식 업장의 데이터를 수
집한다.
자료: https://www.youtube.
com/watch?v=r5GVXJqPgjY

식재료 폐기물을 줄이기 위한 대표적인 국내 사례는 CJ 제일제당이 진행한 '슬기로운 食생활 캠페인'이 있다. 이 캠페인에서는 유통기한과 소비기한의 상식을 알리고 음식물 쓰레기 줄이는 팁 등의 식품 낭비를 줄이기 위한 정보를 제공했다.

CJ 제일제당은 식품 낭비를 줄이기 위해 '슬기로운 食생활 캠페인'을 진행했다.
자료: https://www.newstomato.com/ReadNews.aspx?no=1000943

6) 건강 지향성

세계적인 웰빙트렌드의 확산과 더불어 소비자의 건강에 대한 인식이 중요해짐에 따라 유기농식품 소비가 증가되고 있다. 유기농식품을 판매하는 미국의 홀푸드(Whole Food Maket)에서도 2021년 이후 식품 트렌드 중 첫번째를 웰빙추구(Well-Being Is Served)로 꼽았다.

유기농식품은 화학비료나 농약을 쓰지 않고 유기물을 이용하는 농업방식으로 제조한 것이다. 해외에서는 미국의 홀푸드(Whole Food Market)가 유기농 전문매장으로 대표적이고 국내에서는 한살림, 초록마을, 자연드림이 유기농전문매장으로 젊은 소비자들에게 인기를 끌고 있다. 대표적인 유기농 제품으로는 육류, 주스, 이유식 등이 있다. 국내에도 유기농인증을 받은 친환경채소와 직접 담근 장을 이용하여 건강하게 조리하는 식당들이 인기를 끌고 있다.

유기농식품과 더불어 나타난 트렌드는 건강을 고려하여 만든 클린 메뉴이다. 클린 메뉴는 인공재료와 보존료를 사용하지 않고 조리하는 건강한 메뉴이다. 해외 사례를 보면 항생제가 들어가지 않은 사료를 먹여 키운 고기를 제공하는 멕시칸 레스토랑 치폴레(chipotle)가 대표적이다. 타코벨은 인공색소, 향신료를 빼고, 파파존스도 무항생제 닭을 사용해서 메뉴를 판매하고 있다. 맛과 분위기, 가격에 힘을 쏟던 외식업체 역시 건강에 주목하고 있다.

건강에 좋지 않다는 인식을 없애고자 맥도날드에서도 소비자들의 건강 추구 트렌드에 맞추어 샐러드와 건강 소스, 저칼로리 음료를 개발하여 판매하고 있다. 최근에는 업계최초로 전국 매장에 해바라기유를 도입하기도 했다. 해바라기 유는 일반 식물성유지보다 포화지방산과 트랜스지방의 함량이 상대적으로 낮아 건강한 기름이다. 2021년에는 식물성 버거를 제공하는 회사인 비욘드미트 (Beyond Meat)의 도움을 받아 '맥플랜트'라는 이름의 자체 식물기반 버거를 출시할 예정이다.

7) 정보의 투명성

소비자들은 기업에게 더 많은 정보와 투명성을 요구하고 있다. 기업들은 식재료 원산지, 이력 추적제, 영양정보 표시 제공을 통해 건강과 사회적 책임을 지키는 브랜드로 발돋움하고 있다. 이러한 추세를 반영한 대표적인 변화가 외식 영양 정보 표시의 법제화다. 특히 외식의 증가가 비만과 과체중의 증가로 이어지면서 영양정보 표시는 소비자에게 정확한 정보를 제공하여 건강한 메뉴 선택을 돕는 교육적 도구의 역할을 한다. 미국에서는 2009년 오바마가 선거 공약으로 의료 개혁을 내세우면서 식생활 개선을 위한 외식 영양정보 표시의 중요성이 강조됐고 2017년 5월을 기점으로 외식 영양정보 표시 연방법이 시행됐다. 20개 이상의 영업장을 운영하는 체인점들은 열량, 지방, 포화지방, 콜레스테롤, 나트륨, 탄수화물, 당, 섬유질, 그리고 단백질을 의무적으로 표시하여야 한다. 그 외에 호주에서는 2010년 각 음식의 에너지 함량을 KJ로 표시하는 'KJ menu labeling' 법안이 통과되었고 영국에서는 2013년 신호등 영양표시제를 도입했다.

국내에서도 국민들의 생활수준 향상이 외식 인구의 증가로 이어지면서 영양

자료: https://www.bbc.com/news/health

자료: https://www.8700.com.au/

표시에 대한 관심이 증가했다. 질병관리본부의 연구에 따르면 만 1세 이상의 하루 1회 이상 외식율은 2008년에서 2018년까지 11.1% 증가율을 보인다. 최근에는 코로나19로 인한 온라인 식품 구매 증가로 식품의약품안전처는 소비자가 온라인에서도 영양 및 알레르기 정보를 확인하고 구매할 수 있는 환경을 만들어야 할 필요성을 느꼈다. 따라서 기존에 영양표시 의무가 없던 중소 외식업체 및 온라인 플랫폼의 메뉴에도 영양정보를 제공하도록 하는 시범사업을 추진했다. 국내에서는 외식업체의 경우 2009년 '어린이식생활안전관리 특별법'에 의해 열

자료: 중앙일보   자료: 식품의약품안전처 보도자료

량, 나트륨, 당류, 단백질, 포화지방 등 5개 이상의 영양성분과 알레르기 유발 원료가 들어간 제품을 표시하도록 했다. 밀키트 제조업체의 경우 탄수화물, 지방, 트랜스지방, 콜레스테롤까지 9가지의 영양성분 표시가 필수다. 2021년 7월부터는 '영양성분 등 표시 의무 대상'의 기준이 기존 100개 이상의 매장에서 50개 이상의 매장을 운영하는 매장으로 확대된다. 정확한 영양정보 표시를 위한 가이드라인도 마련할 예정이다.

8) 에스닉푸드

우리나라는 2000년대 이후 배낭여행, 어학연수 등 해외여행의 보편화와 SNS(Social Network Service)의 발달로 에스닉푸드(Ethnic food)에 대한 인기가 확산되었다. 동남아, 아프리카, 중동, 유럽 등 해외여행을 통해 접한 전통음식을 SNS에 담고 온라인상에서 빠르게 정보가 확산되면서 에스닉푸드에 대한 관심이 높아졌고 외국 음식 식재료 및 양념 수입이 증가하였다. NRA(National Restaurant Association)에서 매년 발표하는 Food Trends에는 전통적인 에스닉 요리, 전통 향신료 및 조미료 등 에스닉푸드에 대한 지속적인 관심이 나타난다.

자료: 세계 음식명 백과, 무사키
https://terms.naver.com/entry.nhn?docId=40566&cid
=48179&categoryId=48380

자료: 올리브가든, 치킨마르게리따
http://www.olivegarden.com/spec
ials/lower-calorie-italian-food

대표적인 에스닉푸드의 예로 그리스 음식이 있다. 그리스 음식은 지중해식 식단의 표본이라 할 수 있고, 신선한 천연재료의 맛을 그대로 살린 것이 특징이며 해산물, 아보카도, 올리브를 야채와 함께 곁들인 요리가 많다.

다른 나라의 색다른 음식을 맛보려는 에스닉푸드 열풍으로 각국이 자국 고유의 음식을 세계화하고자 하는 글로벌라이제이션(Globalization) 노력이 활발히 진행되고 있다. 일본은 연간 1회 이상 일식을 먹는 사람을 2005년 기준 6억 명에서 2012년까지 12억 명으로 증가시킨다는 일식인구 배증계획을 추진하였다. 태국은 2004년부터 태국 음식 세계화 추진본부인 'Kitchen of the World' 프로젝트를 통해 태국 음식 세계화를 적극적으로 추진하여 전 세계 태국 음식점이 5,500개(2000년)에서 1만 1,000개(2008년)로 급증하였다. 우리나라도 2009년 5월 한식세계화 추진단이 출범하여 표준 조리법 개발, 우수 한식당 인증제 등 한식세계화 기반 구축과 함께 전문 조리사 육성, 한식 홍보 등을 활발히 추진하고 있다.

최근 몇 년 사이 미국에서 코리안 푸드에 대한 인지도가 높아짐에 따라 한국의 스낵, 과일, 라면 등에 대한 수요가 눈에 띄게 증가하고 있다. NRA에 따르면, 바비큐 소스와 비슷한 한국의 고소하고 달콤하고 매운 고추장은 조미료 순위 4위에 올랐고, 약 450개 지점을 보유한 패스트캐주얼 Noodles&Company는 '코리안 비비큐 미트볼' 메뉴를 출시하였다. Ledo Pizza는 '코리안 비비큐 스테이크 피자', '코리안 비비큐 치즈스테이크', '코리안 비비큐 점보 윙스' 고추장을 이용한 요리를 선보였다.

활동 사례
A C T I V I T Y

새로운 형태의 주방 도래 : 공유 주방, 유령 주방, 가상 식당

공유 주방(Cloud kitchen), 유령 주방(Ghost kitchen), 가상 식당(Virtual restaurant)은 최근 많이 사용되기 시작 한 용어이다. 의미가 정립될 충분한 시간 없이 그 의미가 많이 혼동되어 사용되고 있다.

공유 주방의 핵심은 '대여'라는 점이다. 조리를 위한 모든 옵션이 들어간 주방을 빌려주고 빌린다면 식사를 할 수 있는 공간이 있어도 공유주방으로 분류될 수 있다. 한 공간에 하나의 주방만 있을 필요 또한 없다. 패스트파이브 또는 비즈온과 같은 공유오피스처럼 하나의 공간에 여러 주방이 있어도 역시 공유 주방이다. 또한 직접적으로 음식을 판매하지 않아도 공유 주방의 개념으로 들어갈 수 있다. 대표적인 예로는 우리나라의 스타트업 '위쿡', '고스트 키친', 외국의 '키친 유나이티드(Kitchen united)가 있다.

유령 주방 또는 다크 키친(Dark kitchen)의 핵심은 '매장이 존재하지 않음' 이 다. 유령 주방은 음식을 취식 할 수 있는 공간이 없으면 유령 주방으로 분류될 수 있다.

코로나19로 인해 매장 이용이 어려워지자 미국의 유명 체인 음식점도 유령 식당에 주목하고 있다. 맥도날드는 2019년 11월 런던에 '고스트 레스토랑(ghost restaurant)'을 오픈하였다. 배달 사용 소비자들이 증가함에 따라 유령 주방을 통해 배달 주문을 소화하고자 한 것이다. 치폴레(Chipotle)는 온라인 주문만을 처리하는 주방으로 소비자들에게 더 빠르고 신선하게 음식을 제공할 수 있게 되었다. 2020년 11월에는 이 방식을 활용하여 뉴욕에 첫 '디지털 온리 레스토랑'을 열었다. 매장 내 식사를 위한 공간 또는 주문을 받는 공간은 찾아볼 수 없다. 오직 픽업과 배달만 가능하다. 소비자는 치폴레 앱이나 웹사이트, 또는 우버이츠와 같은 배달 앱을 통해 음식을 주문할 수 있으며 주문한 음식은 로비에서 받아갈 수 있다.

가상 식당은 매장이 존재하지 않는 다는 점에서 유령주방과 공통점을 공유한다. 하지만 가상식당은 '그 자체가 하나의 레스토랑 브랜드'여야 한다. 이는, 한 공간에 여러 브랜드를 소유해도 괜찮은 공유 주방이나 유령주방과의 차이점을 만들어냈다. 리프의 'NBRHD 주방'은 한 공간에 개별의 브랜드가 입점한다는 점에서 가상 식당으로도 분류될 수 있다.

1. 이상에서 외식업 트렌드를 참고해볼 때, 뉴노멀 사회에 대비하여 외식기업에서 어떠한 대응 방안을 모색해야 하며, 외식 트렌드에 맞는 아이템들의 차별화 전략에 대해 논의해보자.
2. 위에 제시된 트렌드 이외에 외식 분야의 트렌드 전망 자료를 조사해보고 본인이 생각하는 외식 트렌드 변화에는 어떤 것들이 있는지 정리해보자.
3. 위에서 제시한 주방 형태를 적용하고 있는 다양한 예를 찾아보자.

연습 문제
R E V I E W

1. 외식사업의 4가지 특성을 서술해보자.
2. 외식사업 특성 중 서비스의 기본 특성인 무형성, 불가분성, 이질성, 소멸성을 극복하기 위한 실제 사례를 간략하게 설명해보자.
3. 외식서비스 제공 방식 및 수준에 따라 외식사업의 유형을 구분하고 각 유형에 속하는 형태를 설명해보자.
4. 최근의 외식 트렌드를 몇 가지 키워드로 정리하고 이것이 형태로 나타나는지 조사해보자.
5. 외식 트렌드 중 하나를 선택하여, 해당 트렌드를 반영하는 외식업체에서는 어떠한 경영상의 변화를 추구해야 하는지 생각해보자.
6. 국내외 외식 트렌드의 공통점과 차이점을 조사해보자.
7. 한식에 대한 인지도가 높아지고 있는 상황에서 외식업체가 해외 시장에 성공적으로 정착하기 위해서는 어떠한 전략을 세워야 하는지 생각해보고, 해외 진출 전략을 발표해보자.

용어 정리
K E Y W O R D

외식사업의 특성 사람 중심, 서비스 지향성, 입지 의존성, 높은 경쟁강도와 낮은 진입장벽

서비스 특성 무형성, 비분리성, 이질성, 저장불능성

풀 서비스 레스토랑 서비스 직원의 안내에 따라 테이블 착석 후 식음료 주문하고, 주문한 식음료를 서비스 직원으로부터 제공받으며, 식사 후 계산도 테이블에서 이루어지는 서비스 방식의 레스토랑. 파인 다이닝 레스토랑과 캐주얼 다이닝 레스토랑이 풀 서비스 레스토랑에 포함

제한된 서비스 레스토랑 고객이 직접 카운터에서 음식을 주문, 테이블로 운반하며 식사 후 남은 음식을 스스로 처리하는 등 서비스가 제한적으로 이루어지는 레스토랑. 패스트캐주얼 레스토랑, 패스트푸드 레스토랑, 테이크아웃, 드라이브 스루, 배달식을 포함

그린 레스토랑 음식물 쓰레기, 폐유 등의 처리시설을 강화시키고 자원 절약, 환경오염 및 공해물질 배출 억제를 위해 노력하는 레스토랑

가정식대용식(HMR: Home Meal Replacement) 집에서 만드는 식사를 대체하는 음식으로, 편리성과 시간 절약이 중요한 요인으로 작용해 짧은 식사시간에 맛있고 간편한 식사를 즐기려는 사람을 겨냥한 HMR 시장이 확대되고 있음

밀키트 Meal과 Kit의 합성어로 박스 안에 손질된 식재료와 레시피를 함께 판매하는 제품

뉴노멀 시대의 변화에 따라 과거의 표준이 더 이상 통하지 않고 새로운 가치가 세상의 변화를 주도하는 상태

참고문헌

REFERENCE

김대호(2016). "4차 산업혁명." 커뮤니케이션북스.

송성수(2018). "발명과 혁신으로 읽는 하루 10부 세계사." 생각의 힘.

오윤하(2019). 밀키트 선택속성이 편의지향성과 밀키트 이용에 미치는 영향: 가계생산이론 적용

이종찬(2020). "코로나와 4차 산업혁명이 만든 뉴노멀." 북랩.

H.Lee, Y.Jang, Y.Kim, H.Choi, Sunny.Ham(2019). Consumers' prestige-seeking behavior in premium food markets: Application of the theory of the leisure class. International Journal of Hospitality Management, 77 200~269

함선옥, 김영신, 정윤희, 박신혜, 조미영(2017). 대학급식 영양정보 표시에 대한 태도 및 이용동기가 이용의도에 미치는 영향, 대한영양사협회 학술지, 23, 94-105

함선옥, 정진이, 김성진(2015). 대학급식 영양정보 표시에 관한 대학생의 인식 조사, 한국 신생활문화 학회지, 30, 432-438

Deloitte. Deloitte Food Value Equation Survey (2015).

aT FIS 식품산업통계정보 홈페이지. www.atfis.or.kr/home/M000000000/index.do

MBC뉴스 홈페이지. www.imnews.imbc.com

네이버 지식백과 홈페이지. terms.naver.com

뉴데일리 홈페이지. biz.newdaily.co.kr

뉴스웨이 홈페이지. www.newsway.co.kr

매경 프리미엄 홈페이지. www.mk.co.kr/premium

매일경제 홈페이지. www.mk.co.kr

문화일보 홈페이지. www.munhwa.com

서울와이어 홈페이지. www.seoulwire.com

식품의약품안전처 홈페이지 www.mfds.go.kr

이더블버그 홈페이지. www.edible-bug.com

조선비즈 홈페이지. biz.chosun.com

조선일보 홈페이지. www.chosun.com

퀸 홈페이지. www.queen.co.kr

파이낸셜뉴스 홈페이지. www.fnnews.com

푸드투데이 홈페이지. www.foodtoday.or.kr

퓨처푸드랩 홈페이지. www.fflab.kr

한국경제 홈페이지. www.hankyung.com

한국외식산업연구원 홈페이지. www.kfiri.org

해양수산부 홈페이지. www.mof.go.kr/index.do

Amazon. www.Amazon.com

Beyond Meat. www.beyondmeat.com

Chirps. www.eatchirps.com

Engadget. www.engadget.com

Food Navigator. www.foodnavigator-usa.com

Hub from High Speed Training. www.highspeedtraining.co.uk

Impossible Foods. www.impossiblefoods.com

MOLEY ROBOTICS. moley.com

Platum. platum.kr

Restaurant dive. www.restaurantdive.com

Roaming hunger. roaminghunger.com

The Washington post. www.washingtonpost.com

U.S. National Restaurant Association. www.restaurant.org

Whole Foods. www.wholefoods.com

PART 2
외식사업 기획

CHAPTER 3

브랜드 콘셉트 개발과 사업화

외식업체가 고객들의 선택을 받기 위해서는 다른 경쟁 외식업체들과 차별화되는 특징이 있어야 한다. 이러한 차별화를 가능하게 하는 것이 바로 콘셉트이다. 명확하고 개성 있는 콘셉트가 정해지면 외식업체의 외관, 내부 인테리어, 메뉴, 서비스, 마케팅 등 모든 요소를 콘셉트를 중심으로 설계함으로써 목표고객에게 정확한 이미지와 메시지를 전달할 수 있다. 외식산업이 발달하고 개인 중심, 가족 중심의 경영 형태로 운영되던 외식업이 시스템화·기업화되면서 외식산업에 '브랜드' 개념이 도입되고, 체계적인 개발 프로세스에 따라 치밀하게 계획된 외식 브랜드들이 외식시장을 주도하고 있다. 향후 개별 외식업체의 브랜드화는 더욱 가속화될 것으로 전망된다.

본 장에서는 '브랜드 콘셉트 개발(brand concept development)'의 관점에서 브랜드 콘셉트를 도출하고 구체화하는 프로세스를 이해하고자 한다.

CJ푸드빌이 운영하는 빕스는 배달 전용 브랜드 '빕스 얌 딜리버리' 서비스를 통해 배달 서비스를 강화하고 있다. 빕스 얌 딜리버리는 2020년 8월 론칭한 빕스의 서브 브랜드로 빕스 메뉴를 언제 어디서나 간편하게 즐길 수 있도록 배달에 최적화해 개발한 프리미엄 딜리버리 서비스 브랜드이다. 배달의 민족, 요기요, 쿠팡이츠 등 배달 플랫폼과 매장 전화 주문으로 이용할 수 있다. 빕스 얌 딜리버리는 빕스의 시그니처 메뉴들을 배달 서비스를 통해 쉽게 즐길 수 있도록 하였으며, 지속가능한 딜리버리 브랜드 운영을 위해 친환경 인증 종이, 식물성 친환경 잉크 사용 및 재사용 가능한 다회용 가방 제공 등의 노력을 하고 있다.

브랜드 론칭 당시 서울 일부 지역에서 시작한 서비스는 고객 호응을 확인하고 10월부터 서울·경기 15개 지역구로 확대하였다가 12월부터는 전국 37개 매장으로 확대 운영하고 있다. CJ푸드빌 관계자는 '최근 홈파티, 우리 집 외식 등 집에서도 특별한 식사를 즐기려는 고객이 늘면서 빕스 얌 딜리버리도 인기를 끌고 있다.'고 말했다.

자료: 매일경제(2020.10.13.); 뉴시스(2020.12.21.); 빕스 홈페이지. 재구성.

1. 외식 브랜드 콘셉트

1) 외식 브랜드 콘셉트의 중요성

외식업체는 단순히 음식과 서비스를 제공하는 곳이 아니라 문화적 체험의 장이며 즐거움을 경험하게 하여 삶을 더욱 윤택하게 하는 복합문화공간이다. 다른 외식업체와의 경쟁에서 이겨 고객의 선택을 받기 위해서는 어떤 요소에서든 차별성이 있어야 하고 고객이 독특한 무엇인가를 느낄 수 있게 하는 전략이 필요하다.

브랜드 콘셉트란 한 브랜드가 가지는 특별한 개성적 이미지로 해당 브랜드를 같은 제품군 내의 다른 브랜드와 구별 짓게 하는 개념이다. 이러한 차별화전략의 핵심이 바로 브랜드 콘셉트(brand concept)이다. 강력한 콘셉트가 있는 외식업체는 메뉴, 서비스, 인테리어뿐만 아니라 광고나 캠페인 등도 콘셉트에 맞게 개발되기 때문에 브랜드에 강한 개성이 느껴지고, 이에 호응하는 감성적인 사람들을 고객으로 만들 수 있다(표 3-1).

표 3-1 외식 브랜드 콘셉트 사례

브랜드	투썸플레이스	빚은	크리스피 프레시
콘셉트	나만의 즐거움을 만날 수 있는 프리미엄 디저트 카페	우리 전통 떡을 현대적 감각에 맞추어 재해석한 현대인의 건강 간식	깨끗한 수경재배 채소에 건강한 슈퍼푸드를 더해 만드는 프리미엄 샐러드
이미지	A TWOSOME PLACE COFFEE & DESSERT	빚은. 정성스레 빚은 떡	crispyfresh.

2) 외식 브랜드 콘셉트의 역할

그림 3-1에 보이는 것과 같이 외식 브랜드 개발과정에서 브랜드 콘셉트는 핵심적인 역할을 한다. 외식업체는 브랜드 콘셉트를 통해 자신만의 차별화된 가치와 개성을 고객들에게 전달할 수 있게 된다.

고객들은 외식 브랜드를 이용하거나 외식업체와의 커뮤니케이션을 통해 브랜드 이미지를 형성하게 되고 이렇게 형성된 브랜드 이미지는 고객의 행동에 영향을 주게 된다. 외식업체가 의도하는 브랜드 콘셉트를 일관성 있고 명확하게 전달하기 위해서는 고객들과 커뮤니케이션을 해야 한다. 외식 브랜드가 타 브랜드와 차별화되고 고객들이 긍정적인 브랜드 이미지를 갖게 되면, 해당 브랜드의 방문 및 추천이 늘어나고, 매출이 증대된다.

외식 브랜드는 **식사경험**(dining experience)을 구성하는 유·무형의 구성 요소들이 유기적으로 통합된 상품이다(그림 3-2). 여기서 식사경험이란 고객이 외식업체에 들어서면서부터 떠날 때까지 경험하는 일련의 사건들로, 식사경험을 구성하는 요소는 크게 '식음료', '서비스', '분위기'이다. 세부적으로는 식음료의 품질 및 메뉴의 다양성, 종업원 및 서비스 수준, 내·외부 디자인 및 분위기 등이 있으며 입지, 포장서비스, 배달, 홈페이지, 발레파킹 등도 식사경험에 포함된다.

그림 3-1
브랜드 콘셉트의 역할

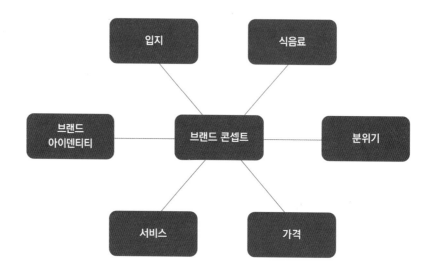

그림 3-2
브랜드 콘셉트의 구성 요소

3) 외식 브랜드 콘셉트의 개발 프로세스

콘셉트를 개발할 때의 접근 방법은 크게 2가지로 나누어진다. 브랜드 콘셉트를 먼저 개발한 후 그 콘셉트가 수용될 수 있는 입지를 찾는 방법과 브랜드가 위치할 입지를 먼저 선정하고 그곳에 적합한 브랜드를 개발하는 방법이다. 실제로 외식산업에서 두 접근 방법이 모두 사용되고 있다. 어떠한 접근 방법을 사용하더라도 콘셉트는 철저히 고객 중심, 즉 시장지향적이어야 한다.

여기서는 2가지 접근 방법 중 콘셉트를 먼저 개발하고 상권을 찾아가는 과정을 중심으로 살펴본다. **외식 브랜드 콘셉트 개발 프로세스**(concept development process)는 세 단계로 나누어 설명할 수 있다(그림 3-3).

첫 번째는 **브랜드 콘셉트 도출** 단계이다. 콘셉트는 고객의 니즈에서 출발하기 때문에 우선 시장 환경을 분석하고 국내외 벤치마킹(bench marking)을 통해 시장 기회를 탐색해야 한다. 그다음에는 목표고객을 선정하고 타 브랜드와 차별성을 가질 수 있는 방향으로 브랜드 포지셔닝(positioning)을 한다. 차별화 결과를 통해 브랜드 콘셉트를 도출한다.

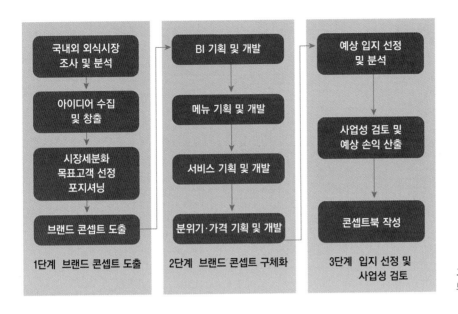

1단계 브랜드 콘셉트 도출	2단계 브랜드 콘셉트 구체화	3단계 입지 선정 및 사업성 검토
국내외 외식시장 조사 및 분석	BI 기획 및 개발	예상 입지 선정 및 분석
아이디어 수집 및 창출	메뉴 기획 및 개발	사업성 검토 및 예상 손익 산출
시장세분화 목표고객 선정 포지셔닝	서비스 기획 및 개발	콘셉트북 작성
브랜드 콘셉트 도출	분위기·가격 기획 및 개발	

그림 3-3
브랜드 콘셉트 개발 프로세스

두 번째는 **브랜드 콘셉트 구체화** 단계이다. 전 단계에서 도출된 콘셉트를 중심으로 고객들에게 어떠한 가치를 제공할 수 있는지를 파악하고 브랜드 아이덴티티(BI: Brand Identity)를 결정한다. 그다음으로는 이를 시각적으로 보여줄 수 있는 BI와 메뉴, 서비스, 분위기, 가격 콘셉트를 개발한다.

세 번째는 **입지 선정 및 사업성 검토** 단계이다. 이 단계에서는 상권 및 입지 분석을 실시하여 개발된 콘셉트의 사업화에 적합한 입지를 탐색하고 사업성 검토를 통해 브랜드 콘셉트를 사업화하는 것이 타당한지 파악한다. 아무리 독창적이고 차별화된 콘셉트라 하더라도 사업성이 없으면 외식시장에서 살아남을 수 없기 때문이다. 최종적으로는 지금까지의 모든 과정을 정리하여 콘셉트북(concept book)을 작성하게 된다. 콘셉트북은 개발된 콘셉트를 실제적인 외식 브랜드로 만드는 기준과 지침이 될 뿐만 아니라 투자자, 건축가, 인테리어 디자이너, 그래픽 디자이너, 마케팅 커뮤니케이션 전문가 등 여러 사람과 의사소통을 할 때 필요한 중요 자료가 된다.

이와 같은 콘셉트 개발 프로세스를 통해 외식시장에서 통할 수 있는 성공적인 콘셉트(strong concept)를 만들기 위해서는 개발자의 창의적인 사고(creative thinking)와 분석적인 사고(analytical thinking)가 동시에 필요하다. 이제 각 단계에서 이루어지는 일을 보다 세부적으로 살펴보자.

2. 외식 브랜드 콘셉트의 도출

1) 외식시장 조사 및 아이디어 수집 단계

최근 모든 분야에서 일어나고 있는 급격한 경영 환경의 변화는 콘셉트 개발자에게 신속한 소비자의 요구 파악과 이를 구체적으로 새로운 외식 콘셉트에 적용할 수 있는 통찰력을 요구하고 있다. 새로운 브랜드의 기회 창출을 위해서는 자사(company), 고객(consumer), 경쟁사(competitor), 유통채널(channel) 등 미시 환경과 정치(political), 경제(economic), 사회·문화(socio-cultural), 기술(technological) 등 거시 환경에 대한 최신 정보를 조사하고 분석하는 전략적 과정이 반드시 필요하다. 특히, 우리나라의 외식산업은 매우 빠르게 발전하고, 고객 또한 트렌드에 매우 민감하기 때문에 외식산업의 트렌드를 제대로 읽고자 하는 자세가 콘셉트 개발과정에서 매우 중요하다.

외식 브랜드 콘셉트에 대한 아이디어 도출은 다양한 채널을 통한 자료 수집과 분석에 의해 이루어진다. 소비자의 요구를 파악하고 새로운 외식 브랜드 콘셉트에 적용할 수 있는 최신 정보의 조사·분석과정은 각종 통계 자료, 언론매체, 전문 서적, 인터넷 등의 자료분석(desk search), 전문가 인터뷰 및 국내외 우수업체 벤치마킹 등 다양한 방법으로 진행된다.

벤치마킹은 어느 특정 분야에서 우수한 상대를 표적으로 삼아 자기 기업과의 성과 차이를 비교하고, 이를 극복하기 위해 그들의 뛰어난 운영 프로세스를 배우면서 부단히 자기혁신을 추구하는 경영 기법이다. 외식 브랜드의 콘셉트 개발과정에서의 벤치마킹은 국내외 외식산업에서 지속적으로 우수한 경영 성과를 보이는 브랜드나, 새롭게 등장하여 고객의 관심을 받고 있는 브랜드를 선정하여 이들의 성공 요소를 면밀히 분석함으로써 새로운 브랜드 요소를 개발하는 데 참조하는 것이다. 또한, 이늘과의 차별점을 찾아봄으로써 기존 성공 브랜드와의 경쟁에서 경쟁우위를 점유할 수 있는 경쟁력 포인트를 발견할 수 있다.

브랜드 콘셉트 아이디어를 도출하는 과정에서 국내외 방송의 요리 프로그램이나 각종 잡지, 요리책, 블로그, 해외 유명 레스토랑 홈페이지 등은 유용한 정보원이 된다.

2) 시장세분화, 목표고객 선정, 포지셔닝

외식 브랜드의 콘셉트를 개발하기 위해서는 '어디에 위치한, 누구를 대상으로, 어떠한 음식을 제공하는, 어떠한 분위기'의 외식업체를 만들 것인지에 대한 고민이 계속되어야 한다. 누구나 와서 즐길 수 있는 외식 브랜드도 있겠지만, 목표로 하는 명확한 고객을 파악하지 못하고 콘셉트를 개발하면 특징 없는 콘셉트가 만들어지기 쉽다. 따라서 외식시장의 고객을 어떠한 특징에 따라 **시장세분화**(segmentation)하고, 그중 어떠한 목표고객을 타깃으로 영업을 하는 공간을 만들 것인지 결정해야 한다. 이러한 과정을 **타기팅**(targeting) 또는 **목표고객 선정**이라고 한다. 시장 세분화와 목표고객 선정 후에는 목표고객에 대한 프로필을 파악해야 한다. 이때 목표고객에 대한 인구통계학적 특성 외에 라이프스타일에 대한 분석도 필수적이다(그림 3-4).

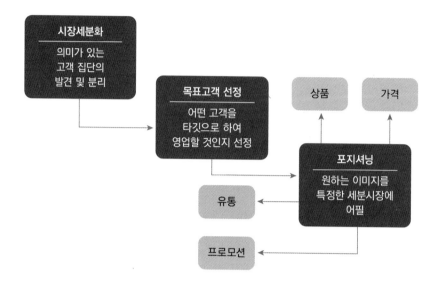

그림 **3-4**
시장세분화, 목표고객 선정,
포지셔닝

다음 단계는 **포지셔닝**(positioning)이다. 포지셔닝은 외식 브랜드가 고객들의 마음속에 어떻게 인식되도록 할 것인지를 결정하는 작업이다. 이는 개발 중인 브랜드의 특성 및 경쟁상품과의 관계, 자사의 기업 이미지 등 각종 요소를 평가·분석하여 그 브랜드 콘셉트를 외식시장에서 어떤 특정한 위치에 설정하는 것이다. 이때 유용한 도구가 **포지셔닝 맵**(positioning map)이다. 포지셔닝 맵은 고객의 인지를 기준으로 만들어지기 때문에 인지도(perceptual map)라 부르기도 한다. 포지셔닝 맵은 브랜드에 대한 고객의 지각을 2차원이나 3차원의 그래프로 표시한 것으로, 고객의 머릿속에 인식되어 있는 경쟁 브랜드와 개발하려고 하는 브랜드의 포지션을 나타낸다. 이렇듯 포지셔닝 맵은 경쟁 브랜드와 개발하려고 하는 브랜드의 콘셉트 차별점을 찾는 데 유용하게 쓰인다(그림 3-5).

3) 브랜드 콘셉트 도출

브랜드 포지셔닝을 결정한 후에는 브랜드 콘셉트를 표현할 수 있는 **브랜드 콘셉트 키워드**(brand concept keyword)를 도출한다(그림 3-6). 콘셉트 키워드는 간

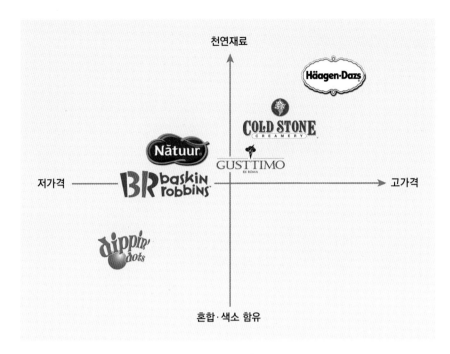

그림 3-5
아이스크림 브랜드
포지셔닝 맵

결하고 함축적으로 브랜드를 표현할 수 있어야 하며, 때로는 이를 브랜드 콘셉트 스토리로 작성하기도 한다.

외식 브랜드의 콘셉트 개발에서 고려해야 할 요소는 외식업 유형, 목표고객, 메뉴, 서비스 스타일, 서비스 속도, 평균 객단가, 분위기, 이미지, 경영철학, 예산

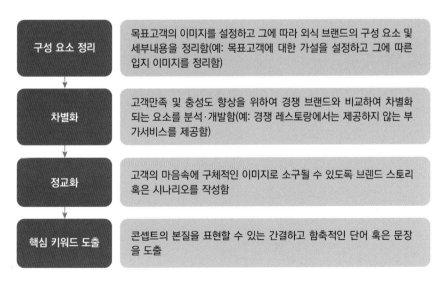

그림 3-6
콘셉트 키워드의 도출과정

외식산업 발전에 따라 새로운 콘셉트와 형태의 외식사업이 등장하고 있다. 최근에 두드러지게 성장하고 있는 외식사업의 형태는 식품을 판매하는 식품점과 음식을 먹을 수 있는 공간인 외식사업의 결합이다. 그로서-란트(Groceries＋Restaurants＝Grocerants), 슈퍼-란트(Supermarket＋Restaurants＝Superants), 레스트-마켓(Restaurants＋Supermarkets＝Restaumarkets) 등 다양하고 흥미로운 외식공간들의 등장으로 고객들은 더욱 풍성한 외식 형태를 즐길 수 있게 되었다.

최근에는 국내외 대형마트나 백화점 식품관에 레스토랑과 판매장이 결합된 그로서란트가 도입되었다.

등 다양하다. 이러한 여러 요소들을 고려하면서 타 브랜드와 차별화된 포지셔닝이 가능한 브랜드 콘셉트 키워드를 도출해야 한다.

콘셉트 키워드에서 사용되는 단어나 문구는 표 3-2에 나타나는 것처럼 일반적으로 사용되는 단어지만 타 브랜드와 어떻게 차별화되는지, 어떻게 차별화된 포지셔닝이 가능한지 설명해주는 것이 중요하다. 예를 들면, '정겨움'의 사전적 의미는 '정이 넘칠 정도로 매우 다정하다.'라는 의미이지만, 레스토랑의 '정겨움'의 의미는 오픈 주방이나 인테리어를 통해, 그리고 함께 음식을 나눠먹는다는 것이다. 다음의 그림 3-7은 *스타벅스*의 콘셉트 도출 사례이다.

표 3-2 브랜드 콘셉트 키워드의 예

키워드	내용
다양성	메뉴와 이벤트의 다양성
통일성	각 매장 간 메뉴의 맛, 인테리어의 동질성
합리성	가격대비 맛과 양, 서비스의 만족감
신속성	시간 절약
전문성	네이밍에서의 전문성, 메뉴의 전문성
편리성	접근과 이용, 서비스의 편리성
신선함	음식의 신선함, 신선한 식자재, 이벤트와 제공 방식(홀서비스)의 새로움
생동감	동적이고 활발한 분위기, 생동감 있는 인테리어
젊음	매장 분위기, 주된 색상, 방문하는 고객과 직원의 젊음
친근함	고급스럽지 않고 대중적이며 부담스럽지 않은 친근함
즐거움	밝고 화사한 인테리어와 가격대비 맛과 양이 좋은 것에서 오는 즐거움
정겨움	오픈된 주방이나 인테리어, 함께 나눠먹는 정겨움
편안함	인테리어의 편안함, 위치의 편안함, 서비스나 가격 등의 심리적 편안함
재미	이벤트의 재미, 메뉴를 고르는 재미, 홀서비스의 재미
독특함	홀서비스의 독특함, 패밀리레스토랑과는 다른 분위기와 서비스
공유성	음식을 나눔으로서 얻게 되는 정서의 공유

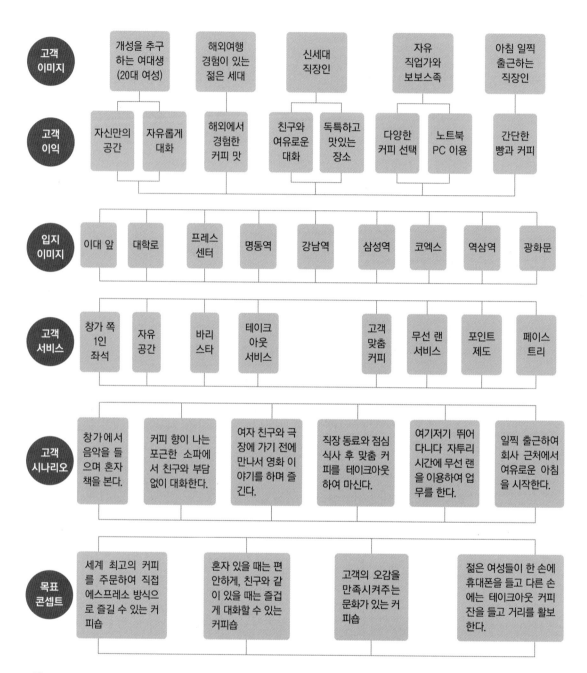

그림 **3-7**
'스타벅스'의 콘셉트 도출 사례

3. 외식 브랜드 콘셉트의 구체화

외식 브랜드 콘셉트의 구체화 단계에서는 브랜드 콘셉트를 중심으로 외식 브랜드의 구성 요소를 일관성 있게 기획한다. 외식 브랜드의 구성 요소는 브랜드 아이덴티티, 메뉴, 서비스, 분위기, 입지, 가격 등이다(그림 3-8). 여기에서는 개략적으로 브랜드 콘셉트와 연결하여 이들 요소를 개발하는 과정만을 다루고, 보다 세부적인 내용은 이후 각 장에서 자세히 다루기로 한다.

1) 브랜드 아이덴티티

콘셉트 키워드를 중심으로 외식 브랜드가 고객에게 줄 수 있는 구체적인 혜택(benefit)을 기능적 속성(functional attributes), 이성적 혜택(rational benefit), 감성적 혜택(emotional benefit)으로 구체화하고, 그 결과를 함축하여 브랜드 성격(brand personality)을 도출했다면, 이러한 브랜드 성격을 가진 **브랜드 아이덴티티(BI: Brand Identity)**를 명문화한다. 브랜드 아이덴티티라고 하면 흔히 로고를 떠올리는데 브랜드 아이덴티티는 시각적인 로고만을 의미하지 않는다. 브랜

그림 3-8
외식 브랜드의 구성 요소

브랜드 아이덴티티	메뉴	서비스	분위기	입지	가격
• 브랜드 네임 • 브랜드 로고 • 브랜드 컬러 • 브랜드 캐릭터 • 브랜드 슬로건	• 메뉴 구성 • 원재료 선택 • 조리 방식 • 메뉴명 • 프레젠테이션 • 식기 선택 • 메뉴 제공 방식	• 서비스 정도 • 서비스 방식 • 서비스 특성	• SI(Store Identity) • 음악(music) • 조명(lighting) • 유니폼(uniform) • 사인(signage)	• 지역 • 입점 형태 (free standing/ building-in)	• 가격 • 좌석회전율 • 식재료비 • 인력 및 인건비 • 임대료 수준 • 할인정책

드 아이덴티티는 한 브랜드가 잠재고객에게 인식되기를 바라는 모습이며, 경쟁자로부터의 브랜드 차별화를 나타내는 것이다. 다음 그림 3-9는 브랜드 아이덴티티 도출의 예이다.

브랜드의 성격이 독특함(unique), 공유성(sharing), 편안함(cozy)으로 결정되었다면 마케팅 커뮤니케이션, 홍보, 광고, 브랜드 로고, 슬로건 등에 사용되는 제작물 디자인, 인테리어 디자인, 메뉴 개발 등의 모든 작업은 브랜드의 성격인 독특함, 공유성, 편안함을 기준으로 이루어져야 한다.

브랜드 아이덴티티와 브랜드 콘셉트를 통해 고객에게 전달하고자 하는 혜택들이 명확하게 규명되었다면, 이제는 이러한 콘셉트를 시각적으로 보여줄 수 있는 콘셉트 표현 요소로 개발해야 한다. 콘셉트 표현 요소는 비주얼적인 것으로 컬러, 형태, 레이아웃, 서체 등이며 이는 표현매체인 로고, 심벌, 패키지, 광고, 웹

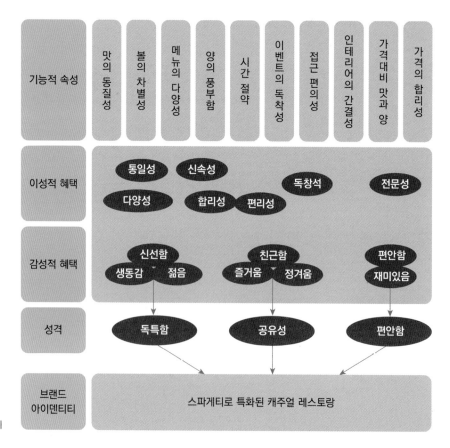

그림 3-9
브랜드 아이덴티티 도출의 예

사이트, 디지털 디바이스 등에 적용된다.

브랜드 네이밍(brand naming)은 콘셉트 표현 요소 개발의 핵심이 되는 작업으로 브랜드 아이덴티티를 함축적으로 표현하는 브랜드 네이밍을 찾기 위해서는 수많은 노력이 필요하다. 브랜드 네이밍은 수백 가지의 후보 거론과 여러 차례의 회의를 통해 선정되며 공간 아이덴티티 및 메뉴 아이덴티티를 결정하는 과정에서 변경되기도 한다. 외식기업의 브랜드 네임 및 로고 사례는 그림 3-10에 제시되어 있다.

슬로건(slogan)은 브랜드 네이밍과 같이 표기되어 브랜드의 특징을 함축적으로 표현하는 부제와 같은 역할을 한다. 스파게띠아의 1차적 슬로건은 주 로고에 영문 슬로건을 상단에 더한 형태로 주 로고의 영문 폰트와 색상과의 조화를 고려하였고, 동시에 스파게띠아의 성격인 독특함, 공유성, 편안함을 나타내기 위해 불규칙한 폰트가 적용되었다. 동시에 스파게티 그 자체의 대표성과 전문성을 강조하기 위해 'indeed'를 강조하고 주목성과 가독성을 위해 'I'에 디자인적 창의성을 가미했다. 오른쪽에 있는 2차적 슬로건은 영문 로고 또는 국문 로고를 단독으로 사용할 경우에 사용하며 좌측에 배열한다. 국문 슬로건은 영문 슬로건과 동일한 시각적 자극을 주기 위해 유사한 폰트와 동일한 색상을 사용하

그림 3-10
브랜드 네임 및 로고 사례

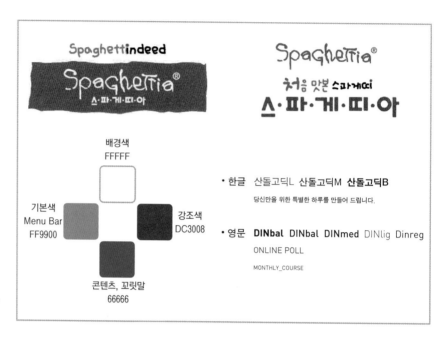

그림 3-11
'스파게띠아' 브랜드 로고와
슬로건의 폰트, 색상, 크기

였으며, 제대로 된 스파게티를 처음 맛보는 장소로써의 *스파게띠아* 강조를 위해
'**처**'를 좀 더 큰 글씨로 표현하였고, 전략적인 목적으로 '**ᅅᅵ**'에 방점을 두었다
(그림 3-11).

2) 메뉴 콘셉트

메뉴 콘셉트 역시 브랜드 아이덴티티에 기초를 두고 개발해야 한다. 브랜드 아
이덴티티가 기업 입장에서 소비자에게 전달하고자 하는 것이라면, 브랜드 이미
지는 소비자에게 형성된 것으로 브랜드 아이덴티티와 브랜드 이미지가 일치할
때 강력한 브랜딩이 구축된다.

레스토랑 *매드포갈릭*은 브랜드 네이밍에서도 알 수 있듯이, 마늘을 테마로
한 메뉴 콘셉트를 개발한 것이다. 갈릭 테마(garlic-themed)라는 브랜드 아이덴
티티의 일관성상에서, 이 레스토랑의 주력 메뉴는 '갈릭 스테이크'로 고기 위에

매드포갈릭 브랜드 네이밍에 나타난 갈릭(garlic) 테마가 메뉴 콘셉트에도 일관성 있게 반영되었다.

간 마늘, 통마늘, 구운 마늘, 마늘 플레이크가 듬뿍 올라간다. 메뉴 콘셉트 개발의 요소는 메뉴명, 주요 식재료, 조리 방법, 프레젠테이션, 메뉴 제공 방식으로 구성되는데, 특히 메뉴명과 프레젠테이션은 고객에게 직관적으로 보여지므로 매우 중요하다.

메뉴 콘셉트는 브랜드 아이덴티티에 근간을 두지만, 외식 트렌드를 간과할 수 없기 때문에 트렌드를 함께 고려하여 개발한다(그림 3-12). 외식 트렌드는 케이블 TV나 주문형 비디오(VOD: Video On Demand)를 통해 해외 각종 요리 전문 프로그램 자료를 이용하여 손쉽게 구할 수 있을 뿐 아니라, 해외 요리 관련 홈페이지, 신문, 잡지 등 다양한 매체를 통해 수집할 수 있다. 만약 웰빙, 다이어트, 오가닉(organic), 채식, 생식, 비타민 등이 외식 트렌드의 키워드라면 각종 자료를 수집하여 메뉴 콘셉트를 개발할 수 있다. 이 경우 브랜드 아이덴티티는 그린(green), 오가닉, 프레시(fresh)로 메뉴 카테고리 중 샐러드 메뉴 콘셉트를 개발하는 것을 제시하고 있다. 콘셉트를 효과적으로 전달하기 위해서는 메뉴를 담는 식기와 샐러드를 덜어 먹을 수 있는 서비스 도구에도 콘셉트를 표현하는 것이 중요하다.

이와 더불어 메뉴 개발에서 간과하지 말아야 할 것이 바로 커뮤니케이션이다. 보통 외식 전문 기업의 경우 메뉴 기획, 개발을 담당하는 R&D(research & development)팀, 재료 수·발주 및 재료비를 관리하는 구매팀, 레스토랑 영업장 현장의 오퍼레이션을 관리하는 영업팀, 영업장 직원의 트레이닝을 담당하는 교육팀, 그리고 메뉴의 홍보와 광고·프로모션·메뉴판 및 각종 디자인 제작물을

참고자료

메뉴 카테고리
샐러드

+

브랜드 아이덴티티
그린 + 오가닉 + 프레시

그린

오가닉

건강한

프레시

그림 3-12
외식 트렌드 형성 키워드의 예

담당하는 마케팅팀 등 팀의 역할과 책임이 구분되어 있다. 그러나 메뉴 개발은 각 팀의 담당자가 하나의 TFT(task-force team)를 구성하여 하나의 팀처럼 운영되어야 한다. 아무리 메뉴 콘셉트가 명확하고 기획 개발이 잘 이루어졌더라도 각각의 팀이 콘셉트를 잘 이해하지 못하거나 메뉴판, 홍보 등 고객에게 전달하는 과정에서 오류가 생겨 영업장 현장에서 제대로 판매하지 못한다면 브랜드 구축이 실패할 뿐만 아니라 수익을 창출할 수 없다. 따라서 메뉴가 출시되기 약 2~3주 전부터 영업장 주방의 메뉴 조리 교육, 홀의 서버 교육뿐만 아니라 반드시 메뉴 콘셉트 교육을 병행해야 한다. 무엇보다 메뉴 품질에 기본이 되는 레시피(recipe)는 상세 재료(ingredients)와 함께 실세 영업상에서 사용하고 있는 계측단위로 양과 부피를 명기해야 하며, 조리에 사용하는 조리도구와 조리시간은 물론 보관 방법까지 상세히 기술하여 메뉴 개발자뿐만 아니라 주방에서 근무하는 모든 직원이 교육 후 메뉴를 쉽게 만들 수 있어야 한다.

3) 분위기 콘셉트

분위기 콘셉트는 브랜드 아이덴티티를 정립하고 브랜드 전략을 전개하는 브랜딩 과정에서 함께 개발되어야 한다. 레스토랑의 분위기를 구성하는 요소는 SI(Store Identity), 가구, 음악, 조도, 종업원의 유니폼, 다른 고객 등으로 메뉴를 제외한 모든 요소라고 할 수 있다. 이들 모든 요소가 브랜드 콘셉트와 일치하고 다른 요소와 조화를 이루어야 고객에게 브랜드 콘셉트를 효과적으로 각인시킬 수 있다. 분위기 요소는 고객에게 직관적으로 보여지는 것으로 트렌드를 무시할 수 없으나, 향후 몇 년간 지속적으로 사용되어야 하므로 지나치게 트렌드를 반영하는 것은 지양해야 한다.

분위기 콘셉트를 개발할 때 가장 유용한 방법은 비주얼 커뮤니케이션 (visual communication)이다. 비주얼 커뮤니케이션은 음성언어나 문자언어 대신 사진, 그림 등 비주얼 자료를 활용하여 콘셉트를 잡는 것이다.

이러한 비주얼 자료는 브랜딩과정에서 주요 콘셉트 키워드를 추출할 때 찾아

브랜드 콘셉트와 분위기 콘셉트 구성 요소들이 조화를 이루어야 브랜드 콘셉트를 고객에게 효과적으로 각인시킬 수 있다.

분위기 콘셉트를 개발하는 가장 유용한 방법은 사진, 그림 등 비주얼 커뮤니케이션 자료를 활용하는 것이다.

인테리어 콘셉트 개발에 응용할 수 있는 1차 자료로 쓴다. 이때 자료의 형태가 꼭 인테리어 실사일 필요는 없다. 오히려 영화의 한 장면이나 어느 화가의 그림, 혹은 관광지의 풍경을 담은 사진엽서 등 일상생활에서 흔히 접할 수 있는 자료를 통해 결정적인 콘셉트 구성 요소의 힌트를 얻을 수 있다.

4) 서비스 콘셉트

목표고객의 특성과 브랜드 콘셉트 하에서 서비스 제공 정도 및 스타일 등 **서비스 콘셉트**를 규정하게 된다. 예를 들어 *스타벅스*는 제3의 장소(집, 직장, 그리고 *스타벅스*)를 지향하기 때문에 고객의 얼굴과 그들의 취향을 기억하여 친근감을 표현하는 서비스를 제공하며, *비비고*는 '웰빙 패스트푸드'라는 콘셉트 부각을 위해 세미셀프(semi-self) 방식의 서비스를 제공하고 있다. 즉 주문은 셀프서비스로 하고 메뉴의 제공은 착석 후 서버가 진행하는 방식으로, 이는 서비스 제공 정도가 패스트푸드 서비스보다는 많고 캐주얼 다이닝 서비스보다는 적다. 그림 3-13은 다양한 외식업에서 요구되는 서비스 정도를 보여주고 있다.

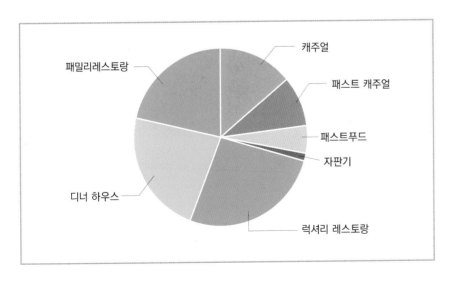

그림 3-13
다양한 외식업에서 요구되는
서비스 수준의 정도

5) 입지 콘셉트

경쟁이 점차 치열해지는 외식시장에서 입지의 중요성이 더욱 부각되고 있다. "입지도 전략이다."라는 말이 있을 정도로 입지 선정에 있어서는 다각적인 분석과 사고가 필요하다. 입지는 목표고객의 특성 및 브랜드 콘셉트를 반영함과 동시에 레스토랑 수익성에 지대한 영향을 미치기 때문에 임대료 수준 등의 현실적인 조건을 고려해야 한다. *스타벅스*는 프리미엄 커피전문점의 목표고객을 '20대 여성'으로 설정하여 1호점을 1999년에 이화여자대학교 부근에 출점하였다. *빕스(VIPS)*는 브랜드 및 점포 이미지를 고객의 머릿속에 명확하게 각인시키기 위해 초기에는 독립점포(free-standing)의 형태로만 출점하였다.

6) 가격 콘셉트

가격은 업태, 목표고객, 경쟁사 및 브랜드 콘셉트에 부합해야 고객에게 브랜드를 일관되게 각인시킬 수 있으며 나아가 고객만족 및 충성도를 이끌어낼 수 있다. 예를 들어, '고급제품과 기술을 갖춘 대중적인 점포'라는 브랜드 콘셉트를 지닌 *파리크라상*은 가격을 *파리바게뜨*보다 높은 수준으로 책정하고 있다. 그러나 현실적으로는 좌석회전율, 식재료비, 인건비, 임대료 수준 등의 조건들이 가격 책정에 더욱 결정적인 요소이다. 따라서 가격은 브랜드 콘셉트에서 크게 벗어나지 않는 방향에서 메뉴, 서비스 및 분위기 등의 콘셉트를 세부적으로 가감하여 조정되기도 한다. 최근에는 고객만족을 배가시키기 위한 다양한 할인정책 역시 브랜드 콘셉트에 따라 그 규모 및 종류를 정하고 제휴업체 선정 등을 진행하고 있다.

코로나19 장기화로 인해 외식소비자들의 소비 행태가 포장과 배달 중심으로 변화함에 따라 외식브랜드들의 매장 공간 구성과 서비스 콘셉트도 소비자 니즈를 반영해 변화하고 있다.

맘스터치는 1300호점인 삼성중앙역점을 뉴노멀 매장 1호점으로 오픈했다. 뉴노멀 매장의 특징은 주문 고객, 취식 고객, 포장 및 배달 고객 동선을 분리했다는 점이다. 매장 내부에는 방문한 테이크아웃 고객을 위한 대기 공간 및 취식공간을 마련하였고, 외부 공간과 연결되는 픽업부스를 설치하여 앱과 전화로 테이크아웃 주문을 한 고객이나 배달라이더들은 매장에 들어올 필요없이 매장 밖에서 빠르고 편리하게 제품을 받아갈 수 있도록 하였다. 매장 내 직원이 헤드셋을 통해 픽업부스에 도착한 배달라이더 및 테이크아웃 주문 고객 등과 소통할 수 있어 불필요한 대면접촉도 하지 않을 수 있다.

스쿨푸드도 코로나19 확산으로 외식에서 배달 비중이 늘어남에 따라 신규 배달 슬림형 매장을 선보였다. 스쿨푸드 배달 슬림형 매장은 12평 정도의 작은 규모로 적은 수의 인력 구성으로 운영하여 효율성을 높일 수 있게 함으로써 창업자들의 창업 비용에 대한 부담을 줄여 줄 수 있도록 하였다. 판매하는 메뉴는 배달 메뉴를 기본으로 기존 딜리버리 매장에서 높은 판매율을 차지했던 상위 메뉴만을 선정하여 메뉴 운영 효율도 높일 수 있도록 하였다.

자료: 식품외식경제(2020.12.22.); 식품외식경제(2020.12.14.) 재구성.

4. 입지 선정 및 사업성 검토

1) 예상 입지 선정 및 분석

외식사업을 시작할 때는 우선 입지를 확정하고 그 입지에 적합한 브랜드 콘셉트를 개발하는 접근 방법과, 콘셉트를 먼저 개발하고 그 콘셉트가 수용될 수 있는 입지를 찾는 2가지 접근 방법을 생각할 수 있다. 어떠한 방법이든 간에 외식업에서 '입지'가 사업 성공에 결정적인 역할을 한다는 사실은 불변의 진리이다. 입지를 분석한다는 것은 외식업체가 속해 있는 지역, 장소, 권역의 상권력과 특성을 분석하는 것이다.

외식산업에서 **입지**는 점포가 소재하고 있는 위치(location) 조건을 말한다. 소비자가 생산지까지 직접 방문하여 소비하는 외식산업의 특성상 입지는 고객의 점포 선택에 결정적인 역할을 한다. 아무리 좋은 메뉴를 판매하더라도 입지에 따라 성패가 좌우되며, 입지 자체가 판매상품이자 고객을 유인하는 수단이 된다. 또한 입지는 전 세계에 단 하나만 존재하는 독점성을 가진다. 이러한 독점성 때문에 창업 시 입지는 매우 신중하게 결정해야 한다. 한 번 결정한 입지는 메뉴나 인테리어와 같은 요소와 달리 변경이 불가능하고, 아무리 많은 노력과 비용을 투자해도 절대로 극복할 수 없는 한계가 된다. 일본의 유명 외식 컨설턴트 오쿠보 카즈히코는 "내가 치료할 수 없는 음식점은 입지 선정에 실패하였거나 경제 사정이 극히 어려울 때뿐이다."라고 말했다. 이처럼 입지 선정은 대단히 중요하다.

입지가 하나의 점(point)으로서의 점포 위치라면 **상권**은 범위(area)를 의미한다. 상권은 점포를 이용할 가능성이 있는 고객들이 거주하는 범위로 점포의 세력이 미치는 범위라고 할 수 있다. 입지가 고정적이어서 전 세계에 단 하나뿐인 독점성을 갖는다면, 상권은 유동성을 갖는다. 상권의 범위는 점포의 업종과 업태, 경영자의 능력에 따라 변할 수 있다. 예를 들어, 스테이크 전문점 같은 업종은 먼 곳에서 자동차를 타고 와서 방문하기 때문에 상권의 범위가 분식점보다 넓다.

입지조건의 구성 요소가 접근성, 가시성, 점포 형태 및 시설구조라면 상권의 구성 요소는 유동인구, 배후지 인구, 경쟁점포, 교통 및 통행유발시설 등이다.

2) 사업성 검토 및 예상 손익 산출

입지 선정과 함께 **사업성 검토**도 중요한 부분이다. 외식사업을 위한 사업타당성 분석은 창업에 앞서 사업의 성공 여부를 판단 또는 분석하는 것이다. 사업타당성 분석은 객관적·체계적 분석을 통해 창업 성공률을 높이는 데 반드시 필요하고, 창업 요소의 정확한 파악을 통해 창업기간을 단축할 수 있도록 도와준다. 또한 성공 가능성이 낮은 사업을 회피할 기회를 제공하고 사업을 지속할 것인지, 포기할 것인지를 결정할 수 있게 해준다.

일반적으로 소규모 외식업의 사업타당성은 매출액 추정, 비용 추정, 추정 손익계산서, 손익분기점 분석 등의 방법을 통해 검토할 수 있다. 이와 관련된 자세한 내용은 10장에서 학습하기로 한다.

3) 콘셉트북 작성

외식 브랜드 콘셉트 도출 단계부터 입지 선정 및 사업성 검토 단계까지 모든 과정을 진행한 후에는 **콘셉트북**(concept book)을 작성한다. 콘셉트북은 콘셉트 개발의 전 과정에서 결정된 내용을 함축적으로 담은 것으로, 대내외적인 커뮤니케이션에 유용하게 활용된다. 콘셉트북은 내부 직원이 브랜드 콘셉트를 명확하게 이해하고 업무를 수행할 수 있도록 하고, 마케팅 커뮤니케이션 기획 및 실행 단계에서 반드시 준수해야 할 커뮤니케이션 요소에 대한 명확한 지침을 제공하며, 인테리어 회사 등 협력사와 업무를 진행할 때 정확한 콘셉트를 의사소통할 수 있는 도구가 된다.

콘셉트북은 외식 브랜드의 운영관리뿐 아니라 가맹사업으로 확대하거나 해외진출을 계획하고 있을 때도 매우 유용하며 사업제안서나 사업 설명회, 직원 교육 자료, 언론 홍보자료 등으로 폭넓게 활용할 수 있다.

활동 사례
ACTIVITY

성공한 외식 브랜드 이미지를 활용한 외식업계 RMR 진출 활발

코로나19 장기화로 외식업계의 매장 영업에 어려움을 겪자 상품력을 갖춘 외식기업들은 RMR(Restaurant Meal Replacement) 제품을 강화하고 있다. RMR은 외식메뉴를 가정에서도 쉽게 이용할 수 있도록 상품화한 것이다. 외식기업의 RMR 시장 진출은 자체적으로 상품을 개발해 직접 판매하기도 하고 대형 유통업체들과의 콜라보나 업무협약을 통해 진행되기도 한다.

송추가마골은 1981년 개업한 갈비 전문 레스토랑으로 양념소LA갈비, 한우불고기 갈비찜, 갈비탕 등 전 제품을 RMR로 출시했다. 송추가마골 RMR 제품은 전국 송추가마골 매장과 G마켓·11번가·옥션·롯데ON 등 온라인 쇼핑몰에서 판매하고 있다. 오프라인 채널에서는 이마트와 손잡고 피코크 송추가마골을 선보였다.

역전회관은 1929년 용산역 앞에 문을 연 대표적인 맛집으로 2007년 마포구로 터전을 옮겼다. 바싹불고기가 대표메뉴인 역전회관은 자사 제품을 RMR로 만들어 G마켓, 11번가, 옥션 SK스토어, CJ몰 등 다양한 온라인 채널을 통해 판매해 성공을 거뒀다. 91년 전통으로 확보된 단골들의 마중물 역할로 인해 구준한 매출이 발생하고 있다. 또한 부드러운 식감과 풍부한 양념 맛도 이 제품의 경쟁력이다.

한옥집은 서울 서대문역 인근에 위치한 김치찜으로 유명한 맛집이다. 한옥집 김치찜은 이마트에서 론칭해 '피코크 식객촌 한옥집 김치찜'이라는 이름으로 이마트, SSM, 기타 온라인 쇼핑몰에서 판매하고 있다.

자료: 식품외식경제(2021.01.08.) 재구성.

1. 성공한 외식브랜드 콘셉트를 활용하여 대표 메뉴를 RMR 상품으로 출시한 사례를 찾아보자.
2. 외식 매장에서 판매하던 메뉴를 유통과정을 통해 판매하는 상품으로 만들어 판매하고자 할 때 어떠한 점을 고려해야 하는지 논의해 보자.

연습 문제
REVIEW

1. 점차 치열해지는 외식산업의 경쟁 환경 변화 속에서 외식 브랜드 콘셉트 개발이 왜 중요한지 설명해보자.
2. 외식 브랜드 콘셉트는 어떠한 단계를 거쳐 개발되는지 열거해보자.
3. 시장세분화, 목표고객 선정, 포지셔닝의 개념을 설명해보자.
4. 메뉴 콘셉트를 개발할 때는 어떠한 점을 고려해야 할지 생각해보자.
5. 성공한 외식 브랜드를 하나 선택하여 브랜드 콘셉트 구성 요소(BI, 메뉴, 서비스, 분위기, 입지, 가격)가 어떻게 조화를 이루고 있는지 설명해보자.
6. 외식업의 고객층의 세분화 기준을 다양하게 제시해보자.
7. 동일 메뉴를 취급하는 여러 외식 브랜드(예: 햄버거를 주메뉴로 하는 브랜드)를 포지셔닝 맵(positioning map)에 위치시켜보자.
8. 입지 선정이 잘된 예와 잘못된 예를 하나씩 생각하고 잘못된 입지 선정의 극복 방안을 토의해보자.

용어 정리
KEYWORD

브랜드 콘셉트 한 브랜드만이 가지는 특별한 개성적 이미지로 고객의 마음 속에 같은 제품군 내의 다른 브랜드와 구별 짓게 하는 개념

외식 브랜드 콘셉트 개발 프로세스 브랜드 콘셉트 도출 단계, 브랜드 콘셉트 구체화 단계, 입지 선정 및 사업성 검토 단계로 구분

벤치마킹 특정 분야에서 우수한 상대를 표적으로 삼아 자기 기업과의 성과 차이를 비교하고, 이를 극복하기 위해 그들의 뛰어난 운영 프로세스를 배우면서 부단히 자기 혁신을 추구하는 경영 기법

시장세분화 외식시장의 고객을 어떠한 특징에 따라 구분

타기팅 세분화한 고객층 중에서 목표로 하는 고객을 결정

포지셔닝 외식 브랜드가 고객의 마음속에 어떻게 인식되도록 할 것인지 결정

포지셔닝 맵 브랜드에 대한 고객의 지각을 2차원이나 3차원의 그래프로 표시

브랜드 콘셉트 키워드 브랜드 콘셉트를 간결하고 함축적으로 표현할 수 있는 문구로, 때로 브랜드 콘셉트 스토리로 작성

브랜드 아이덴티티 한 브랜드가 잠재고객에게 인식되기를 바라는 모습. 경쟁 브랜드와의 차별점을 표현

메뉴 콘셉트 메뉴 콘셉트는 브랜드 아이덴티티에 기초를 두고 개발하며, 개발 요소는 메뉴명, 주요 식재료, 조리 방법, 프레젠테이션, 메뉴 제공 방식으로 구성

분위기 콘셉트 개발 요소 SI(Store Identity), 가구, 음악, 조도, 종업원 유니폼, 다른 고객 등

서비스 콘셉트 목표고객의 특성과 브랜드 콘셉트 하에서 서비스 제공 및 스타일 등 서비스 콘셉트를 규정

입지 콘셉트 입지는 목표고객의 특성 및 브랜드 콘셉트를 반영함과 동시에 수익성에 지대한 영향을 미치기 때문에 임대료 수준 등의 현실적인 조건도 고려

가격 콘셉트 가격을 업태, 목표고객, 경쟁사 및 브랜드 콘셉트에 부합하게 책정되어야 고객에게 일관되게 브랜드를 각인시킬 수 있으며 나아가 고객만족 및 충성도와 연관

입지 점포가 소재하고 있는 위치 조건

상권 점포를 이용할 가능성이 있는 고객이 거주하는 범위

사업성 검토 사업을 시작하기 전에 성공 여부를 판단 또는 분석하는 것으로 매출액 추정, 비용 추정, 추정 손익계산서, 손익분기점 분석 등의 방법으로 검토

참고문헌
REFERENCE

김기석(2012). 신상품 마케팅 전략. 인플로우.

김상률, 윤영수(2013). 브랜드개발전략론. 한국지식개발원.

김태욱(2015). 브랜드 스토리텔링. 커뮤니케이션북스.

박문경, 김재철(2007). 서비스 품질 속성 IPA 분석을 활용한 테마 레스토랑 입지별 LSM 전략수립. 대한영양사협회 학술지, 13(3):277-294.

박소현, 이민아, 차성미, 곽창근, 양일선, 김동훈(2009). 외국인의 한식에 대한 브랜드 이미지 분석. 한국식품조리과학회지(2009), 25(6):655-662.

박흥수, 하영원, 우정(2012). 신상품마케팅. 박영사.

서용구, 구인경(2015). 브랜드 마케팅. 학현사.

소슬기(2020). 브랜드 경험 디자인 바이블. 유엑스리뷰.

수잔 피스크, 크리스 말론 저, 장진영 역(2015). 어떤 브랜드가 마음을 파고 드는가: 브랜드와 심리학의 만남. 전략시티.

앨리나 휠러(2012). 디자이닝 브랜드 아이덴티티. 유승재 역. 비즈앤비즈.

유혜경, 신서영, 홍완수(2008). 노년소비자의 라이프스타일에 따른 세분시장별 외식업소 선택속성 중요도 차이 분석. 외식경영연구, 11(4):285-309.

이경태(2017). 살아남는 식당은 1%가 다르다. 천그루숲.

이명강, 양일선, 이소정, 신서영(2006). Take-out 전문점의 고객 세분화 전략:Cafe Amoje 이용 고객을 중심으로. 외식경영연구, 9(1):153-172.

이민아(2000). 피자 레스토랑의 차별화 전략구축을 위한 브랜드 인식도와 선택속성 분석. 연세대학교 대학원 석사학위논문.

이와나가 요시히로(2013). 브랜드네이밍 개발법칙. 고봉석 역. 이서원.

이준호(2019). 마케팅 컨설테이션. 생각나눔.

이호준(2013). 브랜드디자인. 지구문화사.

임태수(2020). 브랜드, 브랜딩, 브랜디드. 안그라픽스.

장욱선(2014). 실무자가 알아야 할 브랜드 아이덴티티 디자인. 반디모아.

정창윤(2019). 컨셉 있는 공간. 북바이퍼블리.

차성미, 양일선, 백승희, 김윤지, 정진이(2012). 계층분석과정(AHP)을 이용한 해외 한식당 브랜드 커뮤니케이션 전략의 우선순위 결정. 한국식생활문화학회지, 27(3):274-284.

한승연(2013). 브랜드 이미지 통합 전략에 따른 C.I 개발연구: '더 본 코리아'를 중심으로. 이화여자대학교 대학원 석사학위논문.

Bernard D, Lockwood A, Alcott P, Pantelidis L(2012). Food and beverage management. 5th ed. Routledge.

Taschen America(2014). Restaurant & bar design. Taschen Inc.

Walker JR(2013). The restaurant: from concept to operation. 7th ed. John Wiley & Sons Inc.

식품외식경제 홈페이지. www.foodbank.co.kr

CJ 공식 블로그. www.blog.cj.net.

SPC삼립홈페이지. spcsamlip.co.kr

월간 호텔과 식당 홈페이지. www.hotelrestaurant.co.kr

투썸플레이스 홈페이지. www.twosome.co.kr

CHAPTER 4

외식공간
디자인

외식공간의 규모 설정, 공간의 배치 등과 같은 공간
계획에 대한 문제는 외식사업 기획에서 중요하게 고
려되어야 한다. 고객은 외식을 하나의 경험으로 인식
하고 외식공간에서의 모든 경험을 통해 브랜드를 평
가하게 된다. 따라서 외식공간은 때에 따라 사업의
성패를 좌우하는 중요한 차별화 요소가 되기도 하며
고객에게는 서로 다른 브랜드로 인지되는 인식의 기
본 틀을 마련한다. 이 장에서는 이와 같은 외식공간
계획의 중요성을 이해하고 효율적인 공간계획과 공간
배치 방법에 관해 살펴본다.

사 례 카멜레존으로 진화하는 복합 외식공간, 공간의 가치를 혁신하다

카멜레온(Chameleon)과 공간(zone)을 합한 신조어 '카멜레존(chamele-zone)'이란 시시각각으로 필요에 따라 변화하는 공간을 뜻한다. 국내외 외식공간 변화 트렌드 중 하나로 카멜레존이 부각되고 있다. 폐공장이나 조선소가 카페와 레스토랑, 전시공간으로 재탄생하는가 하면 호텔에서 인문학 강의를 연다. 사람들은 멈춰버린 공장의 기계 앞에서 커피를 마시며 전시회를 관람하고 북카페로 변신한 은행에 앉아서 술을 마시고 책을 읽는다.

오프라인의 공간들이 참신한 복합 문화공간으로 탈바꿈하고 있다. 다른 업종과의 콜라보레이션 (collaboration)은 기본이며 체험공간으로 변신, 온라인과의 협업, 공간 재생을 통한 커뮤니티 등 독특한 방식으로 콘텐츠를 소비하도록 한다. 새로운 정체성이 부여된 곳에서 고객들은 이색적인 경험을 즐기게 된다. 시간대나 요일에 따라 시시각각 성격이 바뀌는 복합 외식공간에 브랜드 고유의 차별화된 제품과 경험을 결합시켜 고객에게 새로운 라이프스타일의 가치를 제공하고 있다.

자료: 호텔레스토랑(2019. 3. 4), 재구성.

1. 외식공간계획의 기본 개념

1) 공간계획의 의의

외식공간의 효율적인 운영을 위해서는 메뉴 구성, 고객층, 객단가와 함께 적합한 공간의 형태 및 규모, 배치 방법 등이 중요하게 고려되어야 한다. 이는 실제 외식기업의 공간계획에 적용되고 있는데, 패스트푸드 브랜드 *맥도날드*에서 대표적으로 사례를 찾아볼 수 있다. *맥도날드*에서는 주로 밝고 가벼운 소재의 마감 재와 가구들, 매장 내 유동인구의 흐름을 고려한 효율적인 공간 배치, 그리고 경 쾌한 음악과 밝은 조도 등에서 일관된 공간 디자인의 의도를 찾아볼 수 있다. 이는 어린이를 동반한 가족 고객과 젊은 층을 목표고객으로 설정하고 회전율 을 빠르게 하기 위한 고려가 공간계획에 반영되었음을 보여준다.

고객의 재방문과 만족도 향상을 이루기 위한 외식공간계획은 단순히 시각적 인 효과가 아닌 고객의 새로운 경험 창출 그 이상의 가치를 목표로 하게 된다. 성공적인 공간계획은 하나의 브랜드로서 외식공간이 고객에게 전하고자 하는 메시지를 한층 강화시킨다.

외식공간의 물리적인 공간계획에 앞서 우선 브랜드 전체에 적용될 수 있는 일 관된 사업 방향 설정을 선행해야 한다. 주방, 홀, 저장공간 등 외식공간을 구성 하고 있는 각각의 세부 공간들은 개별적인 고유 기능을 수행함과 동시에 상호 긴밀하게 연결되어 유기적인 관계 하에 운영된다. 따라서 세부 공간 간의 관계 를 명확하게 이해하여 공간의 효율성을 높여야 한다.

2) 공간계획의 기본원리

설정된 사업의 방향과 공간에 대한 분석을 토대로 구체적인 설계가 이루어지는
데 이때 반드시 고려해야 할 기본적인 원리는 다음과 같다.

(1) 동선 조절

동선 조절은 공간에서 이루어지는 다양한 동선의 흐름(flow)을 미리 파악하고
원활하게 조절하는 것이다. 외식공간에는 눈에는 보이지 않으나 다양한 동선이
형성되며 이는 운영에 중요한 영향을 미친다. 동선의 종류에는 고객 동선, 종업
원 동선, 음식 동선, 식기 동선, 서비스 동선이 있다. 각각의 동선은 주차장부터
안쪽 주방에 이르기까지 다양하게 분포되며 유기적인 관계 하에 복합적으로 구
성되어 있다. 따라서 공간계획 시에는 각 동선의 원활한 흐름을 유도하고 상호
간섭을 최소화함으로써 효율적인 이동이 이루어질 수 있게 해야 한다.

그림 4-1
외식공간의 고객 이동 동선

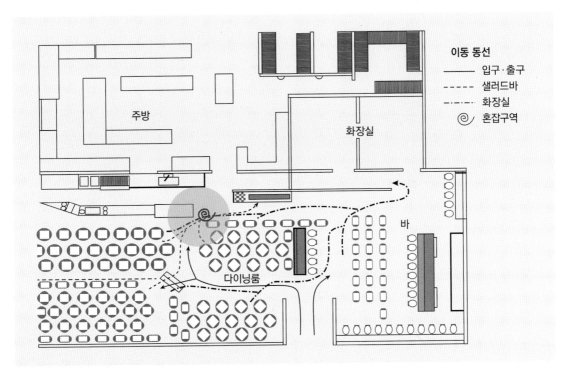

그림 4-1에서와 같이 여러 동선이 충돌할 경우 실제 운영에 어려움이 생기기도 한다. 샐러드바를 이용하는 고객의 동선과 화장실을 이용하는 고객의 동선, 그리고 직원의 이동 동선 모두 상호 중첩되어 그림에서와 같은 혼잡구역이 발생한다. 이러한 혼잡을 막고 원활한 동선 순환을 위해서는 기능에 따른 동선의 흐름을 미리 예측하고 각 동선을 서로 분리시키거나 혹은 혼잡구역의 동선 폭을 확장하여 간섭을 최소화해야 한다.

(2) 공간 간의 거리

공간계획 시에는 다양한 측면에서 **공간 간의 거리**(distance)를 고려할 필요가 있다. 우선 고객의 관점에서 각각의 이동 동선은 공간의 기능에 따라 유기적으로 연결되어 고객에게 편의성을 제공할 수 있어야 한다. 주차장에서부터 입구까지의 접근 거리, 다이닝 홀에서 화장실과 기타 편의시설까지의 거리 혹은 어린이 동반 고객을 위한 놀이공간과의 거리 등 다양한 측면에서 검토되어야 한다. 반면 프라이빗한 다이닝공간은 거리 확보를 통해 상호간의 공간 독립성을 유지할 수 있다.

고객 이동의 원활한 흐름을 고려하여 계산 및 대기공간을 넓게 배치한다.

종업원 측면에서는 주방 혹은 서비스 스테이션과 고객에게 서빙이 이루어지는 거리, 홀에서 사용된 식기를 세척공간으로 이동하는 거리 등이 고려되어야 한다. 주방에서 이루어지는 모든 작업 간의 이동거리도 중요하게 검토되어야 한다. 효율적인 거리의 조절을 통하여 최적의 상태로 고객에게 제공되는 음식의 신선도를 유지할 수 있으며 보다 신속한 응대로 만족스러운 서비스를 제공할 수 있다.

(3) 서비스 속도

음식의 **서비스 속도**(speed of service)는 메뉴의 종류, 외식공간의 종류에 따라 달라질 수 있다. 기본적으로 빠른 서비스가 가능할수록 잘 계획된 공간으로 간주된다. 패스트푸드나 카페테리아 유형의 레스토랑은 신속한 서비스가 필수적이므로 지체 없이 주문과 서빙이 이루어질 수 있도록 공간을 구성해야 한다. 반대로, 긴 시간 동안 다양한 음식을 순차적으로 서빙하는 파인 다이닝의 경우, 음식을 먹는 속도에 맞춰 적절한 서빙 시점을 조절할 수 있는 효율적인 동선계획이 이루어져야 한다.

(4) 공간의 규모

공간의 규모는 좌석 및 테이블 수, 카운터의 수 등 초기에 선행된 타당성 분석에 따라 구체적으로 검토하여 적용된다. 그뿐만 아니라 입지의 특성에 따른 고객의 특성, 즉 연령, 직업, 선호도 등에 따라 세부 공간의 필요 공간 규모는 달라진다. 예를 들어, 테이크아웃 고객이 대부분이거나, 차를 이용한 드라이브 스루 고객이 많은 매장의 경우에는 대규모의 좌석공간 확보가 크게 효율적이지 않다. 오히려 외부 주차장과 차량진입동선 혹은 외부 대기공간 등이 보다 여유 있게 설계되어야 한다. 오른쪽의 사례와 같이 별도의 테이크아웃 고객만을 위한 서비스공간을 마련하기도 한다. 때에 따라서는 특정 시간대에 고객이 몰리기도 한다. 특히

포장 고객만을 위한 별도의 주문 및 대기공간을 두어 레스토랑 내 식사 고객과의 공간을 구분하고 빠른 주문을 가능하게 하여 대기 고객의 편의를 향상시켰다.

점심시간 혹은 오전 출근시간에 집중된다면 그 시간대의 최대 고객 수를 파악하고 이에 대응할 수 있는 공간 설계가 필요하며, 그 외 시간에는 다른 용도로 전환이 가능하도록 융통성 있는 계획도 고려할 수 있다.

(5) 공간의 방향성

공간 내 고객들의 동선을 자연스럽게 유도할 수 있도록 **공간의 방향성**(direction)이 고려되어야 한다. 이는 외부 주차장 혹은 입구에서부터 적용될 수 있다. 고객들이 출구와 입구를 쉽게 인지하고 접근할 수 있도록 다양한 요소들로 이동 방향을 유도할 수 있다. 보도와 화단 조성으로 입구로의 자연스러운 이동을 유도하거나 안내 사인, 광고 홍보물, 화살표를 이용한 방향 지시 사인 등 색상의 변화를 준 시각적인 요소로 입구를 인지하게 할 수 있다.

건물의 출입구로 이용되는 정면 외벽 부분인 **파사드**(facade)는 고객 동선의 흐름에 시각적으로 큰 영향력을 발휘한다. 또한 내부 공간에서도 고객들이 공간에 대한 편안함을 느끼고 망설임 없이 공간에 적응할 수 있도록 자연스러운 방향 유도가 필요하다. 예를 들면 내부 마감재의 패턴과 컬러의 변화 혹은 다양

컬러의 변화로 입구를 부각시킨 외부 파사드이다.

자연스럽게 방향을 유도한 내부공간의 모습이다.
1. 바닥의 패턴을 달리하여 고객의 이동 방향을 유도한다. **2.** 화살표 사인을 표시하여 고객이 자연스럽게 이동할 수 있도록 유도한다.

한 조명효과 등을 통해 효과적인 계획이 가능하다.

고객에게 서빙되는 음식의 이동 동선을 계획할 때도 조리부터 식기의 수납, 서빙, 그리고 퇴식에 이르는 작업과정을 단순화시키고 작업과정의 일정한 방향성을 고려하여 실제 작업의 효율을 높일 수 있다. 효율적인 공간 배치는 작업능률 향상을 통해 고객만족에 직접적인 영향을 미치게 된다.

3) 공간계획의 순서

효율적인 외식공간계획을 위해서는 메뉴, 입지 현황, 고객의 라이프스타일, 소비성향 등 다양한 측면에서의 공간분석과 이해가 선행되어야 한다.

외식공간을 구성하는 기본 영역은 크게 실내와 실외공간으로 구분된다. 실내공간은 입구와 다이닝공간, 그리고 작업 및 저장이 이루어지는 주방공간으로

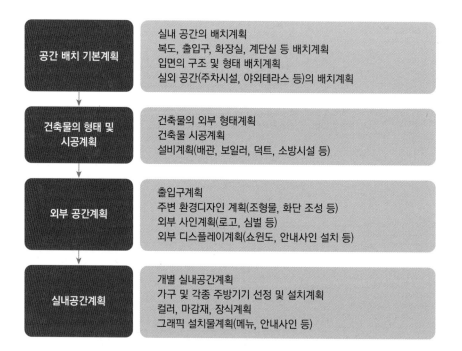

공간 배치 기본계획	실내 공간의 배치계획 복도, 출입구, 화장실, 계단실 등 배치계획 입면의 구조 및 형태 배치계획 실외 공간(주차시설, 야외테라스 등)의 배치계획
건축물의 형태 및 시공계획	건축물의 외부 형태계획 건축물 시공계획 설비계획(배관, 보일러, 덕트, 소방시설 등)
외부 공간계획	출입구계획 주변 환경디자인 계획(조형물, 화단 조성 등) 외부 사인계획(로고, 심벌 등) 외부 디스플레이계획(쇼윈도, 안내사인 설치 등)
실내공간계획	개별 실내공간계획 가구 및 각종 주방기기 선정 및 설치계획 컬러, 마감재, 장식계획 그래픽 설치물계획(메뉴, 안내사인 등)

그림 4-2
외식공간계획 프로세스
자료: 김현지 외(2009).

구성되며 외부 공간은 주차장, 외부 테라스 등의 공간이 포함된다. 각 공간은 개별 기능과 용도, 그리고 법적 규제 등을 고려하여 적정 규모로 배치된다. 이처럼 주어진 기본 공간에 세부 공간의 각 기능과 상호관계를 고려하여 공간의 위치 및 규모에 대해 계획하는 것을 공간 배치계획이라 한다. 이러한 공간 배치계획에 따라 건축설비, 소방시설, 보일러 등의 시공계획에 대한 검토가 이루어진다. 단독형 건물일 경우에는 외부 건물 형태에 대한 계획이 거의 동시에 이루어진다. 기본적인 계획의 검토가 이루어진 후에는 본격적인 세부계획이 진행되는데 우선 외부 출입구와 사인, 디스플레이 공간 등의 기타 설치물 등이 계획된다. 이와 동시에 내부 공간의 인테리어 계획이 이루어지는데 공간에 따라 마감재계획, 컬러계획, 조명계획, 가구 및 주방기기 설치계획 등의 세부계획이 이루어진다(그림 4-2).

2. 실내공간계획

1) 입구 및 다이닝공간

입구 및 다이닝공간에는 좌석과 테이블을 기본으로 하는 객석공간을 비롯하여 입구 계산대, 대기 공간, 화장실, 바 카운터(bar counter) 등이 포함된다. 이 영역의 설계에는 초기에 검토된 기본 설계 콘셉트에 따라 고객과 직원의 동선계획, 가구선정 및 배치계획, 조명계획, 마감재 및 기타 장식계획 등 다양한 측면이 고려된다. 이 영역은 고객 서비스의 주요 접점으로 고객이 주로 머무는 공간이므로 편의성과 쾌적성을 기본으로 양질의 서비스 제공을 위하여 효과적으로 공간을 활용할 수 있도록 설계되어야 한다.

설계의 중요한 요소로 동선의 폭과 길이, 테이블, 의자를 비롯한 가구의 치수, 연계 사용되는 가구 간의 간격 등은 신중하게 검토해야 한다. 효율적인 작업과 이동의 원활함을 위하여 인체 기본 치수와 인간의 행동반경을 고려하여 세부 설계가 이루어진다. 특히 가구 선정 시에는 상호 연계된 가구 사이의 상호관계와 적합성을 실제 테스트하여 결정한다. 그 밖에 출입구의 폭과 높이, 카운터의 높이, 계단 폭과 너비 등의 계획에 있어서도 인체 기본치수와 공간의 특성을 명확히 파악하고 적용하여 공간의 기능과 시각적 아름다움을 동시에 고려해야 한다. 이는 고객에게 편의성을 제공할 뿐만 아니라 효율적인 공간 활용에 대한 계획의 타당성 검토에도 명확한 근거가 된다.

(1) 입구 및 대기공간

입구 및 대기공간은 실내 전체 공간 중 고객을 처음 대면하는 곳으로 고객에게 첫인상으로 인식된다. 그뿐만 아니라 외부 공간과 내부 공간을 이어주는 절충공간의 기능도 한다. 따라서 외부로부터의 진입동선과 내부 공간과의 연계성을 면밀하게 검토해야 한다.

출입구는 매장이 단독건물인지, 대형 쇼핑몰이나 빌딩 내에 소속된 공간인지

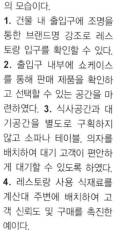

출입구 및 계산대, 대기공간의 모습이다.
1. 건물 내 출입구에 조명을 통한 브랜드명 강조로 레스토랑 입구를 확인할 수 있다.
2. 출입구 내부에 쇼케이스를 통해 판매 제품을 확인하고 선택할 수 있는 공간을 마련하였다. **3.** 식사공간과 대기공간을 별도로 구획하지 않고 소파나 테이블, 의자를 배치하여 대기 고객이 편안하게 대기할 수 있도록 하였다.
4. 레스토랑 사용 식재료를 계산대 주변에 배치하여 고객 신뢰도 및 구매를 촉진한 예이다.

에 따라 서로 다른 제약과 특성을 갖는다. 외부에 노출되어 있는 단독건물은 외부 날씨와 차량의 접근성까지도 영향을 받는다. 일반적으로 출입구 문은 에너지 효율을 높일 수 있는 이중도어나 방풍실 혹은 회전문 등의 설치로 외부 공기의 유입을 조절할 수 있어야 한다. 내부 영역으로는 계산대뿐만 아니라 고객 대기 공간, 가방이나 옷을 보관할 수 있는 보관소 등이 포함된다.

영업 형태와 메뉴의 종류, 고객층을 고려하여 산정된 유동인구에 따라 입구 공간의 규모는 달라질 수 있으며 특히 대기공간은 기다리는 동안의 지루함을 달랠 수 있는 엔터테인먼트 요소를 더하여 다양한 형태의 복합공간으로 계획하기도 한다.

(2) 다이닝공간

다이닝공간은 기본적으로 테이블과 의자를 배치한 좌석으로 구성된다. 영업 형태에 따라 샐러드바, 뷔페 테이블, 오픈 주방 등 다양한 형태의 공간이 포함되기도 한다. 다이닝공간에서는 무엇보다 안정감 있고 효율적인 좌석 배치가 중요하다. 여기서는 미적·기능적 요건을 충족하면서도 최대한의 좌석 수 확보라는 궁극의 목표를 위하여 다양한 공간 배치가 시도된다. 또한 영업 형태와 기본 콘셉트에 따라 가구의 타입 및 크기와 수량, 공간 배치 형태가 달라진다.

가구 선정에는 공간에서의 고객 체류시간, 회전율, 메뉴 구성, 사용되는 식기의 종류 및 개수 등 다양한 요소가 영향을 미친다. 예를 들어 빠른 회전율과 짧은 체류시간이 예상되는 패스트푸드 레스토랑의 경우, 의자와 테이블의 종류는 보다 내구성 있고 유지관리가 편리한 소재와 캐주얼한 디자인이 적합하다. 테이블의 크기는 제공되는 트레이 사이즈와 수량에 맞추어 콤팩트하게 적용될 수 있다.

반면, 다양한 코스요리를 기본으로 하는 파인 다이닝 레스토랑에는 보다 안락하고 편안한 타입의 의자가 적합하다. 고객들은 오랜 시간 매장에 체류하면서 다소 격식을 갖춘 안락한 분위기를 기대하므로 적합한 가구의 형태와 마감재 선정에 신중을 기해야 한다. 가볍고 내구성 있는 플라스틱 소재보다는 부드러운 패브릭이나 가죽 소재가 소음 조절과 안락한 분위기 형성에 효과적이다. 테이블 크기는 서빙되는 식기의 종류와 크기, 그리고 고객의 행동반경을 고려하여 계획된다. 보다 더 격식을 갖춘 프라이빗한 공간을 계획한다면 바닥과 벽의 마감재에도 소음을 차단할 수 있는 카펫이나 패브릭 소재가 적합하다. 시각적

메뉴의 종류와 외식 형태에 따른 테이블 크기 및 세팅방법이다.
1. 간단한 메뉴를 제공하기 위해 세팅된 작은 테이블이다. **2.** 정찬 메뉴 제공 시 다양한 메뉴를 제공할 수 있는 중간 크기의 테이블이다.

공간의 콘셉트에 따른 다양한 좌석 가구 구성의 예이다. **1.** 따뜻한 느낌의 공간에 어울리는 같은 분위기의 가구이다. **2.** 화이트 톤과 매치되는 시원한 느낌의 좌식 가구이다. **3.** 편안한 분위기의 격식 없는 공간에 어울리는 가구 배치이다. **4.** 모던한 형태의 바 느낌을 살린 가구 배치이다. **5.** 전체적으로 우드를 사용한 자연스러운 공간에서의 가구이다. **6.** 색상을 달리한 가구 배치로 공간에 포인트를 주고 신선한 느낌을 제공하였다. **7.** 콤팩트한 다이닝공간 콘셉트에 따른 벽면에 배치된 부스형 가구이다. **8.** 자유로운 공간 콘셉트에 따른 유동적인 가구 배치이다.

인 영역 분리가 필요한 공간에서는 테이블 간의 간격을 넓히거나 파티션을 설치하여 독립성을 유지할 수 있다.

고객들이 가장 오랜 시간 머물고 접하게 되는 좌석공간의 의자와 테이블은 기능적·심미적으로 매우 중요하므로 설계 시 보다 세심한 배려가 필요하다. 적합한 크기와 형태의 가구를 선정하고 효율적인 배치를 위하여 다음 그림에서와 같은 인체 기본치수와 행동반경에 대한 치수를 기본으로 가구의 적정 치수를 산정할 수 있다(그림 4-3, 4-4). 의자의 형태는 독립형, 부스형, 뱅큇형, 벤치형 등 다양하며 분위기와 공간의 특성을 고려하여 조화롭게 배치한다. 각 가구들은 영역의 특성과 콘셉트에 맞게 다양한 마감재와 컬러로 지정되며 공간의 분위기 조성에 큰 영향을 미친다.

공간의 특성에 따라 다양한 가구배치 방법이 적용될 수 있으며 배치 방법에 따라 공간의 효율과 고객이 느끼는 편안함, 안락함의 정도가 달라질 수 있다. 이때 테이블과 의자 간의 간격과 동선의 폭이 중요하게 검토되어야 한다. 그림 4-5에서와 같이 서빙하는 동선과 이동하는 폭을 고려하여 상호 간섭이 없도록

그림 4-3
일반적인 이동식 테이블 및 의자의 최소, 최적 깊이 및 수직 허용치
자료: J.파네로·M.젤니크(1996).

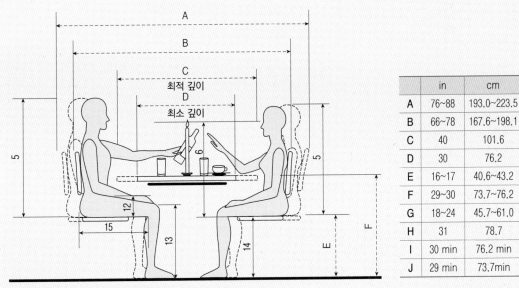

	in	cm
A	76~88	193.0~223.5
B	66~78	167.6~198.1
C	40	101.6
D	30	76.2
E	16~17	40.6~43.2
F	29~30	73.7~76.2
G	18~24	45.7~61.0
H	31	78.7
I	30 min	76.2 min
J	29 min	73.7min

5: 보통 자세로 앉은 키, 12: 넓적다리의 허용 높이, 13: 무릎 높이
14: 뒷무릎 높이, 15 : 엉덩이 끝에서 뒷무릎까지의 길이

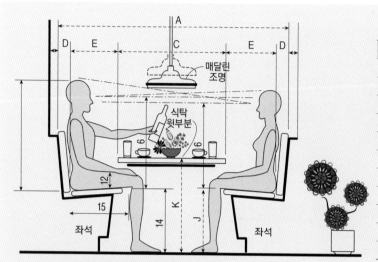

	in	cm
A	65~80	165.1~203.2
B	17.5~20	44.5~50.8
C	30~40	76.2~101.6
D	2~4	5.1~10.2
E	15.5~16	39.4~40.6
F	30	76.2
G	36	91.4
H	18	45.7
I	48~54	121.9~137.2
J	16~17	40.6~43.2
K	29~30	73.7~76.2

6: 앉은 자세에서의 눈높이, 12: 넓적다리의 허용 높이
14: 뒷무릎 높이, 15: 엉덩이 끝에서 뒷무릎까지의 길이

그림 4-4
고정된 형태의 부스형 의자의
공간 허용치
자료: J.파네로·M.젤니크(1996).

적정 폭을 유지하여야 한다.

그 밖에 조명기구를 이용한 조도의 조절, 음향, 냄새도 공간계획에 중요한 요소로 고려된다. 특히 조명효과는 장식적인 기능뿐만 아니라 작업의 효율을 높이고 공간의 분위기를 좌우하는 중요한 역할을 담당하므로 영업 형태와 기능에 맞는 적절한 계획이 필수적이다. 또한 다이닝공간은 고객이 음식을 먹고 즐기는 공간이므로 식감을 살릴 수 있는 효과적인 전구의 타입을 선정하고 상황에 맞게 조도를 조절할 수 있어야 한다. 캐주얼한 공간에서는 보다 밝고 강렬한 타입이 적절하며, 보다 격식 있고 안락한 분위기의 공간에서는 낮은 조도의 부드러운 조명 연출이 적합하다. 같은 맥락에서 음향효과도 분위기 형성에 큰 영향을 미치므로 영업의 형태와 기본 콘셉트를 고려한 적합한 음악과 소리의 크기 조절이 필수적으로 고려되어야 한다.

공간에서의 냄새도 분위기 조성과 행동심리에 영향을 미친다. 레스토랑만의 독특한 향은 때로 그 공간만의 고유한 이미지로 인식되어 브랜드 인지도를 높이는 긍정적 효과를 가져온다. 예를 들어 갓 구운 빵 냄새가 풍기는 베이커리, 커피 향이 가득한 카페 등 때로는 공간에 냄새의 유입을 의도적으로 계획하여 고객을 매혹시키기도 하는데 고객은 독특한 향을 자극으로 받아들여 특정 브

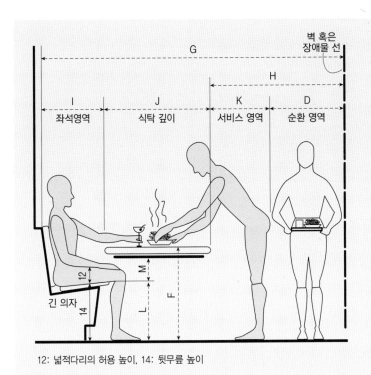

벽 혹은 장애물 선

		in	cm
A		12~18	30.5~45.7
B		90~96	228.6~243.8
C		60	152.4
D		30~36	76.2~91.4
E		30	76.2
F		29~30	73.7~76.2
G		101.5~110	257.8~279.4
H		48~54	121.9~137.2
I		17.5~20	44.5~50.8
J		36	91.4
K		18	45.7
L		16~17	40.6~43.2
M		7.5min	19.1min

12: 넓적다리의 허용 높이, 14: 뒷무릎 높이

그림 4-5
긴 의자의 좌석영역과 서비스 영역 공간 허용치
자료: J.파네로·M.젤니크(1996).

랜드에 대한 강한 브랜드 이미지를 형성한다. 반면 강한 방향제나 과도한 음식 냄새 등 불쾌하거나 지나치게 강한 향은 오히려 부정적인 영향을 주어 브랜드에 대한 반감을 야기할 수 있으므로 향에 대한 관리도 중요하게 다루어야 한다.

레스토랑의 실내 온도 또한 고객의 심리에 영향을 미친다. 일반적으로 더운 공간은 시원한 공간에 비해 더 혼잡하게 느껴진다. 따라서 만석(萬石)인 레스토 랑은 보다 시원하게, 한산한 레스토랑은 다소 높은 온도를 유지하는 것이 유리 하다.

이처럼 다이닝공간은 고객이 공간을 경험할 수 있는 중심공간으로써 다양한 요소들이 복합적으로 구성되어 있다. 복합된 관계 속에서 얽혀 있는 다양한 요 소의 개별 기능과 역할을 효과적으로 이끌어내기 위해서는 명확한 기본 설계 방 향의 확립과 이해가 선행되어야 하며, 이에 따른 세부 설계가 이루어져야 비로소 효율적인 공간 설계가 이루어질 수 있다. 공간계획의 각 요소는 심미적·기능적 특성을 공간에 반영하여 기본 콘셉트와 계획의 의도를 더욱 강화시킨다.

기능과 장식을 고려한 조명
연출의 예이다.
1. 긴 테이블을 따라 비슷한
형태의 조명이 배치되어 기능
적·장식적 역할을 하고 있다.
2. 자연스러운 공간 콘셉트
에 따라 자연적인 조명 외관
과 부드러운 느낌의 빛 연출
이 가능하다.

(3) 화장실 등 기타 편의시설

화장실의 규모는 레스토랑 전체 크기에 따라 달라진다. 화장실 내에 설치되는
편의시설의 종류와 크기도 영업 형태에 따라 특색 있게 계획될 수 있다. 때로
는 화장실 자체의 기본적인 기능뿐만 아니라 다양한 측면에서의 편의성을 공간
에 함께 제공하면서 독특한 콘셉트를 가진 색다른 공간으로 꾸미기도 한다. 특
히 여성의 경우 남성보다 화장실에 머무는 시간이 길며, 화장을 고치는 등 다양

다양한 형태의 화장실 공간
의 예이다.
1. 아일랜드 형태의 수조와
벽면에 있는 메이크업 공간
으로 다양한 형태의 거울을
배치하여 고풍스러운 느낌
제공한다. **2.** 따뜻한 나무 느
낌의 벽면과 자연스러운 형태
의 수조를 배치하여 꾸미지
않은 느낌을 준 화장실이다.
3. 독립된 형태의 거울과 수
조로 이루어진 개인적인 화
장실을 연출하였다.

한 활동을 하므로 하나의 미적인 특성을 지닌 공간으로 계획할 수 있다. 화장실의 청결도는 고객에게 레스토랑 전체의 청결 및 위생도와 동일시될 수 있으므로 원활한 환기 및 쉬운 유지관리를 위한 배려도 함께 계획해야 한다.

2) 주방공간

주방에 필요한 적정 면적 산출은 외식공간 배치계획의 출발점이 된다. **주방공간**은 사업의도에 따라 메뉴를 생산하고 제공하는 중심 작업공간으로 합리적인 공간의 규모와 형태, 위치 선정이 고객만족도와 양질의 서비스 제공에 직접적인 영향을 미칠 수 있다. 따라서 한정된 공간에서 최대한의 작업능률을 확보할 수 있도록 효과적인 작업공간을 설계해야 한다.

주방공간 계획 시에 고려되어야 할 사항들에는 메뉴 구성 및 영업 형태, 작업능률을 고려한 인체공학적 치수, 적합한 주방 기물 선정 및 배치, 작업자의 수, 냉동 및 냉장창고공간의 규모 및 위치, 동선을 고려한 출입구의 위치 등이 있다. 주방공간은 가스 및 수도 배관공사와 같은 설비계획이 수반되므로 한 번 시공된 주방은 수정하기 힘들며 수정 시 투자비 손실이 불가피하기 때문에 초기 계획 시 추가 변경 가능성이 있는 부분에 대해서는 미리 고려하여 융통성 있는 계획을 해야 한다.

(1) 주방공간의 구성 및 배치

주방의 적정 규모는 메뉴의 종류, 조리의 형태, 서비스 방법 등에 따라서 적정수준이 결정된다. 일반적으로 간단한 음료 및 스낵 메뉴를 제공하는 공간은 상대적으로 작은 규모의 주방을 필요로 한다. 반면 다양한 메뉴와 복잡한 조리과정을 요하는 양식 혹은 한식 레스토랑의 경우는 넓은 조리공간과 충분한 저장 공간이 필요하므로 보다 넓은 규모의 주방공간이 요구된다. 중식 레스토랑의 경우는 조리작업의 효율이 상대적으로 높아 일반 레스토랑보다는 다소 작은 규모로도 운영이 가능하다(표 4-1).

주방공간은 일반적으로 검수공간, 저장공간, 전처리공간, 조리공간, 서비스공간, 세척공간으로 구분되며 공간별로 작업대, 냉장고, 싱크대, 각종 주방기기류 등이 상호 유기적인 관계를 고려하여 배치된다. 각각의 공간에서 이루어지는 작업은 식자재의 손질부터 서빙에 이르기까지 일련의 순서에 따라 순차적으로 일어난다. 따라서 식자재의 흐름에 따라 식재료의 입고, 보관, 식재료의 손질 및 준비, 생산, 서비스, 기물세척, 폐기물 처리 등에 이르는 모든 과정의 작업 특성과 필요조건에 대한 파악과 면밀한 분석을 통하여 효율적인 작업공간으로 설계될 수 있다.

각 영역들은 개별적인 고유 기능을 가지며 그 역할에 따라 공간의 위치와 규모가 결정된다. 그림 4-6과 같은 버블 다이어그램(bubble diagram)은 '각 영역 간의 관계성', 그리고 공간의 적정 규모와 위치를 포괄적으로 보여주는 유용한 도식과정으로 상세한 공간 배치계획 이전에 선행된다.

다음 그림들이 보여주는 버블의 크기와 위치는 외식 형태와 메뉴에 따라 적정 규모로 조정된다(그림 4-7, 4-8). 패스트푸드 레스토랑의 경우는 패스트푸드 레스토랑의 서비스 시스템과 조리과정의 독특한 특성을 반영한다. 따라서 연회 주방과는 다른 규모와 특성을 가진 다이어그램으로 계획되었음을 알 수 있다. 일반 식기와 기구(utensil) 대신 일회용품 사용이 일반화된 특성을 고려하여 식기

표 4-1 외식공간의 바닥 면적과 주방 면적의 비율

종류	주방 · 전체(평균, %)
음료	14.28
스낵	21.80
우동	28.80
불고기	21.10
중식	21.50
양식	24.74
일식	25.60
일반식당	30.26
주류	28.70
유흥음식점	10.80

자료: 김현지 외(2009).

세척공간(warewarshing)이 상대적으로 작게 계획되며 제품을 포장하고 준비하는 공간이 보다 넓게 중심 조리영역을 차지한다. 반면에 연회 주방의 경우에는

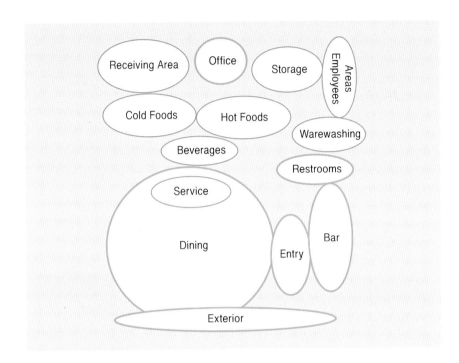

그림 4-6
작업 영역 간의 관계성과 공간의 규모를 보여주는 버블 다이어그램
자료: Regina & Joseph(2010).

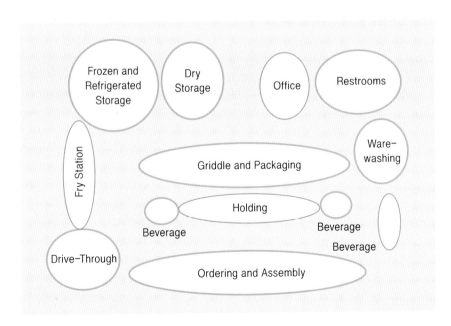

그림 4-7
패스트푸드 키친의 버블 다이어그램

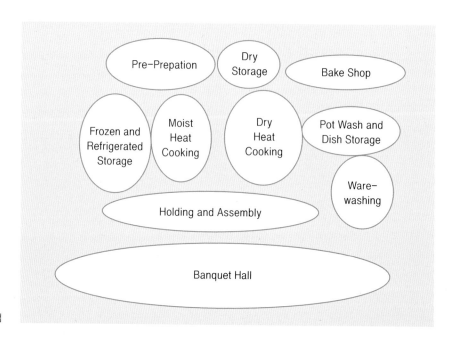

그림 **4-8**
연회 키친의 버블 다이어그램

다양한 메뉴와 복잡한 조리과정이 수반되므로 조리영역이 더 넓게 분포하며 더불어 식기세척공간의 영역도 상대적으로 큰 규모로 계획된다.

(2) 주방 작업공간계획

주방 작업공간은 작업 능률을 높이기 위한 적정 규모의 공간 확보가 필수적이다. 따라서 작업의 종류와 작업자의 인체특성 등을 고려한 효율적인 치수가 반영된 작업공간 설계가 이루어져야 한다. 주방기기 및 작업대의 크기, 설치 위치, 동선 등을 계획할 때는 작업자의 작업능률과 피로 절감을 위하여 인체공학적 측면에서 검토된 인체치수를 근거로 설계하는 것이 효과적이다. 인체의 기본 신체치수인 '구조적인 인체치수'뿐만 아니라 움직이는 신체의 기능적 행동범위를 측정한 '기능적인 인체치수' 또한 고려되어야 한다. 최소의 움직임으로 신속한 작업이 이루어질 수 있도록 구조적으로 설계되어야 하는 것이다. 예를 들어 손을 뻗어 닿을 수 있는 팔의 길이와 어깨의 움직임, 회전 반경 등 다양한 치수들이 기물의 배치나 동선 확보, 작업공간 확보 등에 광범위하게 적용될 수 있다.

그림 4-9는 작업자가 서서 작업할 때의 작업대 필요공간을 보여준다. H의 45.7cm는 주요 작업 영역이자 작업자가 바로 앞에 서서 팔을 뻗어 행할 수 있는

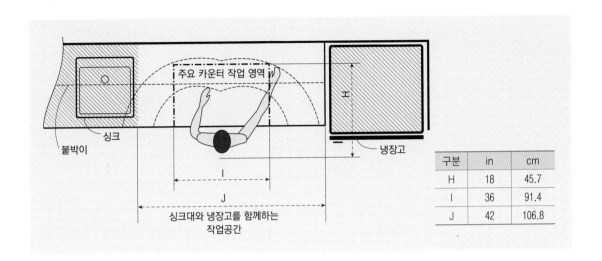

구분	in	cm
H	18	45.7
I	36	91.4
J	42	106.8

그림 **4-9**
작업대 필요공간

폭의 너비로 몸의 급격한 이동 없이 편안한 접근이 가능한 영역이다. 이 영역을
넘어서면 어느 정도 몸을 움직여야 닿을 수 있는 거리로 작업자의 움직임을 유
발하고 때에 따라서는 작업에 제약이 따르게 된다.

    그림 4-10은 식기세척공간에 대한 작업 영역의 적정 치수를 보여준다. B의

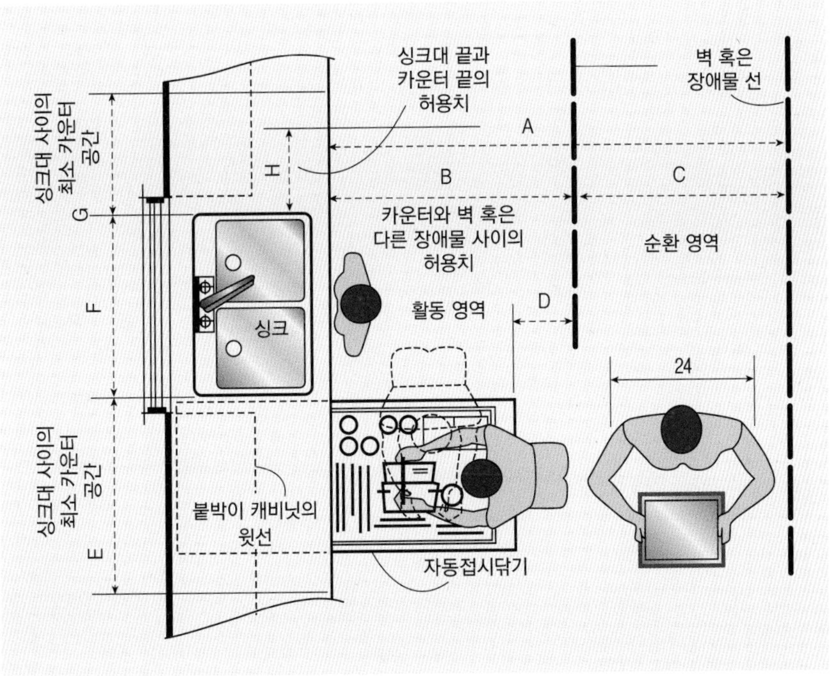

그림 **4-10**
위에서 본 식기세척 작업 필
요공간

101.6cm는 식기세척기를 전면으로 돌출시켰을 때의 문의 길이를 포함한 권장 치수이다. 후면에 작업자의 이동이 가능할 수 있는 동선이 필요하다면 C만큼의 허용치, 최소 76.2cm의 폭이 유지되어야 한다. 동일한 작업을 공간의 단면에서 살펴보면 다음 그림 4-11과 같다. 이처럼 각각의 작업 특성에 따라 작업자의 움직임을 미리 파악하고 적정 치수를 산정하여 공간계획에 반영한다면 작업자의 움직임을 최소화한 능률적인 작업 공간계획이 가능할 수 있다. 이와 같은 신체 치수는 작업자별 개인차가 있으므로 경우에 따라 작업대를 이동식으로 설치하거나 적정 높이로 조정 가능하도록 가변적으로 계획할 수 있다.

앞서 살펴본 바와 같이 구체적인 주방공간 설계 시에는 우선 각 작업에 대한 특성을 파악하고 작업 간의 관계성을 고려하여 버블 다이어그램을 그려보는 것이 효과적이다. 이를 기반으로 세부적인 공간 배치계획이 이루어지는데 이때 작

그림 4-11
단면으로 본 식기세척 작업
필요공간

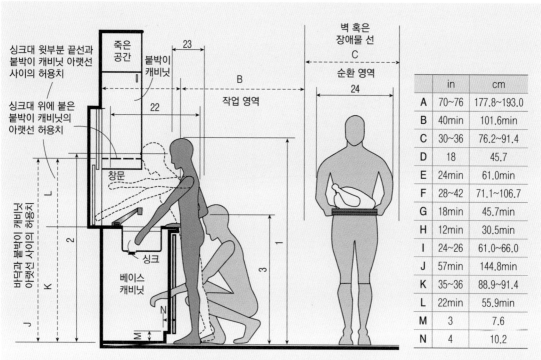

	in	cm
A	70~76	177.8~193.0
B	40min	101.6min
C	30~36	76.2~91.4
D	18	45.7
E	24min	61.0min
F	28~42	71.1~106.7
G	18min	45.7min
H	12min	30.5min
I	24~26	61.0~66.0
J	57min	144.8min
K	35~36	88.9~91.4
L	22min	55.9min
M	3	7.6
N	4	10.2

1: 선 키, 2: 눈높이, 3: 팔꿈치 높이, 22: 엄지손가락 끝의 도달
24: 최대 신체 폭

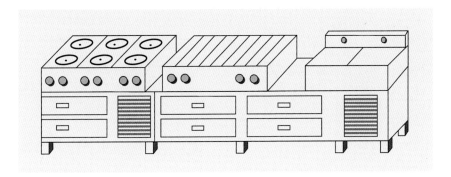

그림 **4-12**
더운 단품 요리 섹션의 구성

업의 특성과 필요 요건을 좀 더 자세히 검토할 필요가 있다. 작업별 필요 주방기기들은 독립적으로 사용되기도 하지만 때로는 작업 영역마다 중복되어 사용되기도 한다. 공간의 효율 향상과 비용 절감을 위하여 공유 작업공간을 적정한 위치에 설치함으로써 기기의 활용도를 높이고 운영의 효율도 극대화할 수 있다. 예를 들어 그림 4-12와 같이 화덕, 그릴, 튀김기의 더운 단품 요리 섹션을 하나의 작업 영역으로 구성하여 더운 요리의 특성을 강화하고, 각기 필요한 냉장고와 냉동고, 그리고 스팀 테이블을 하부에 설치하여 기능을 공유할 수 있다. 이와 같이 공유 작업공간을 구성하면 기물 배치를 보다 단순화하여 능률적인 작업을 유도할 수 있을 뿐만 아니라 비용 절감의 효과도 얻을 수 있다.

(3) 주방환경계획

주방공간에서 작업환경은 작업의 능률에 직접적인 영향을 미치며 결국 운영 효율에 그대로 반영된다. 따라서 최적의 작업환경을 만들기 위한 세부 노력이 뒤따라야 한다. 이 단계에서는 앞에서 살펴본 다양한 설계의 원리를 기본으로 하여 보다 시각적인 관점에서의 계획이 이루어진다. 공간에 사용된 마감재의 컬러 및 소재 선정, 조명, 환기 및 냉난방 시설, 주방 기기 및 집기의 소재, 소음도 등 시각적인 요소들과 전기, 설비와 같은 다양한 구성 요소에 대한 검토가 이루어진다.

주방의 바닥

주방의 바닥 종류와 재질은 주방시설의 보존과 작업능률에 직접적인 영향을 미친다. 그뿐만 아니라 작업자의 위생관리, 재해 방지를 위해서도 적절한 소재의 선택과 설치가 매우 중요하다. 바닥에는 청결함을 유지하기 위하여 미끄럼 방지 및 세척이 용이한 소재를 사용해야 하며 미끄러짐과 낙상 같은 사고 예방을 위하여 화학재의 흡수를 막고 내성이 강한 소재를 선정해야 한다.

주방의 벽과 천장

주방의 벽과 바닥은 보온과 내수·내화에 강한 기능적인 소재로 만들어져야 한다. 또한 바닥과 마찬가지로 세척이 용이해야 하며 스토브와 같이 불을 사용하거나 튀김을 튀기는 영역은 스테인리스 스틸이나 내화 벽돌 같은 열에 강한 소재로 마감해야 한다. 천장의 계획에는 소음의 차단과 단열, 보온과 같은 기능적인 고려가 필요하며 환기, 조명시설과의 연계를 고려해 계획해야 한다. 과거에는 기능적인 고려에만 치중한 마감재 선택으로 단조로운 작업공간으로 계획되었으나 오픈 주방이 보편화되면서 주방의 마감재에도 감각적인 디자인을 적용하는 등 다양한 시도가 이루어지고 있다.

조명

지나치게 밝거나 강한 눈부심은 작업자의 피로를 유발할 수 있으므로 적절한 조도의 작업등이 작업대를 정확히 비출 수 있도록 조도와 빛의 각도를 조절해야 한다. 또한 빛의 색에 따라 음식의 신선도 및 상태가 다르게 보일 수 있음을 감안하여 고객이 접하게 되는 다이닝공간과 같은 빛을 주방에서 동일하게 사용할 필요가 있다. 과거 주방은 안쪽에 가려진 공간에서 작업 용도로만 사용되었기 때문에 미적인 면은 거의 고려되지 않았다. 하지만 최근 주방은 고객과 동일한 공간에 오픈되어 장식적이고 엔터테인먼트적 성격으로 발전함에 따라 보다 다양한 조명계획이 가능해졌다. 단순히 작업등으로서의 기능이 아닌 음식과 작업대가 부각될 수 있는 효과적인 조명 방식이 다양하게 적용되고 있다.

환기

주방의 환기시설은 배기와 급기시설로 구분되며 작업으로 인한 음식 냄새, 연기, 증기 등의 배출과 신선한 공기의 유입을 조절한다. 이러한 요소가 원활히 이

다양한 오픈 주방의 모습이다.

루어지지 않을 때 작업자는 피로가 증가하며 작업의 효율은 감소된다. 또한 이는 고객영역의 급배기 시설과 맞물려 이루어지므로 다이닝홀에서 고객의 불쾌함을 유발할 수도 있다.

소음

주방은 작업 특성상 많은 소음을 유발하는 공간이다. 소음은 불편하고 불안한 심리상태를 불러와 작업자의 피로를 유발시키는 요소가 될 수 있다. 소음이 과하면 작업자 간의 부정확한 소통을 야기할 수 있으며 고객의 불만으로 이어질 수 있다. 소음을 유발하는 작업 중 하나인 세척공간, 고기 등을 가는 그라인더를 사용하는 작업공간은 보다 세심한 위치 선정으로 소음을 감소시킬 수 있어야 한다. 벽이나 천장을 흡음소재로 마감하거나 소음을 유발할 수 있는 작업은 별도의 공간에 분리하여 나머지 작업공간으로부터의 소음을 줄이는 방법도 고려할 수 있다.

3. 실외공간계획

1) 파사드계획

외식공간의 외부 **파사드**는 고객이 만나는 매장의 첫 이미지로 공간의 성격을 가장 강하게 드러내는 요소이다. 특히 독립 건물로 계획된 공간은 거리의 주목을 끌 만큼의 독특한 디자인으로 부각되기도 하며 그 이미지가 고객에게 인지되어 외식공간 전체의 이미지로 인식되기도 한다. 따라서 주변 환경을 고려하면

다양한 파사드의 사례이다.
1. 붉은색 계열의 파사드로 시각적인 강조와 브랜드 콘셉트를 일관성 있게 보여준다. **2.** 자전거 조형물을 통해 시각적으로 강조한 파사드이다. **3.** 내외부 구분 없이 실내 다이닝공간을 그대로 보여주는 파사드 형태이다. **4.** 오랜 전통과 역사를 나타내는 업체의 상징과 로고를 이용하여 시선을 끄는 파사드 형태이다.

서도 독창성을 부여한 아이디어 경쟁이 어느 현장보다 치열하다. 이런 의미에서 외부 파사드는 고객의 관심을 끌어 실내로 이끄는 메시지 전달자로서의 역할을 한다.

대부분의 파사드 이미지는 실내 이미지는 물론, 광고나 기타 홍보물에 표현되는 이미지와 같은 맥락으로 전개된다. 따라서 외부 이미지를 통하여 전체적인 공간의 이미지와 메뉴의 특성까지 예측할 수 있다. 최근에는 보다 색다른 시도들이 선보이면서 외부 파사드와 오히려 대비되는 실내공간을 보여줌으로써 고객에게 이색 경험과 극적인 반전을 꾀하는 등 다양한 흥밋거리를 제공하고 있다. 혹은 내외부 구분 없이 실내 다이닝공간을 외부로 연장하여 내외부가 단절되지 않고 자연스럽게 이어지는 일체화된 공간으로 설계하기도 한다.

2) 사인계획

사인(sign)은 외부 공간 설계 시 외부 파사드를 구성하는 중요한 요소이다. 여러 디자인 요소 중 가장 눈에 띄고 고객의 이목을 끄는 핵심적인 시각 요소로 작용한다. 먼 거리나 차량에서도 쉽게 눈에 띌 수 있도록 가독성이 매우 중요하며 하나의 이미지로 각인될 수 있기 때문에 폰트의 종류와 크기, 색상 등 세세한 부분도 신중하게 검토하여 적용해야 한다. 사인 자체는 그래픽 요소로 하나의 독립체로 계획되고 검토될 수 있으나 외부 파사드, 나아가 건물의 한 부분으로써 조화와 균형을 유지해야 하므로 통합적인 관점에서 검토되어야 한다. 사인의 종류는 설치 위치와 설치 방법 등에 따라 다양한 형태와 크기로 설치되며 혹은 해당 법규에 따라 달리 적용되기도 한다.

공간 콘셉트에 맞는 다양한
사인계획의 사례들이다.

3) 외부 공간계획

독립형 매장은 주차장을 비롯한 화단, 조형물, 벤치, 외부 조명 등 다양한 외부 환경을 고려해야 한다. 외부 환경은 외식공간 내부와 분리하여 검토하는 게 아니라 하나의 콘셉트를 따라 동일한 맥락으로 계획되어야 한다. 이러한 환경적 요소는 더 많은 고객 유입을 위한 효율적인 광고일 뿐만 아니라 브랜드 정체성 강화에 큰 영향을 미친다.

외부환경은 고객에게 내부 공간의 분위기를 가늠해보는 기회를 제공한다. 규격화되고 잘 다듬어진 조경과 정도 있게 갖춰진 외부 환경은 격식을 갖춘 파인다이닝의 모습을 연상시킨다. 반면 자유로운 조형물과 비정형화된 조경 등 자유분방한 외부 환경은 보다 캐주얼한 레스토랑의 형태를 떠올리게 한다. 이처럼 외부 환경 또한 실내공간과 연계된 관계성을 고려하여 일관성을 유지해야 한다.

외부 공간 설계 사례이다.
1. 정돈된 외부 환경 세팅을 통해 실내공간과 연계성 있는 디자인을 한 사례이다. **2.** 자연스러운 분위기의 외식공간 콘셉트에 맞는 외부 공간 설계이다.

로컬소싱(Local sourcing)

외식기업에서 사용되는 제품 및 식재료의 맞춤형 로컬소싱이 지속적으로 증가하고 있다. 원거리 수송은 비경제적일 뿐만 아니라 탄소 발자국도 높아 로컬소싱은 친환경을 넘어 필(必)환경의 요건이 되고 있다. 잘 디자인된 '키친가든'이나 '그린 루프가든'은 그 자체로도 멋진 경관이 되므로 고객에게 또 다른 경험을 제공할 수 있다.

그린, 지속가능 디자인(Green and Sustainable Design)

건축물이 많은 자원을 소모한다는 것을 인식하게 되면서 그린 디자인의 중요성이 커지고 있다. 이로 인해 건물의 설계는 물론이고 가구, 주방 기기, 열원에서 조명, 좌석, 바닥, 벽 등의 인테리어 등 공간 전반에 영향을 미칠 것이다. 국내에도 녹색건축인증제가 공공기관이나 일정 면적 이상의 건축물에는 의무적으로 시행되고 있는데 외식공간에도 친환경 건축과 운영을 독려할 필요가 있다. 많은 외식기업들이 업장 내 물 사용, 재활용 관리, LED 전구 사용, 그리고 건축 구조물의 재활용 등 여러 가지 측면에서 그린 디자인 요소를 고려하고 있으며, 이외에도 온라인 데이터 시스템을 통한 메뉴관리로 불필요한 종이 사용 감소, 음식물 쓰레기 관리, 일회용 용기의 친환경 재질 사용 등과 같은 '그린 운영'은 외식기업 운영방식에 많은 점차 많은 영향을 줄 것으로 전망된다.

기술의 적용(Seamless Technology)

첨단기술은 점차 외식공간에 더 많이 스며들 것이다. 레스토랑의 입구에 설치된 터치스크린 주문기계나 앱을 통한 메뉴 주문 또는 주변 레스토랑의 정보 수집은 이미 보편화된 기술이다. 또한 식당 예약 서비스에서도 내부 360도 뷰를 제공하여 가상공간에서 공간을 확인하고 테이블을 직접 선택하는 증강현실, 가상현실 기술이 도입될 수 있다. 최근 시도되고 있는 서빙 로봇이 보편화되려면 공간 디자인에 있어 로봇의 동선을 고려한 설계가 필수적일 것이다

소비자가 경험하게 되는 이러한 다이닝 공간에서의 기술뿐만 아니라 주방이나 바에서 사용되는 기술 또한 점차 역역이 넓어지고 있다. 커피를 추출하거나 칵테일 또는 주스를 만드는 로봇 팔, 햄버거와 샐러드 등 직접 음식을 조리하는 로봇 셰프는 외식공간을 완전히 새롭게 바꾸고 있다.

자료: Regina & Joseph(2010) 재구성.

활동 사례
ACTIVITY

고급화되는 푸드코트, 고급 레스토랑 못지않은 외식공간

최근 대형 쇼핑몰과 백화점 등에 입점한 푸드코트가 점차 고급화되고 있다. 그저 쇼핑하는 고객의 한 끼 식사를 위한 공간이었던 푸드코트가 고급 레스토랑 못지않은 메뉴와 서비스를 제공하면서 새로운 외식공간으로 탈바꿈 중이다. 이곳에서는 가족, 친구, 연인 등 함께하는 사람의 취향에 맞는 메뉴 선택은 물론이고 입구에서 자리를 안내받거나 테이블에서 주문과 계산도 할 수 있어 레스토랑에 온 듯한 서비스를 제공받을 수 있다. 메뉴로는 전문 셰프가 만드는 패스트 슬로푸드가 제공된다. 또한 유명 외식 브랜드 입점으로 일반 로드숍에서 제공하던 메뉴를 한 자리에서 경험하는 즐거움을 느낄 수 있다.

자료: 매경닷컴(2015. 2. 20.). 재구성.

1. 쇼핑몰, 백화점 등의 푸드코트가 패스트푸드서비스가 아닌 다른 콘셉트의 외식공간으로 바뀐 사례를 찾아보고 외식공간이 어떻게 변했는지 조사해보자.
2. 로드숍 형태의 외식 브랜드가 푸드코트에 입점할 경우 공간계획에서 중요하게 고려해야 할 사항을 토의해보자.
3. 공간계획의 기본원리에 따라 변화하는 고객의 요구를 반영하여 푸드코트 외식공간의 디자인 콘셉트를 구성해보자.

연습 문제
REVIEW

1. 외식공간 계획에서 고려해야 할 요소를 나열해보자.
2. 외식공간 설계 시 적용되는 공간계획의 기본원리를 설명해보자.
3. 특정 시간에 고객이 몰리는 외식공간의 특징을 고려하여 설계 가능한 서비스공간은 무엇이 있으며, 그에 따른 장점을 기술해보자.
4. 외식공간 중 입구 및 다이닝공간에서 고려해야 할 요소를 설명해보자.
5. 외식 주방공간 계획 시 고려해야 하는 구성 요소는 무엇이 있는지 나열해보자.
6. 실외공간계획 시 파사드계획이 중요한 이유를 설명해보자.
7. 가상의 외식공간을 설계하고 버블 다이어그램을 이용하여 공간 배치를 위한 계획을 수립해보자.
8. 대표적인 외식 브랜드 세 곳의 매장 파사드 이미지를 조사하여 어떠한 특성과 효과를 보이는지 조사해보자.

용어 정리
KEYWORD

동선 공간에서 이루어지는 다양한 흐름. 고객 동선, 종업원 동선, 음식 동선, 식기 동선, 서비스 동선으로 나누어짐

공간의 규모 좌석 및 테이블 수와 카운터의 수 등 공간이 필요로 하는 적정 규모와 입지의 특성에 따른 고객의 연령, 직업, 선호도 등에 따라 세부 공간의 필요 공간 규모는 달라짐

파사드 건물의 출입구로 이용되는 정면 외벽 부분으로 고객 동선의 흐름에 시각적으로 큰 영향력을 미침

공간계획의 순서 공간 배치 기본계획, 건축물의 형태 및 시공계획, 외부 공간계획, 실내공간계획의 프로세스로 진행

다이닝공간 고객이 공간을 경험할 수 있는 중심공간으로 테이블과 의자를 배치한 좌석으로 구성되며, 영업형태에 따라 샐러드바, 뷔페 테이블, 오픈 주방 등 다양한 형태의 공간을 포함

주방공간 주방은 사업의도에 따라 메뉴를 생산하고 제공하는 중심 작업공간으로 합리적인 공간의 규모와 형태, 위치의 선정이 고객만족도와 양질의 서비스 제공에 직접적인 영향을 미침. 주방의 적정 규모는 메뉴의 종류, 조리의 형태, 서비스 방법 등에 따라서 적정 수준이 결정됨

사인 외부 파사드를 구성하는 외부 공간 설계의 중요한 요소 중 하나로 여러 디자인 요소 중 가장 눈에 띄고 고객의 이목을 끄는 핵심적인 시각 요소로 작용. 하나의 독립체로 계획·검토될 수 있으나 건물의 한 부분으로써 조화와 균형을 유지해야 하므로 통합적인 관점에서 검토해야 함

외부 공간계획 주차장을 비롯한 화단, 조형물, 벤치, 외부 조명 등이 다양한 외부환경에 포함되며 내부 공간과 하나의 콘셉트에 따라 동일한 맥락으로 계획되어야 함. 외부 공간은 고객에게 내부 공간의 분위기를 가늠할 수 있는 기회를 제공하며 효율적인 광고효과와 브랜드 정체성 강화에 영향을 미침

참고문헌
REFERENCE

김선영(2014). 런던 레스토랑, 카페, 베이커리 공간디자인 스터디. 커뮤니케이션북스.

김현지 외(2009). 상업공간 디자인. 도선출판 신정.

J. 파네로, M. 젤니크(1996). 인체공학과 실내공간. 미진사.

최수지, 남궁영, 신서영, 양일선(2011). 에스닉 레스토랑의 식공간 연출 구성요소 분석 : 일반 레스토랑
과의 비교를 중심으로. 호텔경영학연구, 20(6):115-131.

한국실내디자인학회(1997). 실내디자인각론. 기문당.

황춘기 외(2008). 주방관리론. 지구문화사.

Costas Katsigris & Chris Thomas(2009). Design and Equipment for Restaurants and Food
Service. WILEY.

Regina S.Baraban & Joseph F.Durocher(2010). Successful Restaurant Design. WILEY.

매경닷컴 홈페이지. maekyung.com

PART 3
외식사업 운영의 실제

CHAPTER 5

메뉴

메뉴는 마케팅도구, 원가관리도구, 경영통제의 도구
로 외식사업경영의 허브(hub) 역할을 한다. 메뉴는
시장 환경 및 사회 변화에 따라 또한 외식기업의 경
영철학과 목표고객에 따라 변하고 있다.
본 장에서는 메뉴계획, 메뉴가격 결정, 메뉴분석에
대해 살펴보고자 한다.

	2020	2019	2018	2017	2016
최신 트렌드	푸드테크 가속화	가성비 + 가심비	비대면서비스	푸드테크	혼자외식
	지속가능한 채식	간편식	뉴트로	혼자외식	셀프 외식의 진화
	온라인 체험소비	개인시대	외식을 위협하는 HMR	외식을 위협하는 HMR	모던한식의 조명
	프리미엄 간편식	친환경			
지속 트렌드	혼밥문화		배달대행	체크슈머	간단알찬 한끼
	배달음식의 진화	개성있는 콘셉트	SNS 경험공유	SNS 경험공유	포장외식의 성장
	친환경	온디맨드 경제	인스타그래머블	단일품목 양극화	쿡방/먹방의 인기
	가치소비	O2O 서비스	골목상권	골목상권	SNS 경험공유

매년 농림축산식품부, 한국농수산식품유통공사가 개최하는 식품외식산업 전망대회에서는 다음 해에 부상할 주요 외식 트렌드를 발표한다. 새로운 트렌드는 갑자기 탄생했다가 사라지는 것이 아니라 지속적으로 저변에 남아서 다양한 형태로 변화, 발전하는 특징이 있다.

간편하지만 알찬 한끼 식사를 찾던 트렌드는 가정간편식 성장의 기폭제가 되면서 외식시장을 위협하였다. 식품과 외식을 넘나드는 프리미엄 간편식으로 옮겨지면서 유명 맛집이나 스타 셰프들이 레스토랑의 대표 메뉴를 프리미엄 간편식 또는 밀키트로 만들어 판매하고 있다. 코로나19 이후 레스토랑 간편식(Restaurant meal replacement: RMR)은 외식업계의 매출 증대를 위한 새로운 타개책이 되고 있다.

1인 가구의 지속적 증가, 외식소비 계층으로 부상한 MZ 세대, 푸드테크 가속화 등 외식산업을 둘러싼 환경은 계속 변화되고 있다. 온라인, 비대면, 비접촉 등의 뉴노멀 소비 행태는 코로나19로 인해 매우 익숙한 상황이 되어 버렸고 코로나가 끝나더라도 다시 코로나 이전으로 돌아가지 않을 것으로 보고 있다. 외식 메뉴 역시 뉴노멀 시대에 생존하기 위한 대응 전략이 절실하다.

자료: 농림축산식품부; 한국농수산식품유통공사(2020).

1. 메뉴계획

1) 메뉴의 이해

메뉴(Menu)는 외식업체와 고객의 의사전달매체로써 외식업체에서 제공하는 음식의 종류와 가격뿐만 아니라 고객의 선택에 영향을 미치는 정보를 제공한다.

메뉴는 음식의 품목, 명칭, 형태 등을 체계적으로 설명해놓은 상세한 목록이다. 메뉴의 용도는 시대에 따라 변화되어 판매하고자 하는 상품의 표시, 안내, 가격만을 나타내던 단순한 목록인 차림표의 개념에서 점차 마케팅과 경영관리의 개념으로 변화되고 있다. 메뉴는 외식업체 운영에 있어서 중추적인 역할을 담당하는 관리 및 통제 도구이며, 동시에 중요한 마케팅 도구이다.

메뉴가 수행하는 역할을 마케팅 도구, 원가관리 도구, 경영통제 도구로 구분하여 살펴보면 다음과 같다.

- **마케팅 도구**: 메뉴는 외식업체와 고객을 연결하는 판매촉진의 도구이면서 의사전달을 위한 최초의 대화 및 홍보도구로 고객의 최종 선택을 위해 외식업체에서 제공하는 음식에 대한 정보를 제공해준다.
- **원가관리 도구**: 메뉴는 외식업체의 유형과 위치, 서비스 형태에 따라 가격이 책정되기 때문에 사용되는 식자재 및 노동력을 고려하여 계획해야 한다.
- **경영통제 도구**: 메뉴는 외식업체에서 제공하는 음식에 대한 정보를 종사원에게 전달해주며 조리, 위생관리, 인력관리, 서비스관리, 고객관리, 마케팅 프로모션, 가격 결정, 원가 및 재무관리 등 외식업체의 경영과정을 조정·통제한다.

메뉴는 외식업체의 콘셉트 및 유형, 고객의 요구에 부합하도록 구성되어야 한다. 메뉴의 유형은 메뉴 구성, 메뉴 품목, 식사시간, 선택성, 음식 제공 순서에 따라 다양하게 분류할 수 있다(표 5-1).

표 **5-1** 메뉴의 유형

분류기준	구분	특징
메뉴 구성에 따른 분류	코스메뉴 (Table d'hote Menu)	• 일품메뉴를 조합한 것에 비교하여 가격이 저렴함 • 메뉴의 종류가 제한되어 식자재관리가 용이함 • 메뉴의 관리가 용이하여 원가가 절감되지만, 가격 변화에 따른 유연성이 결여됨 • 고객의 선택 폭이 제한되므로 불만을 초래할 가능성이 있어 대체 메뉴를 준비해야 함
	일품메뉴 (A la carte menu)	• 다양한 메뉴를 관리해야 하고 지속적인 개발에 대한 부담이 있음 • 종업원의 전문화가 요구되어 인건비가 높아짐 • 메뉴의 변화와 개발의 폭이 넓어 다양성과 창의성을 모두 확보할 수 있음
	특별메뉴 (Carte de jour)	• 양질의 재료를 사용하여 조리한 음식을 적절한 가격으로 고객에게 서비스할 수 있음 • 계절성을 최대한 살려 판매 증진의 효과를 볼 수 있음
식사시간에 따른 분류	아침메뉴	• 주 고객층은 직장인으로 신속, 간단한 메뉴 아이템으로 구성되며 저렴한 가격이 특징임 • 패스트푸드 및 죽 전문점 등에서 다양한 아침식사 메뉴를 제공하고 있음 • 최근에는 테이크아웃 혹은 배달서비스를 이용하는 소비자들이 증가하는 추세임
	브런치메뉴	• 주말 혹은 휴일에 인기가 있음 • 보통 11:00~15:00까지 제공되어 점심 영업시간을 확대시키는 장점이 있음 • 시간에 제약 없이 여유롭게 식사를 즐길 수 있는 고객을 위한 메뉴임 • 최근에는 전문 브런치 카페가 등장해 성장세를 보이고 있음 • 일반 패스트푸드 및 커피 전문점 등에서도 다양한 브런치 메뉴를 선보이고 있음
	점심메뉴	• 직장인 혹은 입지에 따라 주부를 주요 고객으로 함 • 레스토랑에서는 프로모션 개념으로 가볍고 저렴한 메뉴 혹은 할인된 가격의 점심 세트메뉴를 제공함 • 간편하고 빠르게 식사를 해결하고자 하는 고객을 위해 포장판매를 제공하여 좌석 회전율을 높이기도 함
	저녁메뉴	• 식사구성 면에서 다른 시간대보다 가장 다양하고 완성된 형식을 갖추어 제공함 • 다른 시간대에 비해 비교적 가격이 높음

2) 메뉴계획 및 개발

외식업체이 메뉴는 단순히 음식 목록의 나열이 아니라 경영에서 중요한 역할을 담당하므로 이를 잘 고려하며 계획 및 개발해야 한다. **메뉴계획**이란 고객만족을 창출하고 경영목표를 달성하기 위해서 메뉴의 종류와 수, 가격 및 관련 사항을 결정하는 일련의 과정이다.

메뉴계획은 점포의 입지조건과 표적시장이 되는 고객의 동향을 분석한 후에 고객의 요구를 충족시켜야 한다. 메뉴 개발 시에는 기존 고객을 유지하면서 신규 고객을 확보할 수 있는 경쟁력을 갖출 수 있어야 한다. 기존 메뉴분석 결과를 바탕으로 신규 메뉴를 개발하는 경우에는 식재료나 조리 방법을 바꾸거나 최신 트렌드를 반영하도록 한다. 신규 고객의 확보가 목적인 경우, 기업이 가진 새로운 조리도구를 사용하거나 고유의 조리기술을 적용하여 메뉴를 개발해야 한다. 새로 개발된 메뉴를 고객들이 인식할 수 있도록 하는 홍보 및 마케팅 전략 역시 중요하다.

(1) 메뉴계획 절차

기존 메뉴에 대한 분석 결과 또는 사회적인 트렌드에 맞추어 메뉴계획의 필요성이 있을 때 메뉴 기획 회의를 하게 된다. 메뉴계획과정은 외식기업 및 점포마다 다르게 수행될 수 있으나 기본적으로는 메뉴 개발 아이디어에 맞추어 여러 번의 테스트를 통하여 메뉴를 선정한다.

선정된 메뉴는 영양가 분석 및 다양성과 균형성 등을 규명하고, 식재료의 이용 가능성, 조리인력, 주방기기 및 시설의 생산능력 및 책정된 인건비의 비율을 고려하여 적정 가격을 결정한다. 가격 결정 후 레시피를 표준화하여 음식의 맛을 최종 평가한다. 1인분 제공량, 사용할 식기, 음식의 데커레이션 등도 함께 결정한다.

신메뉴가 상품가치가 있다고 판단되면 내·외부 시식회를 실시하여 메뉴의 도입 여부를 결정한다. 이후 대량 생산을 위한 표준 레시피를 작성하여 음식의 맛을 최종 평가한다. 시범점포에서의 테스트 판매를 통해 고객 반응을 수렴하여 메뉴를 수정·보완한 후 본격적으로 메뉴를 출시하는 일련의 계획과정을 거친다. 각 점포의 필요에 따라 몇 가지 과정을 생략하거나 새로운 과정을 추가할 수 있다.

일반적으로 시장에 출시한 메뉴는 도입기, 성장기, 성숙기, 쇠퇴기의 수명주기를 거치는데 각 단계의 특징에 맞춘 메뉴관리 전략이 필요하다. 판매분석의 지속적인 모니터링을 통해 개선점을 찾아내야 한다.

(2) 메뉴계획 시 고려 사항

메뉴를 계획할 때는 고객의 측면과 외식업체의 경영 전반에 관련한 요인을 고려해야 한다(그림 5-1).

고객 측면

고객 측면에서의 영향 요인으로는 목표고객의 인구통계학적 특성, 식습관 및 선호도, 사회 트렌드 등을 들 수 있다. 미디어의 발달, 해외여행의 증가, 외식의 일상화로 인해 메뉴 품질 및 다양성에 대한 고객의 기대치가 크게 높아졌다. 따라서 고객의 성별, 연령, 라이프스타일, 소득 등을 고려하여 그들의 기대감과 만족감을 충족시킬 수 있는 콘셉트를 개발해야 한다.

목표고객의 방문목적이나 수용 가능한 가격대도 메뉴계획에 영향을 준다. 고객이 인식하는 가격-가치 관계 및 경쟁업체와의 가격비교 등은 가격 결정에 중요한 요소가 된다. 메뉴계획 및 개발 시에는 독창적인 메뉴, 선택 사양 제공, 프로모션 등을 통해 경쟁자보다 높은 가치로 인식되도록 노력해야 한다.

사회 트렌드 및 이에 대한 목표고객의 관심도의 변화도 메뉴에 영향을 준다. 최근 웰빙, 친환경 먹거리, 식품안전에 대한 우려 등이 사회 전반의 관심거리가 되면서 외식업에도 원산지나 영양정보의 표시가 확대되었다. 고객들의 건강지향적인 식습관의 변화는 채식 전문 외식업체를 등장시켰으며, 저열량 및 소식(小食) 선호에 따라 1인 분량이 줄어들었다.

경영자 측면

경영자 측면에서의 영향 요인으로는 조직의 목적, 목표, 예산, 식재료 수급 상황,

그림 5-1
메뉴계획 시 고려 사항

시설 및 기기, 조리인력의 역량, 서비스 방식, 경쟁업체 등이 있다.

　메뉴계획 및 개발 시 외식업체의 총매출, 원가 및 수익률 등의 목표는 메뉴계획에 영향을 주며, 메뉴에 포함되는 품목은 안정적으로 식재료를 수급할 수 있는 공급원 및 합리적인 수익이 확보된 것이어야 한다. 또한, 예산은 영업을 통하여 벌 수 있는 매출액 비율과 상대적인 식재료 원가율에 달려 있으므로 메뉴계획 시 고려해야 한다.

　메뉴에 사용되는 식재료는 음식의 질과 맛에 있어 중요한 요소이다. 광우병, 조류독감 및 구제역 등으로 인해 식재료의 원산지나 생산 이력에 대한 관심도 높아졌다. 또한 경영주는 식재료가 계절과 무관하게 이용 가능한지, 원가를 절감할 수 있는 식재료인지 고려해야 한다.

　메뉴의 종류 및 수, 품질은 조리인력의 역량에 영향을 받는다. 외식업체에서 질이 좋으면서도 충분한 양의 음식을 생산해내기 위해서는 조리인력의 역량을 고려해야 한다. 또한 메뉴의 이상적인 생산을 위해서는 적당한 시설 및 주방 설계를 고려해야 한다. 주방 면적, 작업공간, 보유 조리 시설 및 설비, 냉장 및 냉동고의 수 등은 효율적인 메뉴 운영을 위한 필수 고려사항이다.

　외식업체의 시설 및 설비는 초기에는 메뉴 콘셉트에 의해 정해지는데 메뉴를 계획·개발할 때는 이러한 환경이 다시 영향 요인으로 작용한다. 이 밖에도 서비스 방식이나 경쟁업체가 제공하고 있는 메뉴도 메뉴계획 및 개발에 영향을 준다.

(3) 메뉴 개발

메뉴는 고객의 요구 및 기호도를 반영하고 외식점포의 수익성을 재고하기 위해 지속적으로 수정·보완되어야 하며 시대의 흐름에 맞게 새로이 개발되어야 한다.

새로운 메뉴의 콘셉트는 회의 및 정보 수집을 통하여 결정하며, 이에 맞게 조리법을 조정한 뒤 식재료 공급업체를 선정한다. 개발된 메뉴는 고객의 반응을 조사하여 가격을 결정한 다음 신메뉴 개발 보고서 작성 및 직원 교육을 실시한 후 홍보물을 제작하고 출시하는 일련의 과정을 통해 개발된 후 제품화된다(그림 5-2).

(4) 메뉴 교체

메뉴 변화는 새로운 시장을 창출하고 기존 고객을 유지시키며 타 외식기업 및 업체에 대한 경쟁력을 가지게 한다. 기존 메뉴를 평가하여 문제가 없다면 그대로 유지하고, 문제가 있는 메뉴는 수정·보완하거나 새로운 메뉴를 만들어 대체

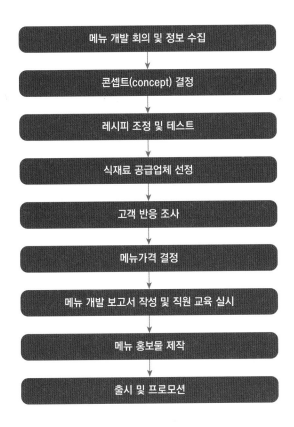

그림 5-2
외식기업의 메뉴 개발과정
자료: 한경수 외(2005).

한다.

메뉴 교체 시에는 외부적 요인과 내부적 요인을 함께 고려해야 한다(표 5-2). 메뉴를 교체하기 위해서는 먼저 고객 요구의 파악과 메뉴분석을 실시한다. 또한 경쟁 외식기업 및 점포의 메뉴와 비교·분석하여 차별화된 특성을 부각시킬 수 있도록 메뉴를 교체 또는 수정해야 한다. 새로 개발된 메뉴의 생산 가능성과 식재료 물량 확보 가능성도 함께 고려한다.

위와 같은 외부적 요인 외에도 내부적으로 외식업체의 콘셉트, 메뉴의 수익성, 운영체계의 변화, 메뉴 판매 동향도 메뉴 교체 시 고려한다.

최근 고객의 기대 수준이 높아지면서 메뉴의 교체 주기가 짧아지고 있다. 때로는 신메뉴의 개발비가 환수되기도 전에 메뉴의 수명이 다하여 경영에 문제가 생기기도 한다. 따라서 메뉴관리자는 메뉴분석을 통해 메뉴의 교체 시기나 신메뉴 개발 및 출시 시기를 잘 파악해야 한다.

표 5-2 메뉴 교체 시 고려 요인

	요인	내용
외부적 요인	고객의 요구 변화	고객의 요구가 다양하게 변화되고 있고 이에 따른 메뉴 교체가 요구된다.
	식재료 수요와 공급	외식업체에서는 냉동된 식재료보다는 계절에 따른 신선한 식재료를 선호하여 계절별로 메뉴가 교체될 수 있다. 그러나 냉동·냉장 기술 발달, 저장기술의 향상, 교통수단의 발달 등으로 계절에 따른 식재료 수급의 차이가 많이 완화되고 있다.
	타 업체와의 경쟁	타 외식업체의 메뉴분석은 차별화되는 메뉴를 개발하는 데 도움을 준다.
내부적 요인	외식업체의 콘셉트	외식업체의 콘셉트는 계속적으로 평가되고 개선되어야 하며 새로운 콘셉트는 메뉴의 교체를 요구한다.
	수익성	식재료의 원가, 새로운 메뉴 아이템의 추가와 삭제 등에 따른 수익성에 의해 메뉴가 교체된다.
	운영체계	외식업체의 확장이나 축소, 새로운 주방 기기의 도입, 종사원들의 생산능력 변화 등은 현재의 메뉴 개선 또는 교체를 요구한다.
	메뉴 품목 판매 동향	메뉴는 다른 메뉴의 판매를 증가 또는 감소시킨다. 따라서 메뉴 품목 판매 동향에 따라 메뉴는 교체될 수 있다.

자료: 한경수 외(2005).

국내 외식산업은 19970년대에 태동하여 현재까지 다양한 시대적 상황에 영향을 받으며 발전해왔다. 시대별로 주를 이룬 메뉴들의 특징은 다음과 같다.

연도	특징	유행 메뉴
~1976	• 우리나라의 철도산업과 호텔산업의 발전은 식당업의 성장으로 이어졌다. 1960년대 후반부터 쌀 소비를 줄이고자 범국민적 혼·분식장려운동을 실시했으며, 1972년 새마을운동 등 경제 개발 계획에 따라 다수의 외식업소가 출현하였다. 대부분 생계형 대중식당이었으며, 라면과 제빵산업이 활기를 띠면서 식생활에도 변화가 촉진되었다.	해장국, 국밥, 냉면, 자장면, 냉면, 곰탕, 만두, 맥주, 빵, 닭갈비, 부대찌개
1977~1982	• 경제 개발 계획에 따라 식생활 수준이 향상되고 다수의 외식업소 출현과 더불어 1970년대 후반에 해외 브랜드의 도입이 시작되면서 프랜차이즈 시대가 열렸다. • 1982년에 음식물 쓰레기 양을 줄이기 위해 한국 최초로 주문식단제가 시행되기도 하였다.	햄버거, 양념치킨, 통닭, 닭갈비, 양식, 부대찌개, 떡볶이, 원두커피, 요구르트, 낙지볶음
1983~1988	• 세계적인 패스트푸드 업체(버거킹, KFC, 피자헛 등)들이 도입되면서 국내 프랜차이즈사업 시장을 확대시켰다.	햄버거, 피자, 서양식, 치킨
1989~1996	• 86 아시안게임과 88 서울올림픽 이후 국내 외식산업은 급성장하였고 해외 패밀리레스토랑(CoCo's, T.G.I. Friday's 등)이 국내로 진입되면서 국내 외식시장이 확대되었다. • 쇠고기 수입재개 파문과 대형 고기집의 등장으로 육류의 섭취량이 증가하였다. • 라면, 공업용 우지 파동 등 크고 작은 식품위생사고가 발생하면서 건강식에 대한 관심이 고조되었다.	피자, 도넛, 스테이크, 국수, 생맥주, 햄버거, 보쌈, 우동, 곱창, 주물럭, 규동
1997~2001	• 1997년 IMF의 영향으로 기업형 외식업체가 붕괴되기 시작하였으며 새로운 대형 브랜드('아웃백스테이크하우스', '빕스', '스타벅스' 등)들이 유입되어 불황 속 호황을 누리는 현상도 나타났다. • 불황을 극복하기 위하여 외식업계에서는 가격파괴를 내세운 마케팅 전략(피자 뷔페, 새로운 콘셉트의 중식당, 퓨전음식점의 증가)이 유행하였다. • '스타벅스'의 도입으로 커피시장의 규모가 차츰 확대되면서 원두의 소비가 증가하였다.	에스프레소 커피, 부대찌개, 냉국수, 칼국수, 조개구이
2002~2007	• 2003년 말, 광우병과 조류독감의 발병으로 외식산업의 성장이 둔화되었다. • 저가 메뉴와 웰빙 트렌드가 유행하였다. • 2000년대 중반에는 시푸드 뷔페가 각광받았고 차츰 경기가 회복되면서 국내 외식기업의 활발한 해외 진출이 이루어졌다.	사찰음식, 회전초밥, 약선 요리, 생과일주스, 요거트 아이스크림, 솥밥, 샤브샤브, 참치 전문점, 불닭, 퓨전 오므라이스, 저가 쇠고기, 시푸드 뷔페, 해물떡찜
2008~2010	• 미국 부동산시장의 거품이 꺼지면서 글로벌 금융위기가 시작되었고, 국내 외식기업에도 큰 영향을 받았다. • 세계 기후 변화에 따른 곡물가 파동으로 밀가루, 식용유, 두부 등의 식재료 가격이 급등하여 외식업계의 어려움이 가중되었다.	통큰치킨, 프리미엄 분식, 로티번, 커피·버거, 도넛, 국수, 커리
2011~현재	• 정부의 적극적인 지원 하에 국내 외식기업의 한식세계화 사업이 활발히 전개되었다. • 2010년 후반에는 외식산업진흥법을 비롯한 관련 법규와 제도 등이 정비되면서 다양한 지원책이 마련되었다. • 관련 제도들이 중소기업 및 개인 창업자를 중심으로 정비되면서 대기업과의 대립에 논란이 제기되었다. • 2000년대 이후 웰빙과 건강에 대한 관심이 지속적으로 유지되었다.	로스팅커피, 국수, 일본 라멘, 프리미엄 버거·샌드위치, 화덕 메뉴, 막걸리, 단팥빵, 눈꽃빙수, 한식 뷔페, 스몰비어, 족발·보쌈, 디저트 베이커리

자료: 한국외식정보(주)(2015).

치고의 요리를 최상의 시이스로, 최적의 분위기에서 즐기고자 하는 파인다이닝의 소비가 해마다 늘어나는 추세이다. 파인다이닝에서는 대중적인 식당에서는 맛보기 힘든 독특한 식재료와 조리법으로 고객에게 식사를 하나의 경험으로 제공하고 있어서 나를 위한 가치소비를 즐기는 사람들이 파인다이닝 레스토랑을 찾고 있다.

2020년에는 코로나19 상황에도 불구하고 전국 파인다이닝 업체의 카드매출액은 2019년 대비 17%나 증가하였다. 여행이나 문화생활이 제한되면서 고급레스토랑이 차별화된 서비스를 보다 안전하게 즐기고자 하는 사람들의 욕구를 충족시켜주는 대안으로 떠오른 것이다.

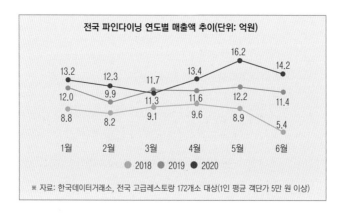

조사에 따르면 소비자들은 3개월에 1회 정도 파인다이닝을 이용하였고 양식을 가장 선호하고 한식, 일식의 순으로 선호하는 것으로 나타났다. 파인다이닝의 방문 이유로는 좋은 식재로 전문 셰프가 만든 맛있는 음식을 먹기 위해 방문한다는 응답이 가장 많았고 가족행사나 기념일을 위해 이용하고 있었다. 가장 크게 고려하는 요소는 맛이었으며, 청결, 친절함 그리고 안전하고 신선한 식재료 등도 중요하게 여기는 것으로 나타났다.

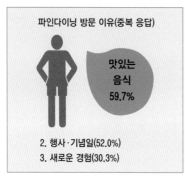

파인다이닝에 방문하는 이유(중복 응답)

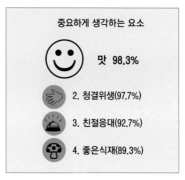

파인다이닝 선택 시 중요하게 생각하는 요소
(중복 응답)

자료: The외식 카드뉴스(2020). 나를 위한 가치소비, 파인다이닝 이용현황.

3) 메뉴보드 디자인

메뉴보드는 '무언의 판매자(the silent salespersons of restaurant)'라 부를 만큼 메뉴 판매에 중요한 역할을 한다. 메뉴보드의 디자인과 구성에 따라 고객들이 선택하는 메뉴가 달라질 수 있기 때문에 외식업체는 집중적으로 판매하고자 하는 메뉴를 고객이 선택할 수 있도록 유도하여 이익을 최대화시켜야 한다.

메뉴보드는 고객에게 쉽게 어필하여 즉각적인 구매동기를 일으켜야 한다. 메뉴보드를 디자인할 때는 품목의 배열, 메뉴 설명, 폰트의 종류 및 크기, 메뉴북의 형태 및 재질, 메뉴북의 색상 및 사진 등을 고려해야 한다.

(1) 품목의 배열

- 메뉴보드 내에서의 위치는 메뉴에 대한 호감도와 매출에 영향을 미치므로 수익성이 높은 메뉴 아이템이 많은 고객에게 선택되도록 배치해야 한다.
- 주력 메뉴 아이템을 메뉴보드 내에서 **포컬 포인트(focal point: 고객의 시선이 가장 잘 모이는 위치)**에 배열한다(그림 5-3). 대개 메뉴보드에서 첫 번째, 두 번째 및 마지막에 위치한 메뉴 아이템의 선택 빈도가 높게 나타난다(그림 5-3).
- 메뉴보드에 배열되는 품목의 순서는 애피타이저, 수프, 생선, 육류 및 후식으로 한다.

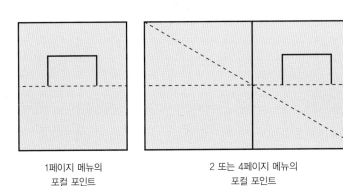

1페이지 메뉴의
포컬 포인트

2 또는 4페이지 메뉴의
포컬 포인트

그림 5-3
메뉴보드에서의 포컬 포인트

(2) 메뉴 설명

- 메뉴에는 대중적이면서도 친숙하고 명확한 이름을 사용해야 하며 메뉴 설명은 쉽게 인식되도록 간단하게 서술한다.
- 특정 메뉴 아이템에 별도의 표시(기호, 하이라이트, 박스 처리)를 하면 주문횟수가 늘어난다.
- 식재료의 원산지 및 등급, 조리법, 영양표시 등의 정보는 정확하게 기술한다.

(3) 폰트의 종류 및 크기

- 폰트의 종류 및 크기 등은 가독성을 높이는 방향으로 선택한다.
- 메뉴의 표기문자는 각국의 고유문자를 사용하고 국가·지역·인명 등은 대문자로 표기한다.

입맛 돋구는 전채
Appetizers

새우젓케비어와 성개알을 올린 두부 계란찜(3PCS) Tofu custard with sea urchin & salted shrimp caviar	17,800
연근부각을 곁들인 갓 짠 참기름 드레싱의 쫄깃한 천연 건조묵 샐러드 Natural dried acorn jello salad with freshly-pressed wild sesame oil dressing	19,800
냉이 새우 완자를 올린 오디청 드레싱의 나물 샐러드 Shepherd's purse & shrimp ball on herb salad with mulberry vinaigrette sauce	22,800
3종 빈티지 간장 캐비어를 곁들인 육회와 꽃 샐러드 Beef tartar with 3 types of vintage soy sauce "caviar" & flower salad	29,800
제주 감귤 조선간장 드레싱의 한라봉 샐러드 Halla-bong salad with jeju mandarine soy sauce dressing	28,800
매콤한 콩두 특제 소스를 곁들인 여름에도 즐길 수 있는 신선한 서해안 오솔레굴 Fresh osole oyster from east cost with cogdu special sauce (Seasonal)	36,000

한상차림
Full meal on the tray

보성 녹차물을 곁들인 법성포 특 보리굴비 구이 반상 Grilled yellow corvina with rice & Bosung green tea with rice	28,800
고산 윤선도 반가 기법의 명인 간장으로 담은 꽃게장과 밥 Blue crab preserved in soy sauce following the Yoon Seondo family recipe & rice	33,800
새우면을 즉석에서 데치는 모시조개 동국장 찌개 반상 Shabu shabu of fresh shrimp noodles, seaweed & clamp with brown bean stew & rice	35,800
절구에 찧어 키토산 가득한 안흥산 꽃게탕 반상 Mortar-crushed Anheung crab stew & rice	36,800

메뉴 설명의 예
자료: 콩두에프엔씨.

건강에 대한 소비자의 관심이 높아지면서 영양성분표시제도가 가공식품에서 외식상품으로 확산되고 있다. 외식영양표시제는 외식업소에서 제공되는 메뉴에 영양성분을 표시, 자신의 건강에 적합한 음식을 선택할 수 있는 기회를 제공하여 성인병 등 각종 질환을 사전에 예방하는 것이 목적이다.

외식업체에서 판매하는 햄버거류, 피자류, 제과·제빵류, 아이스크림류 등은 식약처에서 고시한 '어린이 기호식품 등의 영양성분과 고카페인 함유 식품 표시기준 및 방법에 관한 규정'에 따라 1회 제공량에 대한 열량과 당류, 단백질, 포화지방, 나트륨의 5가지 영양정보를 표시해야 한다. 표시 방법은 메뉴의 음식명이나 가격표시 주위에 음식명이나 가격표시 글자 크기의 80% 이상으로 열량을 기록하고, 그 외 영양정보는 별도 포스터나 해당 매장 홈페이지에 기재해야 한다. 배달제품의 경우는 전단지·스티커 등으로 영양성분정보를 제공해야 한다.

커피 전문점, 고속도로 휴게소, 패밀리레스토랑, 분식점 등에서도 자율 영양표시를 실시하고 있다. 식약처에서는 2008년 7월 커피 전문점을 시작으로 고속도로 휴게소(2010년 3월~), 패밀리레스토랑(2010년 12월~), 프랜차이즈 분식점(2011년 10월~), 대형 놀이시설 음식점(2012년 5월~), 대형 영화관(2012년 12월~), 대형 백화점 푸드코트(2013년 6월~) 등으로 자율영양표시를 점차 확대하였다. 영양표시 방법은 판매 매장 특성에 따라 메뉴판, 메뉴보드, 포스터 등으로 다양하게 할 수 있다. 모든 영양성분을 자세하게 표시하기 어려운 메뉴판의 경우 1회 제공량과 해당 열량만 표시하고, 리플릿이나 포스터 등으로 5가지 영양성분을 기재하면 된다.

자료: 식품의약품안전처 블로그.

1. 국내에서는 햄버거 등 어린이 기호식품의 경우, 메뉴보드나 홈페이지에 반드시 영양표시를 하게 되어 있다. **2.** 미국 '피자헛' 홈페이지에서는 메뉴별로 상세한 영양정보표시 외에도 알레르기 유발 식품에 대한 정보까지 제공하고 있다.
자료: 맥도날드 홈페이지; 피자헛 홈페이지.

디지털 정보 디스플레이 모니터

최근 외식업계는 디지털 정보 디스플레이(DID: Digital Informator Display) 모니터를 활용하여 때와 상황에 따라 메뉴판을 변경하고 있다. 기존의 아크릴 메뉴판은 메뉴명, 제품 이미지, 가격 등을 고정적으로 표기하여 수정이 어려운 반면, 디지털 메뉴판은 날씨, 시간별 상황 등에 따라 수시로 메뉴판 변경이 가능하고 화면이 밝아 가독성이 높다.

자료: 데일리안(2014. 12. 29.).

스마트테이블

전 세계에서 대형 터치스크린 패널을 탑재한 이른바 '스마트테이블' 제품이 끊임없이 출시되고 있다. 이들 제품들은 윈도 OS를 탑재하여 컴퓨터 기능까지 수행할 수 있다는 점이 특징이다. '피자헛'은 매장 안에 스마트폰과 NFC 연결이 가능한 스마트테이블을 도입하여 서비스 혁신을 실험하고 있다. 스마트테이블은 매장에 들어선 고객이 피자 주문을 위해 프런트의 매장직원과 대화할 필요 없이 고객의 스마트폰을 NFC 테이블에 연결하면 된다. 주문부터 결제까지의 모든 과정을 테이블에서 할 수 있다. 심지어 고객은 원하는 모든 종류의 피자를 자유롭게 직접 선택하여 주문할 수 있다. 피자 크기는 물론이고 피자에 뿌려지는 모든 재료의 종류와 양까지 마음대로 선택하여 적용하여 자신의 피자를 직접 만드는 즐거움까지 경험할 수 있다.

자료: 비전 홈페이지.

비대면 메뉴 주문 서비스

가장 흔하게 볼 수 있는 비대면 메뉴 주문 서비스는 키오스크(무인 단말기)이다. 좌석에서 스마트오더가 가능한 앱, QR코드 등을 활용하면 주문은 물론, 결제, 픽업, 배달까지 모두 비대면으로 이루어진다.

인공지능 기술을 이용해 간단한 채팅이 가능한 챗봇 서비스도 도입되면서 비대면 주문 서비스의 활용도가 더욱 높아지고 있다 챗봇 주문은 메뉴 안내부터 주문, 결제, 적립까지 채팅창 안에서 한 번에 이루어진다. 개인 맞춤형 서비스도 가능하여 고객의 취향이나 자주 주문하는 메뉴에 대한 선호에 맞게 메뉴를 추천해주기도 한다.

자료: 조선닷컴 홈페이지.

(4) 메뉴보드 형태 및 재질

- 메뉴보드는 외식업체의 공간 디자인 및 분위기와 통일감을 가지게 한다.
- 메뉴보드의 크기 및 페이지 수는 과도하거나 부족하지 않아야 하며 계절 및 이벤트 메뉴 등은 별도의 메뉴보드 혹은 메뉴카드로 제작하여 사용한다.
- 음료 및 주류 메뉴는 메뉴보드의 뒷면에 위치하거나 혹은 별도의 메뉴보드로 제작하여 사용하는 것이 주목도를 높이는 방법이다.

(5) 메뉴보드 컬러 및 사진

메뉴를 과장하거나 오해의 소지를 만들지 않도록 하기 위해 메뉴의 사진은 실제 제공되는 메뉴와 동일하게 촬영하여 사실적으로 표현하여야 한다.

2. 메뉴가격 결정

메뉴가격 결정은 메뉴계획이 완료된 후의 과정으로 식재료비와 인건비, 추가적인 운영비용을 고려해야 하며, 메뉴의 가치와 경쟁 개념을 포함하여 결정해야 한다. 가치의 개념은 고객이 지불할 가치가 있다고 생각하는 메뉴의 가격이며, 경쟁의 개념은 타 외식기업 및 점포와의 경쟁을 고려한 가격이다.

메뉴가격은 가격 산출 방법, 마케팅, 판매량 등을 고려하여 책정한다. 외식업체에서 기대하는 수익과 고객의 요구에 따른 과학적인 메뉴가격 결정 방법이 필요한 것이다.

1) 객관적 가격 결정

객관적 가격 결정 방법은 식재료비와 인건비를 합친 원가의 비율을 근거로 메뉴 가격을 산출하는 방법이다. 외식업체에서 주로 사용하는 방법에는 가격 팩터에 따른 가격 결정, 공헌마진에 따른 가격 결정, 주요원가(prime cost)에 따른 가격 결정, 손익분기점에 따른 가격 결정 등이 있다. 단, 객관적인 가격 결정 방법이라 하더라도 시장 환경이나 경쟁적 수준에 따라 약간의 조정이 행해질 수도 있다.

가격 팩터법(pricing factormethod)은 메뉴가격 결정 방법 중 가장 흔히 사용되며 식재료비에 가격 팩터(factor)를 곱하여 산출하게 된다. 먼저 원하는 식재료 원가비율을 정하여 가격 팩터를 계산하고 식재료비용을 곱하면 메뉴 판매가격을 정할 수 있다.

가격 팩터(price factor) $= \dfrac{100}{\text{식재료 비율(food cost percentage)}}$

메뉴 판매가격 = 식재료비(food cost) × 가격 팩터(price factor)

메뉴의 판매가격에서 식재료 원가를 제한 나머지 금액을 **공헌마진**(CM: Contribution Margin)이라고 한다. 공헌마진에 따른 가격 결정 방법은 공헌마진의 목표 수준을 먼저 결정하고 이를 달성할 수 있도록 가격을 책정한다.

고객당 평균 공헌마진 $= \dfrac{\text{식재료 원가 이외 비용 + 원하는 이익}}{\text{예상 고객 수}}$

메뉴 판매가격 = 고객당 평균 공헌마진 + 식재료 원가

공헌마진에 의한 가격 결정의 예

어느 레스토랑에서 한 달에 3,000명의 고객에게 서비스할 것으로 예상하고 있으며 식재료 원가 이외의 비용은 2,500만 원, 원하는 이익은 500만 원이라고 할 때 고객당 평균 공헌마진은 (2,500만 원 + 500만 원)/3,000명 = 10,000원이 된다. 식재료원가가 2,000원일 때 스파게티의 판매가격은 12,000원(10,000원 + 2,000원)이 된다.

외식업체 비용 구성 중 가장 높은 비중을 차지하는 식재료비와 직접 인건비를 합쳐 **주요원가**(prime cost)라고 부른다. 주요원가에 따른 가격 결정은 메뉴를 만드는 데 직접적으로 발생된 직접 인건비와 식재료비, 직접 인건비 비율과 식재료비 비율에 의해 계산되며 수식은 다음과 같다.

$$\boxed{\text{메뉴 판매가격}} = \frac{\text{주요원가} = (\text{식재료비} + \text{직접 인건비})}{\text{식재료 비율} + \text{직접 인건비 비율}}$$

프라임코스트법에 의한 가격 결정의 예

한 패스트푸드점의 햄버거의 식재료비가 700원, 직접 인건비가 500원으로 주요원가가 1,200원 (700원 + 500원)이고, 직접 인건비 비율이 10%(전체 인건비의 30%), 식재료비 비율이 30%라 할 때, 판매가격은 1,200원/(10% + 30%) = 3,000원이 된다.

손익분기점(BEP: Break-Even Point)에 따른 가격 결정은 원가중심의 가격 결정 방법으로 이익 또는 손실이 일어나지 않는 손익분기점 수준에서 가격을 결정한다. 손익분기점 분석에 관해서는 10장에서 보다 자세히 다루도록 한다.

$$\boxed{\text{손익분기점}} = \frac{\text{총고정비}}{\text{공헌이익(단위당 판매가격} - \text{단위당 변동비)}}$$

2) 주관적 가격 결정

주관적 가격 결정 방법은 외식기업 및 업체의 경영자가 주관적인 판단에 의해 메뉴가격을 결정하는 방법이다. 주관적 가격을 결정할 때는 적정가격, 최고가격, 최저가격, 경쟁자가격 등을 활용하게 된다.

적정가격 방법은 경영자나 관리자의 경험이나 판단에 의해서 적절하다고 생각하는 가격을 책정하는 방법이다. 이는 외식업체 관리자가 다년간의 경험을 지닌 경우 활용할 수 있는 방법이다.

최고가격 방법은 경영자에 의해 메뉴 품목을 최대한의 가치로 평가하여 고객이 지불할 수 있다고 생각되는 최고 금액을 가격으로 책정하는 방법이나. 고객 반응 또는 영업활동에 따라서 단계적으로 가격을 조정할 수 있다.

최저가격 방법은 상품가치의 최저가를 선택하여 고객을 매료시켜 유인하는 방법이다. 이 방법은 고객이 특정 음식의 낮은 가격을 보고 외식점포에 들어와 다른 메뉴까지 같이 주문하도록 유도한다.

경쟁자가격 방법(competition-based pricing)은 경쟁상대에 의해 이미 책정되어 있는 가격에 고객이 만족하고 있다는 전제를 바탕으로 경쟁상대가 정한 가격을 그대로 따르는 방식이다. 대개는 경쟁자가격에 대비하여 동일한 수준을 선택하거나 소폭 인상 또는 인하하는 방향으로 결정하게 된다. 하지만 다른 제반요건의 고려 없이 단순히 경쟁 기업의 가격만을 따르는 것은 바람직하지 않다.

3) 메뉴가격 결정 시 기타 고려사항

객관적인 방법, 또는 주관적인 방법으로 메뉴가격을 결정하더라도 심리적 측면, 메뉴 판매단위 및 구성 등과 같은 사항을 추가적으로 고려해야 한다. 메뉴가격에 대한 심리적인 측면은 가격 결정 시 중요한 요소로 작용한다.

홀수가격은 짝수가격보다 저렴하게 느껴지며 할인받았다는 착각을 일으켜, 소비자의 저항을 줄여준다. 10원 단위 홀수가격 책정법(예: 4,750원, 4770원), 1,000원보다 조금 작은 가격 책정법(예: 990원, 9,990원) 등이 그 예이다.

외식업체에서는 메뉴의 가격을 중량 단위(g 또는 ounce)로 제시하고 포장 판매 시 측정한 무게에 따라 최종 가격을 결정하기도 한다. 이는 고객이 필요로 하는 양을 직접 정하며, 포장된 무게만큼만 계산하기 때문에 먹는 분량에 대해

서만 비용을 지불한다고 인식되어 만족도가 높아진다.

외식업체 측에서도 공헌이익이 좋은 메뉴를 세트메뉴로 구성하여 매출을 증진시키거나 다소 매력도가 낮은 메뉴나 새로운 메뉴를 세트메뉴로 구성하여 제공함으로써 홍보효과를 노릴 수 있다. 이러한 세트메뉴는 일정한 가격에 여러 가지 메뉴를 함께 제공하여 음식을 각각 주문할 때보다 저렴하므로 고객의 만족도가 높다.

3. 메뉴분석

1) 메뉴분석의 목적

메뉴분석은 고객 및 외식업체의 수익성 증대를 위해 기존에 운영하고 있는 각 메뉴의 이윤 창출 기여도를 분석하는 것이다. 분석 결과는 메뉴정책 및 판매 전략 수립에 결정적인 역할을 한다. 메뉴분석 시에는 다음과 같은 내용을 고려해야 한다.

- 현재 판매가격은 적당한가?
- 식재료 원가는 적정한 수준인가?
- 가장 잘 팔리는 메뉴 혹은 잘 팔리지 않는 메뉴는 무엇인가?
- 수익을 극대화할 수 있는 메뉴는 무엇인가?
- 가격 변경 혹은 삭제 등의 조치가 필요한 메뉴는 무엇인가?

2) 메뉴분석 방법

메뉴분석 방법은 여러 연구자들이 다양한 방법을 제시하고 있는데, 그중에서도 메뉴엔지니어링분석과 ABC분석이 대표적인 방법에 속한다. 기본적으로는 메뉴의 수익성과 메뉴의 선호도(판매량)를 고려하며 때로는 2~3가지의 메뉴분석 방법을 병행 사용하기도 한다.

(1) 메뉴엔지니어링 분석

메뉴엔지니어링(Menu engineering) 분석은 각 메뉴별 공헌마진과 전체 판매량에서 메뉴믹스 비율(Menu Mix, %)을 기준으로 품목을 Stars, Plowhorses, Puzzles, Dogs의 4가지 범주로 분류한다(Kasavana & Smith, 1990).

메뉴별 공헌마진(CM: Contribution Margin)과 메뉴믹스 비율(Menu Mix 비율: MM%)의 2가지 항목을 분석 축으로 하여 각각 평균 공헌마진(Average CM)과 MM%의 70% rule을 기준으로 분석한다. MM%의 70% rule은 [(100%/메뉴 아이템의 개수) × 0.7]의 공식에 의해서 산출하며 CM과 MM% 모두 기준보다 높으면 Stars, CM은 높고 MM%는 낮으면 Puzzles, CM은 낮고 MM%는 높으면 Plowhorses, CM과 MM% 모두 낮으면 Dogs로 분류하게 된다(표 5-3).

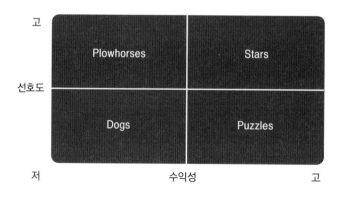

그림 5-4
메뉴엔지니어링

수익성의 축	평균 공헌마진(ACM) = 총공헌마진/총판매량
선호도의 축	메뉴믹스(MM%) = (100/메뉴 아이템의 개수) × 0.7

메뉴엔지니어링 결과에 의해 분류된 각 메뉴 아이템은 다음과 같은 조치를 취하게 된다.

- **Stars**로 판정된 품목들은 선호도와 수익성이 모두 높은 그룹이다. 외식점포의 대표 메뉴이므로, 잘 관리하여 계속적으로 고수익 아이템으로 유지시켜야 한다. 품질이나 1인 분량을 엄격하게 표준화·규격화하고 식재료가 떨어지지 않도록 하며, 메뉴보드에서 눈에 가장 잘 띄는 곳에 배치한다.

- **Plowhorses**로 판정된 품목은 선호도는 있지만 수익성은 낮은 그룹이다. 고객에게 반감을 주지 않는 범위 내에서 가격을 인상하거나 원가를 줄여 공헌이익을 높여야 한다. 메뉴계획 시 타 업체에 없는 아이템으로 경쟁력이 있다면 가격을 인상하여 고객의 반응을 살펴보거나, 대중적인 아이템으로 경쟁력이 낮다면 프레젠테이션이나 제공하는 방법을 바꾸어 가격을 인상시킬 수 있다. 가격을 인상시킬 수 없다면 원가가 낮은 다른 품목과 함께 세트메뉴로 판매하거나, 1인 분량을 조정하거나, 메뉴에 부차적으로 들어가는 비용을 낮추어 원가를 줄이는 것이 좋은 방법이다.

- **Puzzles**로 판정된 품목은 수익성은 높지만 선호도는 낮은 그룹이다. 이는 제안적 판매, 판매 인센티브제, 테이블 텐트, 메뉴보드 등을 활용하거나 판매촉진행사를 통하여 고객의 선호도를 높여야 한다. 메뉴의 이름을 바꾸거나 메뉴보드에서 눈에 잘 띄는 곳에 배치하여 고객의 수요를 늘릴 수도 있다. 아이템의 가격을 낮추거나 특선요리에 포함하여 수요를 증가시켜볼 수도 있다.

- **Dogs**로 판정된 품목은 수익성도 낮고 선호도도 낮은 그룹이다. 재료 원가를 낮추거나 판매가격을 인상하여 공헌이익을 증가시키거나 다양한 판매촉진 방법을 활용하여 고객의 선호도를 높여야 한다. 이런 방법을 실행

표 5-3 메뉴엔지니어링의 실제

메뉴 엔지니어링 워크시트

YS 레스토랑   기간: 2013년 3월 1~7일

(A) 메뉴 아이템	(B) 판매량	(C) 메뉴 믹스 비율 (MM%)	(D) 식단가	(E) 판매가	(F) 공헌 마진 (E-D)	(G) 메뉴 비용 (D*B)	(H) 메뉴 매출 (E*B)	(L) 메뉴 공헌마진 (F*B)	(P) CM 카테 고리	(R) MM% 카테 고리	(S) 메뉴 아이템 분류
시저 샐러드	310	10.3%	2,000	10,000	8,000	620,000	3,100,000	2,480,000	HIGH	LOW	Puzzles
감자 그라탕	390	13.0%	3,000	9,000	6,000	1,170,000	3,510,000	2,340,000	LOW	HIGH	Plowhorses
안심 스테이크	240	8.0%	15,000	22,000	7,000	3,600,000	5,280,000	1,680,000	LOW	LOW	Dogs
폭찹	480	16.0%	7,000	17,000	10,000	3,360,000	8,160,000	4,800,000	HIGH	HIGH	Stars
마가리타 피자	830	27.7%	8,000	14,000	6,000	6,640,000	11,620,000	4,980,000	LOW	HIGH	Plowhorses
펜네 파스타	750	26.0%	3,500	11,000	7,500	2,625,000	8,250,000	5,625,000	HIGH	HIGH	Stars
메뉴 수	총판 매량 (N)					총비용 (I)	총수익 (J)	총공헌 마진 (M)			
6	3,000					18,015,000	39,920,000	21,905,000			
						총비용 비율 (I/J×100)		평균 공헌마진 (M/N)		70%rule 메뉴믹스 비율 (100/메뉴 수)×0.7	
						45.1%	K	7.302		11.7%	

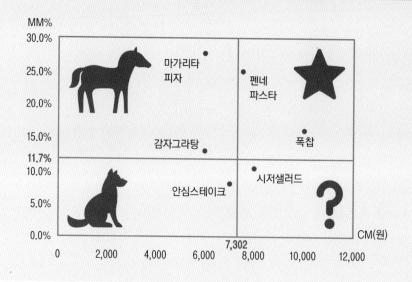

했음에도 해당 메뉴가 Dogs에 해당한다면 과감하게 삭제한다. 메뉴를 삭제할 경우 고객의 선택 폭이 줄어들기 때문에 대체 메뉴를 개발하여 메뉴에 포함시켜야 한다.

메뉴엔지니어링은 판매량이 높고 단위당 공헌이익이 높은 메뉴가 가장 좋다는 것을 가정하지만 여기서는 식재료 원가를 제외한 다른 비용이나, 판매촉진 등의 외적인 변수를 고려하지 못한다는 단점이 있다.

(2) ABC분석

ABC분석은 전체 메뉴 중 20%의 메뉴가 전체 매출의 80%를 차지한다는 파레토의 법칙을 적용한다(그림 5-5). 고객의 선호도가 높은 메뉴에 집중하여 판매율을 증진하기 위해 사용된다. 이 방법은 고객이 선호하는 메뉴의 성향을 파악할 수 있으므로 신메뉴계획 및 홍보가 쉽다는 장점이 있다. 하지만 판매량과 판매금액만을 기준으로 분석하여 식재료비 및 인건비와 같은 비용이 반영되지 않는다(표 5-4). ABC 분석의 수행 방법은 다음과 같다.

• 일정 기간 판매된 메뉴량과 매출액을 계산한다.

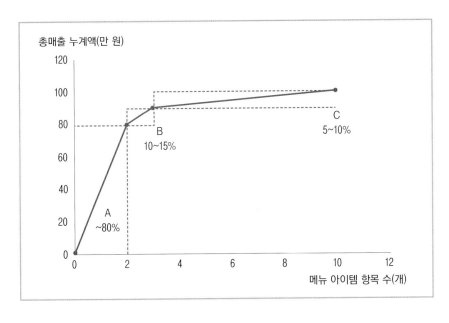

그림 **5-5**
메뉴 ABC분석

표 5-4 ABC분석의 예

순위	상품명	매출(10만 원)	매출구성비(%)	누계	평가
1	A	3,200	32.0	32.0	A
2	B	2,400	24.0	56.0	A
3	C	1,900	19.0	75.0	A
4	D	700	7.0	82.0	B
5	E	500	5.0	87.0	B
6	F	400	4.0	91.0	C
7	G	250	2.5	93.5	C
8	H	150	1.5	95.0	C
9	I	140	1.4	96.4	C
10	J	100	1.0	97.4	C
11	K	80	0.8	98.2	C
12	L	60	0.6	98.8	C
13	M	50	0.5	99.3	C
14	N	40	0.4	99.7	C
15	O	30	0.3	100.0	C
		10,000	100.0	100.0	

- 매출액이 많이 발생한 순서로 나열한다.
- 매출 총액을 합산한다.
- 각각의 메뉴 매출액을 총매출액으로 나누어 비율을 계산한다.
- 비율의 누계를 산출한다.
- 나열된 메뉴의 순서대로 누계수치의 상위 80%까지를 A, 81~90%(95%)까지를 B, 나머지 5~10%까지를 C로 분류한다.

간편식으로 탈바꿈하는 레스토랑 메뉴, RMR

편리함을 추구하는 고객들의 요구와 식품가공 기술이 만나 가정간편식 시장이 날개를 달고 있다. 최근 셀러브리티 셰프(celebrity chef)들과 각 지역의 맛집들이 HMR 시장에 진출하여 이른바 레스토랑 간편식(Restautant meal replacement; RMR)을 선보이고 있다. 식품업계에서도 음식점 시그니처 메뉴(signature menu)를 상품화하여 프리미엄 간편식으로 출시하면서 소비자들로부터 호응을 얻고 있다.

진진 멘보샤
이마트 피코크

맛에 대한 신뢰를 얻은 유명 맛집의 메뉴를 집에서 손쉽게 먹을 수 있다는 장점에 코로나 시기의 비대면 서비스 수요가 맞물려 RMR 시장이 확대될 조짐을 보이고 있다. 홀로 만찬을 즐기기에 RMR은 더없이 좋은 선택이 되고 있는 것이다.

자료: The외식 카드뉴스(2020) 재구성.

1. 최근 외식기업 및 음식점의 RMR로 개발된 메뉴를 조사해보자.
2. 외식기업과 음식점의 메뉴를 골라서 새로운 RMR 메뉴기획서를 작성해 보자.
3. 외식 트렌드 변화에 비추어 볼 때 향후 RMR 시장 성장 및 발전 추세가 어떻게 이어질 것인지 예측해보자.

연습 문제
R E V I E W

1. 메뉴의 분류 기준 중 식사시간에 따른 분류(아침 메뉴, 브런치 메뉴, 점심 메뉴, 저녁 메뉴)의 특징을 제시해보자.
2. 현재 운영 중인 외식기업을 선정하여 메뉴 개발 시 고려해야 할 사항 중 고객 측면에 대해 서술해보자.
3. 메뉴가격 결정 시 고려되는 홀수가격책정법을 실제 사례를 들어 제시해보자.
4. 메뉴가격 결정 시 경쟁자 가격 산출법에 대해 실제 사례를 들어 설명해보자.
5. 외식기업의 신메뉴 개발과정을 실제 사례를 들어 제시해보자.
6. 미국과 한국의 외식산업 메뉴 트렌드에 대해 비교·분석해보자.
7. 푸드테크를 적용한 외식기업의 메뉴 사례를 논의해보자.

용어 정리
K E Y W O R D

메뉴 외식기업과 고객의 의사전달 매체로 외식기업에서 제공하는 음식의 종류와 가격뿐만 아니라 고객의 선택에 영향을 미치는 정보를 제공하며, 요리의 품목, 명칭, 형태 등을 체계적으로 설명해 놓은 상세한 목록

메뉴가격 결정 메뉴계획이 이루어진 다음에 행해지는 과정으로 식재료비와 인건비, 추가적인 운영비용이 함께 고려되어야 하며, 메뉴의 가치와 경쟁 개념을 포함하여 결정

가격 팩터법 메뉴가격 결정 방법 중 가장 흔히 사용되며 식재료비에 가격 팩터를 곱하여 산출하는 방식. 식재료비의 몇 배를 메뉴가격으로 책정해야 적절한지 계산함

공헌마진 메뉴의 판매가격에서 식재료 원가를 제한 나머지 금액

주요원가 외식업체 비용 구성 중 가장 높은 비중을 차지하는 식재료비와 인건비를 합산한 비용

손익분기점 이익 또는 손실이 일어나지 않는 지점

메뉴엔지니어링분석 각 메뉴 아이템의 공헌이익과 전체 판매량에서 각 메뉴 아이템이 차지하는 비율(Menu Mix, %)을 기준으로 Stars, Plowhorses, Puzzles, Dogs라는 4가지 범주로 분류

ABC분석 전체 메뉴 중 20%의 메뉴가 전체 매출의 80%를 차지한다는 파레토의 법칙을 적용하여 메뉴의 매출액을 기준으로 A, B, C의 범주로 분류하여 분석하는 방법

참 고 문 헌
REFERENCE

농림축산식품부, 한국농수산식품유통공사(2020). 2021 식품외식산업 전망대회. 미리 보는 2021 외식 트렌드.

The외식 카드뉴스(2020). 나를 위한 가치소비, 파인다이닝 이용현황

The외식 카드뉴스(2020). 요즘 뜨는 RMR이 뭔지 알아보자

도현욱(2001). 대학 기숙사 급식의 메뉴운영 전략을 위한 메뉴품질의 종합적 분석평가. 연세대학교 대학원 석사학위논문.

이은정, 이영숙(2006). 메뉴엔지니어링기법과 CMA기법을 이용한 메뉴분석에 관한 연구. 한국식생활문화학회지. 21(3).

정라나, 이해영, 양일선(2007). 가정식사대용식(HMR) 선택 속성 분석. 한국식생활문화학회지, 22(3):315-322.

한경수, 채인숙, 김경환(2005). 외식경영학. 교문사

한국외식정보(주)(2015). 2015 한국외식연감.

Drysdale, J.A.(1998). Profitable Menu Planning. Prentice Hall.

Jakle, J. A. Sculle, K. A.(1999). Fast Food. Johns Hopkins.

Kasavana, M. L & Smith, D. I.(1990). Menu Engineering: A Practical Guide to Menu Analysis. MI: Hospitality Publications, Inc.

Lundberg, D. E. & Walker, J. R.(1993). The Restaurant From Concept to Operation. John Wiley & Sons, Inc.

Spears, M. B. & Gregoire, M. B.(2004). Foodservice Organizations. Prentice Hall.

Walker, J. R.(1996). Introduction to Hospitality. Prentice Hall.

데일리안 홈페이지. www.dailian.co.kr

도미노피자 홈페이지. www.dominos.co.kr

롯데호텔 홈페이지. www.lottehotel.com

맥도날드 홈페이지. www.mcdonalds.co.kr

미국 피자헛 홈페이지. www.pizzahut.com

비전 홈페이지. www.bizion.com

서울경제신문 홈페이지. economy.hankooki.com

스타벅스 홈페이지. www.istarbucks.co.kr

스포츠조선 홈페이지. www.sports.chosun.com

식품음료신문 홈페이지. www.thinkfood.co.kr

아웃백스테이크하우스 홈페이지. www.outback.co.kr

이데일리. www.edaily.co.kr

콩두에프엔씨 홈페이지. www.congdu.com

CHAPTER 6

위생 및 안전

외식업에서의 위생관리는 안전하고 위생적인 식품을
제공함으로써 고객의 건강과 안전을 보호하는 것에
목적을 둔다. 정부의 위생관리가 점차 강화되고 있는
상황에서 외식업에서의 위생 안전관리의 중요성은
더욱 커지고 있다.
이에 본 장에서는 보다 안전한 외식환경을 구축하기
위해 생산 단계에서 식품안전을 확보할 수 있는 체계
적인 위생안전관리시스템에 대해 살펴보고자 한다.

식품의약품안전처는 코로나19 극복에 역량을 집중하고 국민의 건강과 직결되는 식품안전을 강화하기 위해 2021년부터 달라지는 식품안전 분야의 주요 정책을 다음과 같이 제시했다.

◆ 식품접객업체의 옥외영업 허용
◆ 공유주방 영업의 제도화
◆ 일반식품의 기능성 표시제 시행
◆ 햄버거 패티 등 분쇄한 식육 안전관리 강화

식품접객업 영업자의 편의 증진을 위해 옥외영업을 허용하며, 공유주방영업의 법률 근거가 마련됨에 따라 공유주방 영업이 본격적으로 시행될 수 있게 하였다. 식품포장처리업에 대해 단계적으로 HACCP을 의무적용하고, 자가품질검사 시행으로 오염된 패티가 원인인 용혈성요독증후군(햄버거병) 발생을 방지할 수 있는 조치가 6월 중 시행된다.

그 외 집단급식소 설치·운영자의 식중독 발생에 대한 과태료 상한액을 현행 500만 원에서 1,000만 원으로 상향하였으며, 음식점 등 식품접객업소에서 이물 혼입 시 행정처분이 강화돼 쥐 등 동불의 사체나 칼날 등이 혼입되는 경우에 영업정지 5일, 기생충·유리 등이 혼입되는 경우 영업정지 2일을 받게 하였다. 또한, HACCP 운영의 기록 위변조 방지를 위해 도입된 스마트해썹 적용업체에 대해 우대조치를 5월 중 시행하기로 했다.

최근 배달앱 사용이 급증함에 따라 배달음식점에 대한 위생수준 향상을 위해 배달앱 등록음식점 중심의 음식점 위생등급 지정을 확대하기로 하였다.

자료: 식품의약품안전처 보도자료(2020.12.31.) 재구성.

1. 위생관리 개요

외식업에서는 음식의 생산부터 소비에 이르기까지의 과정을 체계적으로 계획하고 수행하여 안전성을 확보함으로써 음식물, 사람, 시설물 등으로 인한 사고를 방지할 수 있다. **식중독**이란 병원성 미생물이나 유독, 유해한 물질로 오염된 음식물을 섭취하여 일어나는 건강상의 장해로 외식업에서 식중독을 일으킬 수 있는 주요 요인으로는 다음의 5가지가 있다.

- 식품을 충분한 온도와 시간으로 조리하지 않은 경우
- 조리 후 음식물을 부적절한 온도에서 장시간 보관하는 경우
- 오염된 기구와 용기 및 불결한 조리기구를 살균·세척 없이 사용하는 경우
- 개인의 비위생적인 습관, 손 세척 소홀, 개인 질병, 식품 취급이 부주의한 경우
- 비위생적이거나 안전하지 못한 식품원료를 사용하는 경우

한국외식업중앙회(2015)에 따르면 국내 식중독은 주로 세균에 의한 발생이 많으나 최근 노로 바이러스 등 바이러스에 의한 식중독이 증가하고 있다. 그 외에도 봄철 독초, 독버섯 등의 섭취에 의한 식중독, 갈색 고동, 복어 등 어패류 독에 의한 자연독 식중독이 종종 발생되고 있다. 기타 농약의 오염에 의한 식중독 등 화학성 식중독도 간혹 발생되고 있다.

안전한 식품은 식중독을 유발할 수 있는 위해요소가 없거나 건강에 해를 미치지 않는 수준으로 매우 적게 든 식품이나, 위해요소가 전혀 존재하지 않는 식품은 사실상 존재하기 어렵다. 그러므로 외식관리자들은 식품을 보다 위생적이고 안전하게 취급하기 위해 다음 사항에 유의해야 한다.

- 시간 및 온도의 통제
- 교차오염 방지
- 개인위생관리
- 믿을 수 있는 공급자로부터의 식재료 구매

1) 시간 및 온도의 통제

식중독을 유발하는 세균들은 대부분의 식품에서 성장할 수 있다. 식중독 위해 가능성이 높은 식품들은 보관 및 조리 시 적정 온도와 시간 기준을 지켜야 한다. 이러한 식품을 '안전을 위해 시간 및 온도 관리가 필요한 식품(TCS food: time/temperature control for safety food)'이라고 한다(그림 6-1).

우유 및 유제품, 난류, 육류, 가금류, 어패류 및 갑각류 등 동물성 단백질 식품과 두부 또는 대두단백질은 대표적인 TCS food이다. 새싹채소, 절단한 과일, 익힌 식물성 식품(구운 감자, 밥, 익힌 채소 등)과 양념 및 소스류도 TCS food로 분류하고 있다. 통조림, 레토르트 식품과 같이 살균한 제품이나 pH, 수분활성도가 낮은 식품류는 non-TCS food이다.

그림 6-1
안전을 위해 시간 및 온도 관리가 필요한 식품(TCS Food: Time/temperature control for safety food)

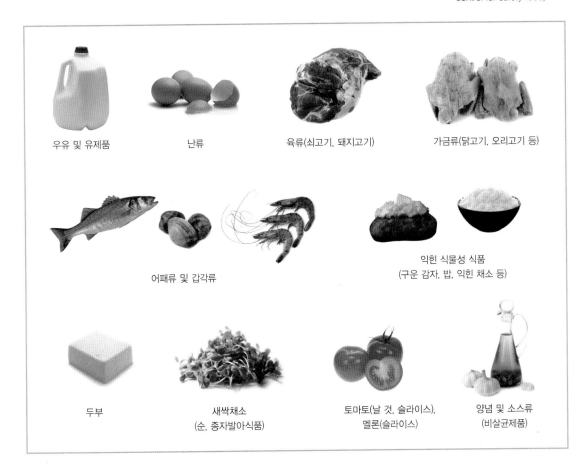

우유 및 유제품   난류   육류(쇠고기, 돼지고기)   가금류(닭고기, 오리고기 등)

어패류 및 갑각류   익힌 식물성 식품
(구운 감자, 밥, 익힌 채소 등)

두부   새싹채소
(순, 종자발아식품)   토마토(날 것, 슬라이스),
멜론(슬라이스)   양념 및 소스류
(비살균제품)

음식물 조리 시에는 식품의 중심 온도가 75℃(어패류는 85℃)에서 1분 이상 유지되도록 완전히 가열하며, 조리된 음식의 보관 시 차가운 음식은 5℃ 이하, 따뜻한 음식은 60℃ 이상에서 보관한다. 위해가능성이 높은 식품은 냉장보관 24시간 이내에 제공되도록 시간에 대한 통제가 필요하며 음식을 제공할 때도 뜨거운 음식은 60℃ 이상, 차가운 음식은 5℃ 이하가 유지되도록 하는 등 온도에 대한 통제가 필요하다.

2) 교차오염 방지

교차오염이란 식재료, 기구, 용수 등에 오염되어 있던 미생물이 오염되지 않은 식재료, 기구, 종사자와의 접촉 또는 작업과정에서 혼입되어 미생물의 전이가 일어나는 것을 말한다.

그림 6-2
칼, 도마, 고무장갑 및 앞치마의 구분 사용
자료: 한국외식업중앙회(2020).

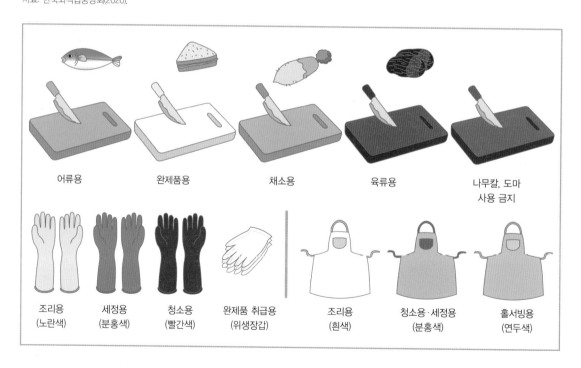

어류용　　완제품용　　채소용　　육류용　　나무칼, 도마 사용 금지

조리용(노란색)　　세정용(분홍색)　　청소용(빨간색)　　완제품 취급용(위생장갑)　　조리용(흰색)　　청소용·세정용(분홍색)　　홀서빙용(연두색)

교차오염을 방지하기 위해 칼·도마 등 식기구, 용기, 고무장갑과 앞치마는 그림 6-2와 같이 구분하여 사용한다. 식품 저장 시에는 교차오염을 방지하기 위해 식품을 랩으로 싸서 덮어두고 생고기, 가금류 및 해산물과 바로 먹을 수 있는 식품을 냉장고에 같이 보관할 경우에는 바로 먹을 수 있는 음식물을 가장 위쪽 칸에 보관한다.

3) 개인위생관리

식중독은 대개 건강과 위생이 좋지 않은 종사자가 음식물을 취급하는 경우에 나타난다. 개인위생관리는 위생복, 위생모자, 장신구, 손 청결관리, 건강상태 등으로 구분하여 매일 점검해야 하며, 설사 등 배탈 증세가 있는 종사자는 조리 등 작업에 참여하지 말아야 한다.

영업주나 위생관리책임자는 매일 영업을 시작하기 전 설사, 복통, 구토 등 종사자의 건강 이상 여부를 확인하고, 건강에 문제가 있는 경우 충분한 휴식과 치료를 받고 작업을 하도록 해야 한다. 식품을 채취·제조·가공·조리·저장·운반 또는 판매하는 데 직접 종사하는 사람은 연 1회 건강진단을 받아야 하며, 건강진단서를 교부받아 보관해야 한다. 장티푸스, 폐결핵, 전염성 피부질환 등을 앓는 사람은 전염의 우려가 있으므로 조리나 식품 취급 업무에 종사할 수 없다.

조리에 참여할 수 없는 질병

- '감염병의 예방 및 관리에 관한 법률' 제2조제2호에 따른 제1군감염병
  (콜레라, 장디푸스, 파라티푸스, 세균성이질, 장출혈성대장균감염증, A형간염)
- '감염병의 예방 및 관리에 관한 법률' 제2조제4호에 따른 결핵(비전염성인 경우는 제외)
- 피부병 또는 그 밖의 화농성 질환

자료: 한국외식업중앙회(2020).

외식업 종사자의 복장

- 주방에서 일하는 사람은 위생모자를 써야 하며(위반 시 과태료 20만 원), 위생복, 앞치마를 착용한다.
- 목걸이, 반지, 귀걸이와 같은 장신구 착용을 금지하고 매니큐어를 바르지 않는다.

자료: 한국외식업중앙회(2020).

손은 모든 표면과 직접 접촉하는 부위이기 때문에 각종 세균과 바이러스를 전파시키는 역할을 한다. 손 씻기는 각종 세균과 바이러스가 손을 통하여 전파되는 경로를 차단하는 중요한 과정이다.

손 씻기를 반드시 해야 하는 때는 작업을 시작하기 전, 취급하는 식재료가 바뀔 때, 육류·어류·난류 등 날 식재료를 만지고 난 후이다. 음식이나 차를 마신 후, 담배를 피운 후, 코를 풀거나 재채기·기침을 한 후에도 손을 씻어야 한다. 기구나 설비를 사용하기 전과 후, 신체의 일부를 만진 경우, 쓰레기나 청소도구를 만진 경우, 화장실을 다녀온 후에도 반드시 손을 씻는다. 손 씻기는 습관화가 중요하므로 올바르게 씻는 방법에 대한 지속적인 교육이 필요하다.

4) 믿을 수 있는 공급자로부터의 식재료 구매

외식에서의 구매는 미리 정해놓은 품질, 양, 가격의 표준에 맞는 적절한 식품 및 비식품류를 적정한 가격에 획득하는 과정으로, 음식 생산에 필요한 물품을 확보하는 전 과정을 구매관리라 한다. 기본적으로 구매는 경영활동에 영향을 미치기 때문에, 제품 시장을 잘 알고 비즈니스 통찰력을 가진 구매자를 통해 이루어져야 한다. 구매활동이 효율적으로 이루어지는 외식업소는 원가 절감효과와 메뉴의 품질 향상을 통해 수익성 창출과 더불어 고객만족도 향상을 꾀할 수 있다.

외식업소의 운영에 있어서 생산 및 재고관리에 따라 구매의 필요성이 인식되면 구매자는 메뉴의 생산계획에 근거하여 식재료의 표준을 설정하고, 식재료에 대한 세부적인 내용을 명시한 구매명세서(specification)를 작성하여 식재료의

노트 외식업 운영자가 이수해야 하는 식품위생교육

- 관련 규정: 식품위생법 제41조, 동법 시행령 제27조, 동법 시행규칙 제51조~54조, 식품의약품안전처 고시 등
- 교육기관: 일반음식점 영업자(한국외식업중앙회, 한국외식산업협회), 휴게음식점 영업자(한국휴게음식업중앙회)
- 교육 방법: 집합교육과 온라인 교육 병행
- 교육 내용: 식품위생, 개인위생, 식품위생시책, 식품행정지도와 영업자 책무에 관한 사항, 기타 위생 교육과 관련하여 필요한 사항 등
- 교육 과정: 식품위생법령의 해설, 식중독 예방 및 위생관리, 음식업영업자의 노무관리, 음식업영업자의 세무관리, 외식 분야 나트륨 줄이기 등
- 교육 시간: 신규 영업자 6시간, 기존 영업자 매년 3시간
- 식품위생교육 이수 의무 위반 시 과태료 20만 원 부과

자료: 한국외식업중앙회 홈페이지, 한국외식산업협회 홈페이지.

품질 및 일관성 유지를 위한 기준을 마련한다. 이후에는 최종 형태의 식품 또는 비식품을 품질, 수량, 서비스 및 비용에 따라 선택한 믿을 수 있는 공급업체로부터 구입한다.

2. 식품의 흐름에 따른 위생관리

1) 식재료 구매, 검수 및 저장

식재료는 믿을 수 있는 식재료 공급업체를 통하여 구입하며, 식재료 구매 단계에서는 식재료 차량의 청결 상태 및 적정 보관온도 여부를 확인해야 한다. 식재료는 채소류, 어패류, 가공식품 등이 구분·보관되어 운송되어야 하며, 차량 내부

식재료 검수절차 및 유의사항

- 검수 시에는 청결한 복장을 입고 위생장갑을 착용한다.
- 식재료 운송차량의 청결과 온도 유지 여부를 확인한다. 냉장식품은 5℃ 이하, 냉동식품은 언 상태 유지하고 −18℃ 이하여야 한다. 생선 및 육류는 5℃ 이하, 일반 채소는 상온에서 신선도를 확인하며 전처리 채소는 5℃ 이하여야 한다.
- 원산지, 중량, 포장 상태, 표시 사항, 유통기한, 이물질 혼입 여부를 확인한다.
- 검수기준에 부적합한 식재료는 반품 등의 조치를 취하고, 검수일자에 조치 내용을 기록한다.
- 검수가 끝난 식재료는 외부 포장 제거 후 조리실로 반입하며 바로 전처리 또는 냉장·냉동 보관한다.

온도 확인   포장 상태 확인   유통기한 확인

자료: 한국외식업중앙회(2020).

표 6-1 식재료 보관 방법

해당 온도 기준	보관 기준	보관 방법
0~5℃	냉장	냉장고 보관
-18℃ 이하	냉동	냉동고 보관
15~25℃	상온	상온창고
1~35℃	실온	냉장고 또는 상온창고
0~15℃	건냉소 · 서늘한 곳	냉장고 또는 상온창고
0~15℃	습기 · 직사광선을 피하고 건조한 곳 · 통풍이 잘되는 곳	냉장고 또는 상온창고

자료: 한국외식업중앙회(2020).

의 냉장·냉동 온도 준수 여부를 확인한다. 입고된 식재료는 조명이 밝은 장소에서 바닥에 닿지 않도록 보관한 뒤 검수한다.

좋은 식재료를 철저한 검수를 거쳐 받아도 적절한 관리와 보관이 이루어지지 않으면 식재료가 오염·변질될 수 있다. 식재료의 위생적인 관리를 위하여 보관 기준에 따른 냉장·냉동고 온도 확인 및 청결관리를 철저히 한다(표 6-1).

식품의 냉장 보관 시 오염도가 높은 식품이 상단에 있을 경우 오염물질이 조리된 식품에 떨어져 교차오염의 우려가 있다. 그러므로 냉장고 내부 상단에는 오염도가 낮은 식품(즉석섭취식품, 조리된 식품), 하단에는 오염도가 높은 식품(식재료원료)을 보관하도록 한다. 모든 식품은 덮개나 비닐, 랩으로 덮어 보관하며 조리식품의 경우 조리 날짜를 기재하고 가공식품의 경우 유통기한과 포장 개봉일을 함께 기재하도록 한다.

건조창고에 식품을 보관할 때는 식재료를 구분관리하며 개봉된 식재료는 밀봉관리한다. 식재료는 바닥에 방치하지 않으며 식재료와 세제류는 별도로 보관한다(그림 6-3).

그림 6-3
건조창고에 식품을 저장하는
요령
자료: 한국외식업중앙회(2020).

구분 보관　　　　　개봉된 식재료 밀봉관리　　　　　표시사항 보관

유통기한 표시
(나누어 보관 시
제품명과 유통기한 표시)

식재료 바닥에 방치 금지
(바닥에서 15cm 이상 떨어진
팔레트나 선반에 보관)

세제류는 별도 보관

2) 전처리 및 조리

재료의 전처리는 교차오염을 방지하기 위해 바닥으로부터 60cm 이상 떨어진 곳에서 실시한다(그림 6-4).

싱크대에서 채소와 어·육류를 세척할 때는 채소류 → 육류 → 어류 → 가금류 순으로 처리하며, 싱크대 사용 전이나 식재료가 바뀔 때마다 세척·소독하여 사용한다.

샐러드와 같이 원재료 그대로 제공하는 생채소와 과일도 세척·소독을 하여 제공한다. 소독은 소독액을 제조하고 식재료를 5분 이상 담근 후 흐르는 물에서 2~3회 헹군다. 식재료의 소독은 식품첨가물로 허가받은 차아염소산나트륨, 차아염소산수, 이산화염소수, 오존수 등의 제품을 사용하고 염소계 소독제를 이용하여 100ppm의 농도로 소독한다.

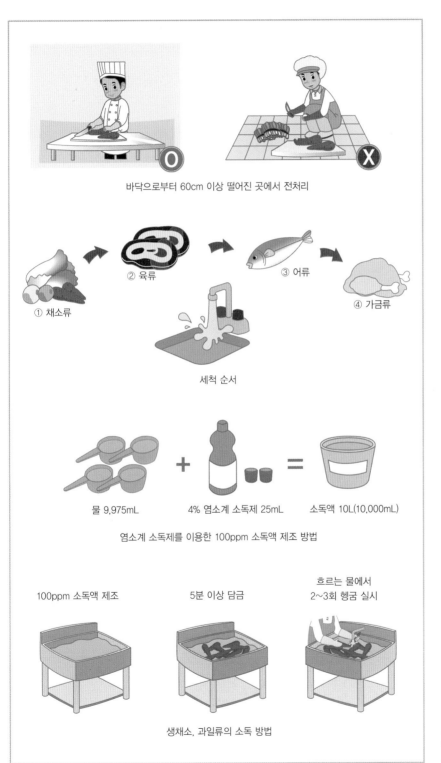

바닥으로부터 60cm 이상 떨어진 곳에서 전처리

① 채소류 → ② 육류 → ③ 어류 → ④ 가금류

세척 순서

물 9,975mL + 4% 염소계 소독제 25mL = 소독액 10L(10,000mL)

염소계 소독제를 이용한 100ppm 소독액 제조 방법

100ppm 소독액 제조   5분 이상 담금   흐르는 물에서
2~3회 헹굼 실시

생채소, 과일류의 소독 방법

그림 6-4
식재료의 위생적인 취급
자료: 한국외식업중앙회(2020).

해동 방법으로는 5℃ 이하의 냉장고에서 72시간 이내에 해동하는 방법, 21℃ 흐르는 물에서 내용물을 비닐봉지에 넣어 2시간 이내에 해동하는 방법, 전자레인지에서 해동하는 방법이 있다(표 6-2). 한 번 해동한 식품은 절대 재냉동하지 않는다.

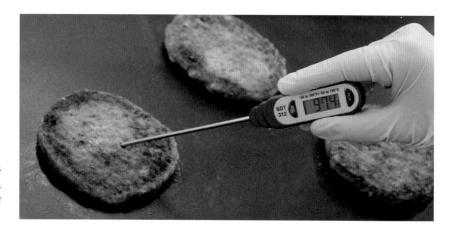

음식물 조리 시에는 온도계를 이용하여 음식물의 중심온도가 기준온도에 도달했는지 확인한다.

표 6-2 식재료 해동 방법

냉장고 해동	유수 해동	전자레인지 해동

- 해동된 식품은 해동 완료 후 24시간 이내 사용
- 해동된 식재료는 재냉동 금지
- 해동 후에는 유해미생물이 증식하기 쉬우므로 해동하고 남은 식품은 폐기

해동 시 금지사항			
흐르는 물 넘침 금지	오븐 해동 금지	상온 해동 금지	온수 해동 금지

자료: 식품의약품안전처(2015). 개방형 주방 음식점 위생관리 매뉴얼.

음식물을 조리할 때는 중심의 온도가 75℃(어패류는 85℃)에서 1분 이상 유지될 수 있도록 가열하여 완전히 익히며, 음식물의 중심온도를 잴 때는 가장 두꺼운 부분의 온도를 확인한다. 조리 후 맛을 볼 때는 별도의 용기에 덜어서 확인한다.

3) 음식보관 및 서빙

서빙 전 조리된 음식은 뜨거운 음식은 60℃ 이상으로 뜨겁게, 차가운 음식은 5℃ 이하로 차갑게 보관한다(그림 6-5). 또한 덮개 없이 겹쳐서 보관하지 말고 개별 덮개를 덮어 보관하도록 한다. 서빙 후 남은 음식은 재사용하지 않고 전량

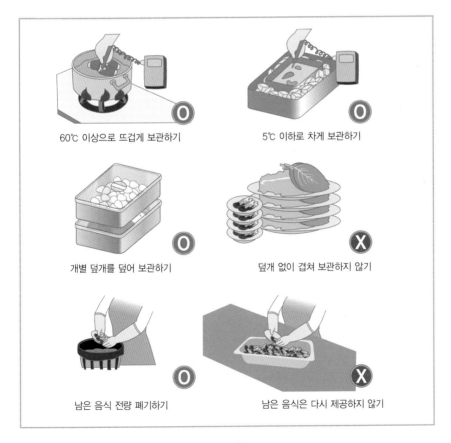

60℃ 이상으로 뜨겁게 보관하기

5℃ 이하로 차게 보관하기

개별 덮개를 덮어 보관하기

덮개 없이 겹쳐 보관하지 않기

남은 음식 전량 폐기하기

남은 음식은 다시 제공하지 않기

그림 6-5
음식 보관 방법
자료: 한국외식업중앙회(2020).

남은 음식 재사용 가능 식재료 기준

1. 재사용 가능 식재료 기준

손님에게 제공되었던 모든 식재료는 재사용할 수 없다. 다만, 부패·변질이 되기 쉽고 냉동·냉장시설에 보관·관리해야 하는 식품을 제외한 위생과 인진에 문세가 없다고 판단되는 식품으로 다음에 해당하는 경우는 식품위생법령 위반으로 보지 않는다.

- 조리·가공 및 양념 등의 혼합과정을 거치지 않은 식재료로 별도의 처리 없이 세척하여 재사용하는 경우
- 외피가 있는 식재료로 껍질째 원형이 보존되어 있어 기타 이물질과 직접적으로 접촉하지 않는 경우
- 뚝배기, 트레이 등과 같은 뚜껑이 있는 용기에 반찬을 담아 집게 등을 제공하여 손님이 먹을 만큼 덜어 먹을 수 있도록 제공하는 경우

2. 재사용이 가능한 식재료의 유형
- 식품첨가물이나 다른 원료를 사용하지 아니하고, 양념 등 혼합과정을 거치지 않아 원형이 보존되어 세척 후 사용할 수 있는 상추, 깻잎, 통고추, 통마늘, 방울토마토, 포도 등
- 외피가 있는 식재료로 껍질이 벗겨지지 않은 채 원형이 보존되어 있는 완두콩, 금귤, 바나나 등
- 물기가 없는 마른 견과류의 경우 껍질이 벗겨지지 않은 땅콩 등
- 뚜껑이 있는 용기에 담긴 소금, 향신료, 후춧가루 등의 양념류

자료: 식품의약품안전처(2020).

폐기한다. 서비스 종업원은 맨손으로 식품을 취급하지 말고, 식기의 식품 접촉 표면을 만지지 않도록 한다.

4) 세척 및 소독

세척 및 살균·소독은 유해미생물이 작업대 표면이나 조리기구를 통해 식품에 전파되는 것을 예방한다. 따라서 작업대에서 가열하지 않은 육류, 가금류 등을 취급한 후에는 세척하고 살균·소독한다. 식품 접촉 표면에 남아 있는 유기물질이나 지방 등의 이물질은 살균·소독효과를 감소시키므로 먼저 세척한 후 소독한다.

조리용 소도구는 세척·소독하여 자외선 소독고 또는 전용 용기에 보관한다. 행주·숟가락·젓가락·물컵 등은 열탕으로 소독하고, 칼·도마·용기·도구·작업대 등은 소독제로 소독하며, 컵은 세척 후 자외선 소독고에서 소독한다. 자외선 소독고에서는 빛이 닿는 부분만 살균되므로 소독고 내에서 컵을 포개거나 뒤집

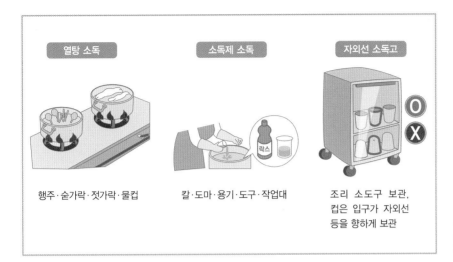

열탕 소독	소독제 소독	자외선 소독고
행주·숟가락·젓가락·물컵	칼·도마·용기·도구·작업대	조리 소도구 보관, 컵은 입구가 자외선 등을 향하게 보관

그림 6-6
소독 방법
자료: 한국외식업중앙회(2020).

지 말고 1단씩만 배치하며 마른 상태에서 약 40분 동안 살균한다(그림 6-6). 사용한 행주는 중성세제로 세척해 물로 충분히 헹군 후 전용냄비에 77℃에서 30초 이상 삶거나 농도 200ppm 염소 소독액에 행주를 5분 이상 침지하여 소독한다. 소독 후에는 충분히 헹구어 청결한 공간에서 자연건조 후 행주보관함에 보관한다.

3. HACCP

1) HACCP의 정의

HACCP(Hazard Analysis Critical Control Point, 식품안전관리인증기준)은 식품의 원재료로부터 제조, 가공, 보존, 유통의 단계를 거쳐 최종 소비자가 섭취하기 전까지의 각 단계에서 발생할 우려가 있는 위해요소를 규명하고, 이를 중점적으로 관리하기 위한 중요관리점을 결정하여 자율적이며 체계적이고 효율적으로 관리함으로써 식품의 안전성을 확보하는 과학적 위생관리체계이다.

HACCP에 따라 위생적인 시설 및 설비를 갖추기 위해서는 많은 초기 투자비용이 들어가므로 대규모 식품가공업체가 아닌 외식업소에 적용하기에는 한계가 있다. 식품안전의 중요성에 따라 소규모 식품업체까지 HACCP 적용이 확대되었고 외식업에도 점차 확산되고 있다.

2) 외식 관련 기업의 HACCP 적용

2000년에는 대한항공 기내식이 최초로 HACCP 인증을 취득하였으며, 호텔업계에서는 2004년 그랜드인터콘티넨털호텔이 국제품질인증기구로부터 HACCP 인증을 취득하였고, 외식기업으로는 2006년에 최초로 송추가마골이 HACCP 인증을 받았다.

최근에는 외식 프랜차이즈 기업들이 가맹점에 공급하는 식자재의 표준화 및 단순화를 위한 시스템 경쟁력을 갖추기 위해 센트럴 키친(Central Kitchen) 공장 구축 시 HACCP 지정을 고려하고 있다. 외식업체에서 HACCP을 적용할 때는 개별 업장보다는 별도의 사업자등록을 한 센트럴 키친에 적용하는 것이 일반적이다. 놀부 NBG의 음성 센트럴 키친 및 조리가공공장이 HACCP 적용의 대표적인 예이며, 송추가마골의 센트럴 키친인 동경(주)은 직영점 내에서 소비하는 제품만 생산한다.

3) HACCP의 수행

HACCP의 주요 절차는 국제식품규격위원회(CODEX)에 의해 규정된 12단계 7원칙으로, 이에 따라 외식현장에 HACCP 시스템을 적용하고 있다.

(1) 위해요소 분석

위해요소 분석(Hazard Analysis)은 제공할 메뉴에 발생 가능한 위해요소를 파악하는 단계로 위해가능성이 높은 식품에 대해 위해요소를 판단한다.

위해요소는 크게 생물학적, 화학적, 물리적 위해요소로 구분된다. 생물학적 위해요소는 곰팡이, 세균, 바이러스 등 미생물과 기생충, 원충 등의 생물체에 의한 위해이다. 화학적 위해요소는 질병이나 상해를 유발할 수 있는 화학성분으로 중금속, 화학적 식품첨가물, 자연독 등을 포함한다. 물리적 위해요소는 금속, 돌조각 등 건강상 장해를 일으킬 수 있는 외부에서 유래된 이물을 의미한다.

(2) 중요관리점 결정

중요관리점(CCP: Critical Control Point)은 위해요소 분석과정에서 판단된 위해요소를 안전한 수준으로 예방 또는 제거·축소할 수 있는 지점이다. 위해 발생 가능성이 높은 지점을 중요관리점으로 정한다.

사 례 그랜드 하얏트 서울 호텔, 식품 안전 경영 인증 'ISO 22000:2018' 취득

그랜드 하얏트 서울 호텔이 국제 표준화 기구(International Organization for Standardization)의 식품 안전 경영 인증(이하, 'ISO 22000') 2018년도 개정판을 취득했다.

ISO 22000은 조직적 차원에서 식자재의 입고 과정을 비롯한 모든 조리 과정에서 발생할 수 있는 위해요소를 효과적으로 관리하기 위한 국제 인증 체계로 국내 최초로 2018년 강화된 기준의 인증을 취득하였는데 이는 전 세계 하얏트 중에서도 최초로 인증받은 것이다.

ISO 22000을 취득하기 위해서는 호텔 내 안전한 식품 관리만이 아니라 호텔 경영 차원에서 식품 안전 관리를 위한 조직의 체계적 의사 결정, 경영진의 리더십 및 부서간 의사소통 강화 등의 체제가 구축되어 있어야 한다.

자료: 글로벌경제신문(2019.10.01.). 일부 재구성.

(3) 한계기준 설정

한계기준(Critical Limit)은 중요관리점에서의 위해요소관리가 허용범위 이내로 충분히 이루어지고 있는지 여부를 판단할 수 있는 기준이나 기준치를 말한다. 중요관리섬에서 관리되어야 할 위해요소를 예방, 제거 또는 감소시키기 위한 온도, 시간 등의 관리 기준을 정해야 한다. 예를 들면 제품 가열 시 중심부의 최저 온도, 특정온도까지 냉각시키는 데 소요되는 최소시간, 제품에서 발견될 수 있는 금속 조각(이물질)의 크기 등이 한계기준으로 설정될 수 있으며, 이들 한계기준은 식품의 안전성을 보장할 수 있어야 한다. 한계기준은 현장에서 쉽게 확인 가능하도록 간단한 측정이나 관찰로 확인할 수 있어야 한다.

(4) 모니터링 체계 확립

모니터링(Monitoring)이란 중요관리점이 한계기준을 벗어나지 않고 관리될 수 있도록 담당자가 주기적으로 측정·관찰하는 사전에 계획된 활동이다. 중요관리점을 모니터링하는 종업원은 모니터링 항목과 방법을 알고 효과적으로 올바르게 수행할 수 있도록 충분히 교육·훈련되어야 한다. 또한 모니터링 결과는 '예·아니오' 또는 '적합·부적합'이 아닌 실제로 모니터링한 결과를 정확한 수치로 기록한 것이어야 한다.

(5) 개선조치 방법 설정

개선조치(Corrective Action)는 모니터링 결과 중요관리점의 한계기준을 이탈할 경우에 취하는 일련의 조치를 말한다. HACCP은 식품으로 인한 위해요소가 발생하기 이전에 문제점을 미리 파악하고 시정하는 예방체계이므로, 모니터링 결과 한계기준을 벗어날 경우 취해야 할 개선조치 방법을 사전에 설정하여 신속한 대응조치가 이루어지도록 해야 한다. 개선조치를 취하고 기록한 후, 필요에 따라 HACCP 계획을 수정한다. 개선조치 방법으로는 반품, 폐기, 온도 조정, 재가열, 재세척 등이 있다.

1. 위해요소 분석

- 닭 안심구이를 준비하는 과정에서 미생물이 증식할 수 있다고 판단하여 닭 안심구이의 레시피와 조리공정을 검토해 위해가 발생할 수 있는 단계 및 요소를 분석하고자 한다.

2. 중요관리점 결정

- 닭 안심구이는 배송된 후 저장과 준비과정을 거쳐 조리 후 즉시 서빙되는 메뉴이다.
- 닭고기의 조리를 올바른 방법으로 하는 것이 미생물을 제거하거나 안전한 수준으로 낮출 수 있는 유일한 단계로 판단하여 조리를 중요관리점으로 정한다.

3. 한계기준 설정

- 닭고기의 중심온도 75℃ 이상에서 1분 동안 조리하는 것을 중요관리점의 한계기준으로 설정한다.
- 이 한계기준에 도달하기 위해 닭고기를 오븐에서 16분 이상 조리한다.

4. 모니터링 체계 확립

- 닭 안심구이의 조리과정에서 닭고기의 최저 내부온도가 75℃에 도달하는지를 확인하기 위해 살균된 청결한 온도계로 닭고기 중심 부위에 온도를 확인한다.

5. 개선조치 방법 설정

- 닭고기가 중요관리점의 한계기준에 도달하지 못한 경우 한계기준에 도달할 때까지 계속 조리한다.
- 개선조치 사항은 문서로 기록해둔다.

6. 검증 절차 및 방법 설정

- 기록일지를 확인하며 HACCP 점검을 수행한다.
- 온도 일지를 매주 확인하고, 문제가 자주 발생할 경우 원인을 파악하여 적절한 개선책을 수립한다.

한계기준 설정

모니터링 체계 확립

개선조치 방법 설정

(6) 검증절차 및 방법 설정

검증(Verification)은 HACCP 관리계획의 적절성과 실행 여부를 정기적으로 평가하는 일련의 활동이다. 수립된 HACCP 계획이 식품의 안전성 확보에 효과적인지, 실행 가능한지를 검증하고 재평가하는 단계라고 할 수 있다.

(7) 문서 및 기록 유지 방법 설정

HACCP의 제반 원칙 및 적용에 관계되는 모든 방법 또는 결과에 대한 문서 기록 및 보관제도를 확립한다. 기록된 문서는 HACCP 계획에 따라 실시했는지에 대한 증거, 외부 감사를 위한 자료로 사용되며 식품의 안전성에 문제가 발생할 경우 단계별 위생관리 상태를 추적하여 원인을 알아낼 수 있는 자료로 쓰인다.

4. 제조물책임

PL(Product Liability)은 '제조물책임'을 뜻한다. 제조물책임은 "자동차, 가전제품, 식품·의약품 등과 같이 제조·가공을 거친 제조물의 결함에 의해 소비자·이용자 또는 제3자의 생명·신체·재산에 발생한 손해에 대하여 제조업자·판매업자 등 그 제조물의 제조·판매에 관여한 자가 지게 되는 손해배상책임"이다. 우리나라에서는 이와 같은 내용에 대하여 규정한 PL법(제조물책임법)이 2002년 7월부터 시행되었다.

PL법은 생산 제품의 결함으로 인한 피해 발생 사례가 입증될 경우 제조업체의 과실 유무와 관계없이 손해배상을 청구할 수 있는 배상책임제도이다. 결함에는 설계상의 결함, 제조상의 결함, 표시상의 결함이 있다. 예전에는 소비자의 피해가 발생하더라도 제조업체의 과실을 입증하기가 어려워 피해 보상을 받기가 쉽지 않았다. 그러나 PL법이 적용된 이후에는 제조업체의 고의·과실 여부와 관

'햄버거병' 해당 패스트푸드본사 재수사

한 패스트푸드 업체에서 덜 익은 고기 패티가 들어간 햄버거를 먹고 일명 '햄버거병'(용혈성요독증후군)에 걸렸다는 의혹과 관련해 검찰이 재수사에 속도를 내고 있다. 해당 패스트푸드 본사 품질관리팀과 패티 납품업체 등에 대해 압수수색을 하며 수사를 확대하고 있다.

햄버거병 사건은 2016년 A양(6)이 해당 패스트푸드점에서 햄버거세트를 먹은 뒤 용혈성요독증후군을 갖게 되었다며 본사를 상대로 식품위생법 위반 등 혐의로 고소하면서 시작되었다.

당시 2018년 판결에 의하면 피해자들의 발병이 해당 패스트푸드 업체의 햄버거에 의한 것이라는 점을 입증할 증거가 부족하다고 하여 패티 제조업체 대표 등 회사 관계자만 불구속기소로 사건이 마무리된 바 있다.

자료: 파이낸셜뉴스(2021.1.6.). 재구성.

배달된 족발 반찬통에서 쥐 발견, 업체 대표 사과

최근 한 업체의 배달된 족발에서 발견된 쥐는 천장 환풍기의 배관에서 떨어져 들어간 것으로 확인되었으며 해당 프랜차이즈 업체는 이에 대해 공식 사과했다.

식약처는 CCTV를 통해 해당 음식점을 조사한 결과, 천장에 설치된 환풍기 배관으로 이동 중인 생쥐가 배달 20분 전 부추무침 반찬통에 떨어져 섞이는 영상을 확인했다고 했다. 이에 대해 식약처는 해당 음식점이 쥐의 흔적(분변 등)을 발견했음에도 비위생적 환경에서 영업을 계속한 것에 대해 '식품위생법' 위반 혐의로 대표자에게 행정처분과 별도로 시설 개보수 명령을 내렸다.

자료: 동아닷컴(2020.12.10.). 재구성.

커피업계의 이물질 검출에 대한 대응

S커피는 이물질 검출 등 매장에서 발생한 사고에 대해서는 누구의 과실인가를 따지기에 앞서 도의적으로 보상해주고 있다. TS커피는 이물질이 발생되면 소비자기본법 16조, 소비자기본법 시행령 8조에 따라 구입비용을 환불하든지 제품을 교환해준다. 이물질로 인해 상해가 발생했다면 제조물책임법 제3조에 따라 배상해준다. E커피는 이물질에 대한 클레임이 들어오면 즉각적으로 사과한 뒤 먼저 환불해주며 병원에 가도록 안내한다. T커피도 고객에게 우선 사과한 후에 다시 음료를 제공해준다. 또다른 E커피는 이물질 발생이 접수되면 우선적으로 고객 입장에서 응대하는 것을 원칙으로 교육시킨다. 고객에게 사과하고 고객이 환불이나 교환을 원하면 고객의 요구에 맞게 조치를 취한다. 고객이 매장의 대응에 만족하지 못하고 이의를 제기할 경우에는 본사 서비스팀에서 재응대하며, 이러한 과정에서 시시비비 판단이 모호하면 MD 상품이나 현물을 소액으로 제공해준다.

자료: 디지털 타임즈(2017.5.15.) 일부 재구성.

계없이 '결함의 존재'라는 객관적인 사실로 규정하기 때문에 피해 구제가 용이해졌고 소비자보호가 강화되었다.

PL법과 연관된 식품 관련 소송은 이물질에 의한 개인 상해와 오염된 식품 섭취로 인한 식중독이 대부분이다. 따라서 설비 및 원재료 등의 철저한 위생관리가 필요하며 제품에 대한 취급설명서와 주의·경고문구를 통해 제품의 안전과 관련된 사항을 정확히 설명해야 한다.

노트 **품격있는 식사문화를 위한 '안심식당' 확산 본격 추진**

농림축산식품부는 코로나19 계기 일부 지자체에서 시행하고 있는 '안심식당'을 전국적으로 확산하기로 했다. 안심식당 지정요건은 다음의 3대 과제를 필수로 한다.

❶ 덜어먹기 가능한 도구 비치·제공 : 1인 덜어먹기 가능한 접시, 집게, 국자 등 제공
   (1인 반상 제공 및 개인용 반찬을 제공하는 경우 포함)
❷ 위생적인 수저 관리 : 개별포장 수저 제공, 개인 수저 사전 비치 등의 방식으로
   수저 관리를 위생적으로 하고 있는지 여부
❸ 종사자 마스크 착용 : 식당 종사자가 위생, 보건, 투명 등 다양한 형태의 마스크를
   쓰고 조리, 손님 응대 등을 실시하는지 여부

2020년 6월 19일 기준 지자체가 지정한 안심식당은 1천 4백개소이지만, 모범음식점과 위생등급제 지정 음식점 등을 우선적으로 지정해 빠르게 확산시킬 것이다. 이번 안심식당 지정을 통해 외식업주와 소비자 모두 식사문화에 대한 인식이 제고될 것이며, 안전을 기반으로 한 품격 있는 식사문화가 조성되기를 기대한다.

자료: 농림축산식품부 보도자료(2020.6.22.) 재구성.

노 트 **식약처, 배달음식점 안전관리 강화 방안 마련**

식품의약품안전처는 코로나19 상황으로 배달음식 소비가 증가하면서 이물, 위생불량 등 음식점 위생문제에 대한 관심이 늘어남에 따라 국민이 안심하고 배달음식을 소비할 수 있도록 '배달 음식점 안전관리 강화 방안'을 다음과 같이 마련했다.

■ **영업자의 자발적인 위생수준 향상 유도**

- 조리시설 및 조리과정 등을 소비자에게 공개(CCTV)하는 주방공개 시범사업 추진
- 프렌차이즈 가맹점에 대한 본사의 위생·안전 기술 지원 의무화 추진
- 피자·치킨 등 배달전문 음식점의 위생등급 지정 확대
- 배달 품목별(족발, 치킨 등) 맞춤형 위생관리 메뉴얼 보급

■ **다소비 위해우려 배달음식 집중관리**

- 족발·치킨·피자 등 다소비 배달음식점에 대한 특별점검 확대(연 2회– 연 4회)
- 특별점검 외 업소는 협회와 지자체를 통한 전수점검 실시
- 배달음식 전문 배달원 활용으로 위생불량 음식점 등 사각지대 발굴
- 배달업 리뷰, 소비자 신고 등 분석으로 위해우려 음식점에 대해 사전 점검

■ **음식점 이물관리 강화**

- 쥐 등 설치류 방지를 위한 음식점 시설기준 강화 및 과태료 처분기준 신설
- 쥐, 칼날 등 위해도가 높은 이물에 대해 식약처가 직접 원인조사
- 위생모·위생복 착용 등 이물 방지를 위한 위생수칙 지키기 캠페인 진행

자료: 식품의약품안전처 보도자료(2020.12.29.). 재구성.

활동 사례
ACTIVITY

각국의 음식점 위생등급평가제

음식점 위생등급평가제도는 음식점의 식자재, 주방, 화장실 등의 위생 상태를 평가해 위생관리 수준에 따라 등급을 부여하는 제도이다. 미국을 비롯하여 캐나다, 호주, 일본 및 유럽 여러 나라에서 음식점 위생등급평가제를 실시하고 있다.

미국의 NYC의 경우 2010년 7월부터 주정부가 NYC 5개 지역 전체 음식점 2만 4,000개를 대상으로 위생상태를 평가하고 등급(A/B/C/등급 보류)을 부여하는 위생등급제를 실시하였다. 0~13점을 받은 식당은 A등급, 14~27점을 받은 곳은 B등급, 28점 이상을 받은 곳은 C등급을 취득하며, 검열 결과는 보건국 홈페이지에 게시된다. 검열관은 식품 취급, 식품 온도, 개인 위생, 기구 및 시설 유지·보수, 해충 퇴치 카테고리에 대한 평가 항목에 대해 점검 후 각 위반 사항에 대해 일정한 점수가 부가되기에 점수가 낮을수록 더 좋은 평가를 받았다는 것을 의미한다. B나 C등급을 받으면 매달 재심사를 받아야 하고, 응하지 않으면 영업정지 처분을 내리기도 하며, 등급표 부착 위치도 구체적으로 규정해 어길 경우 1,000달러까지 벌금을 부과한다. 엄격한 운영 결과, 시행 1년 만에 뉴욕의 식중독 환자 수가 14%나 줄어 20년 만에 최저치를 기록했다.

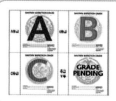
미국(LA, 뉴욕)
- A, B, C로 구분
- 법제화, 재평가
- 위반 사항 점검

캐나다(토론토, 요크)
- pass, conditional 또는 pass, closed 로 구분
- 위반 개수

일본
- A마크(의무)
- S마크(자발)

호주(시드니)
- A, B, C, P로 구분
- Name & Shame 제도
- 평가 결과 의무 공개

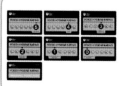
영국(웨일스, 북아일랜드, 스코틀랜드)
- 6등급 랭킹
- 2013년에 FSA 법제화
- 평가 결과 의무 공개

덴마크
- 스마일 표시(5등급)
- 모든 업소
- 등급별 관리지침

국내에는 음식점의 위생수준이 우수한 업소에 한해 등급을 '매우 우수', '우수', '좋음'의 3단계로 지정하여 공개함으로써 소비자의 선택권을 보장하기 위한 '음식점위생등급제'를 시행하고 있다. 평가의 객관성과 전문성을 위해 한국식품안전관리인증원에 위탁하여 평가를 실시하며, 위생상태 평가 결과 90점 이상인 경우 '매우 우수', 85점 이상 90점 미만인 경우 '우수', 80점 이상 85점 미만인 경우 '좋음'으로 등급이 부여된다. 이 제도의 시행으로 음식점간 자율경쟁을 통해 위생수준을 향상시킴으로써 식중독 발생을 감소시키고 소비자의 음식점 선택권을 보장한다. 또한, 그동안 지자체별로 시행되었던 음식점 인증제도를 통합해 소비자의 혼란을 방지하고자 하는 목적이 있다.

자료: 한국경제신문(2015. 5. 22.); 보건복지포럼 자료집(2012. 9.); 한국급식외식위생학회 추계학술대회 자료집(2015. 11. 27.); 식품안전나라 홈페이지; 식품안전관리인증원 홈페이지. 재구성.

1. 국내와 해외의 위생등급평가제를 비교·분석해보자.
2. 호주, 영국, 일본, 캐나다, 덴마크의 위생등급평가제를 조사해보자.

연습 문제
REVIEW

1. 교차오염의 정의와 교차오염을 방지하기 위한 관리 방법을 기술해보자.
2. 식재료를 해동하는 올바른 방법에 대해 설명해보자.
3. 조리된 음식을 보관하는 올바른 방법에 대해 설명해보자.
4. HACCP의 용어 정의를 내려보자.
5. 닭볶음탕과 오이무침을 저녁 메뉴로 준비할 때 위생적으로 식품을 취급하기 위해 주의할 점을 생산 단계별로 논의해보자.
6. HACCP 수행 7단계를 돈가스 조리과정에 적용하여 기술해보자.
7. 외식업장에서 발생한 PL법 관련 사례를 조사해보자.

용어 정리
KEYWORD

식중독 병원성 미생물이나 유독, 유해한 물질로 오염된 음식물을 섭취하여 일어나는 건강상 장해

교차오염 식재료, 기구, 용수 등에 오염되어 있던 미생물이 오염되지 않은 식재료, 기구, 종사자와의 접촉 또는 작업과정에서 혼입되어 미생물의 전이가 일어나는 것

해동 방법 5℃ 이하의 냉장고에서 72시간 이내에 해동하는 방법, 21℃의 흐르는 물에서 내용물을 비닐봉지에 넣어 2시간 이내에 해동하는 방법, 전자레인지에서 해동하는 방법

HACCP(식품안전관리인증기준) 식품의 원재료로부터 제조·가공·보존·유통의 단계를 거쳐 최종 소비자가 섭취하기 전까지 각 단계에서 발생할 우려가 있는 위해요소를 규명하고, 이를 중점적으로 관리하기 위한 중요관리점을 결정하여 자율적·체계적·효율적으로 관리함으로써 식품의 안전성을 확보하기 위한 과학적인 위생관리체계

위해요소 분석(Hazard Analysis) 제공할 메뉴에 발생 가능한 위해요소를 파악하는 단계

중요관리점(Critical Control Point) 위해요소 분석과정에서 판단된 위해요소를 안전한 수준으로 예방 또는 제거·축소할 수 있는 지점

한계기준(Critical Limit) 중요관리점에서의 위해요소관리가 허용 범위 안에서 충분히 이루어지고 있는지를 판단하는 기준이나 기준치

모니터링(Monitoring) 중요관리점이 한계기준을 벗어나지 않고 관리될 수 있도록 담당자가 주기적으로 측정, 관찰하는 사전에 계획된 활동

개선조치(Corrective Action) 모니터링 결과 중요관리점의 한계기준을 이탈할 경우 취하는 일련의 조치

검증(Verification) HACCP 관리계획의 적절성과 실행 여부를 정기적으로 평가하는 일련의 활동

PL법 생산제품의 결함으로 인한 피해 발생 사례가 입증되면 제조업체의 과실 유무에 관계없이 손해배상 청구를 할 수 있는 배상책임제로 '제조물책임법'이라고 함

참고문헌
REFERENCE

보건복지포럼(2012). 보건복지포럼 자료집.

식품의약품안전처(2014). 알기 쉬운 HACCP 관리(개정판).

식품의약품안전처(2020). 2020년도 식품안전관리지침.

식품의약품안전처(2015). 개방형 주방 음식점 위생관리 매뉴얼(한식, 중식, 일식).

양일선, 이보숙, 차진아, 한경수, 채인숙(2011). 제3판 단체급식. 교문사.

주난영, 이경미, 정현아, 나혜진, 송태희, 이상호(2009). 식품위생과 HACCP 실무. 파워북.

한국급식외식위생학회(2015). 추계학술대회 자료집.

한국외식업중앙회(2020). 2020 일반 음식점 영업과 위생교육 교재.

글로벌경제신문 홈페이지. www.getnews.co.kr

농림축산식품부 www.mafra.go.kr

동아닷컴 홈페이지. www.donga.com

디지털타임즈 홈페이지. www.dt.co.kr

식품나라 홈페이지. www.foodnara.go.kr

식품의약품안전처 홈페이지. www.kfda.go.kr

파이낸셜뉴스 홈페이지. www.fnnews.com

한국경제신문 홈페이지. www.hankyung.com

한국식품안전관리인증원 홈페이지. www.haccp.or.kr

한국외식산업협회 홈페이지. www.kofsia.or.kr

한국음식중앙회 홈페이지. www.foodservice.or.kr

CHAPTER 7

인적자원

사람이 경쟁력인 시대이다. 사람(people) 중심의 사업인 외식사업 운영의 성패를 좌우하는 것이 바로 고객만족이다. 고객만족 중에서도 내부고객만족, 즉 직원의 만족이 우선적으로 이루어져야 외부고객만족을 이끌어낼 수 있다. 이를 위해서는 인적자원계획을 통해 적합한 인력을 선발하고 유능한 인적자원 확보 및 개발을 위한 다양하고 혁신적인 근무환경을 만들어야 한다. 본 장에서는 효율적인 인력관리 및 근무환경 조성을 위한 내용을 살펴보고자 한다.

세계적으로 확산된 코로나19는 경제 전반에 광범위한 영향을 주었다. 기업, 학교, 공공기관 등 사회 전반에 비대면 원격 사회로 급속히 전환되자 사업과 매출이 줄어드는 가운데 외식기업들은 대대적인 인력 규모 축소에 들어갔다. 기업들은 한계 사업을 정리하고 인력구조 변화를 시도하기에 이르렀다. 인공지능과 로봇 등 인간 노동에 대한 의존도를 줄이는 등 인력의존도가 높았던 외식산업은 스마트화 속도가 더 빨라지고 있다.

각종 조사에서 코로나19로 인해 달라진 직장 모습으로 재택근무, 마스크 착용 근무, 출장 취소, 회식 축소, 온라인 회의, 제품 출시 연기 등을 꼽았다. 표면적 변화 뒤에 업무 지시, 보고, 소통, 협업 등 일하기 방식의 변화가 필연적으로 수반된다. 기업 차원뿐 아니라 구성원들의 변화 대응 능력 또한 중요시되고 있다. 포스트 코로나 시대에는 재택근무를 포함한 유연 근무 방식이 각 기업의 상황이나 구성원들의 필요에 맞게 정교화되어야 한다.

인력구조의 최적화 과정에서 가져오는 경영 환경 변화 리스크는 쉽게 예측하기 어렵다. 대외적 환경에서 오는 충격에 견딜 수 있도록 소수 정예의 핵심 인력을 조직 내부에 보유하면서도 특정 분야의 전문성이나 계절성이 높은 업무에 대해서는 프리랜서, 은퇴 직원, 외주 업체 등을 전략적으로 활용하는 네트워크형 인적 구조가 필요하다. 이를 위해 직무 유형에 맞는 확보, 계약, 활용, 보상, 피드백 시스템을 갖춰야 한다.

수평적인 업무 문화 정착도 과제이다. 비대면 방식으로 일하면서 빠르게 변화하는 외부 환경에도 적응하려면 관료주의적 절차와 톱다운 방식의 업무 추진으로는 곤란하다. 디지털 전환 역시 마찬가지다. 자율과 책임에 기반해 스스로 업무를 관리할 수 있도록 규정과 업무 표준을 바꾸고, 수평적 커뮤니케이션, 실무자 중심의 빠른 결정이 가능하도록 현장 중심 업무 혁신이 필요해졌다.

기업들은 위기가 닥치면 본능적으로 인력을 줄인다. 하지만, 오히려 우수한 인적 자원을 확보할 수만 있다면 경기가 다시 상승 국면으로 전환될 때 이들은 기업의 소중한 자산이 될 것이다. 조직의 외연을 키우기 위한 대규모 채용은 아니더라도 어려운 시기일수록 우수 인재를 확보하는 노력이 중단되어서는 안 된다.

자료: HR Insight(2020.8.25.). 재구성.

1. 인적자원관리의 개념

1) 직무의 이해

오늘날 인적자원관리의 관점에서는 인적자원을 잠재적인 능력을 개발·활용하여 기업 부가가치 창출에 기여하는 자산(asset)의 일부로 본다. 인적자원은 물적자원과 달리 동기 부여와 만족도, 개발 여하에 따라 성과나 그 가치가 달라지는 특수성이 있는데, 노동집약적인 외식산업의 특징을 고려할 때 인적자원의 중요성은 매우 크다. **인적자원관리**는 조직의 목표 달성에 필요한 인적자원을 **확보**(procurement), **개발**(development), **보상**(compensation), **유지**(maintenance)하여 조직 내 인적자원을 최대한 효과적으로 활용하고자 하는 관리활동이다.

직무(job)는 다른 직무와 구별되는 주요한 일 또는 특징적인 일의 수행 측면

표 7-1 외식산업 직무의 분류

구분	직종	직급	직무
매장지원	사무 · 관리직	부장, 차장, 과장, 대리, 주임 등	기획 · 재무
			점포 개발
			인사 · 교육
			홍보 · 마케팅 · 고객관리
			구매 · 유통
			위생 · 안전
			연구 개발
		슈퍼바이저	매장운영지원
매장서비스	생산 · 서비스직	제너럴 매니저(점장)	매장총괄관리
		매니저	매장운영관리 (조리 및 서비스 포함)
		스태프	음식 조리 및 고객서비스

에서 동일하다고 인식되는 직위들을 하나의 관리단위로 설정한 것이다. 유사한 과업(task), 일의 종류(duty), 책임사항(responsibilities) 등의 집합으로 직무를 구성하는 직위의 과업 내용, 숙련도, 작업 방법 등은 비슷해야 한다. 직무는 상황에 따라 직업(occupation), 직위(position), 작업(task) 등과 상호교환적으로 사용된다.

외식산업의 직무는 크게 매장지원과 매장서비스로 나눌 수 있다. 매장지원은 사무·관리직으로, 매장서비스는 생산·서비스직으로 나누어지기도 한다(표 7-1). 매장지원부서에서는 외식업체 운영을 기획, 지휘 및 조정하며 시장분석, 상권분석, 운영 전략 수립 등 점포 개발과정뿐 아니라 홍보, 마케팅, 고객관리, 구매, 유통, 위생안전, 연구 개발, 구역 내 업장 총괄관리 등 일반적으로 사업체 운영에 필요한 관리직무를 포괄적으로 수행한다.

직무기술서

1. 직무명: 점장

2. 직무 요약
점장은 식자재의 관리, 메뉴계획, 음식 제공, 직원관리 등 업장 운영에 관한 전반적인 사항을 파악하고 관리한다.

3. 직무 내용
- 작업 표준을 설정, 유지 관리한다.
- 직원들의 직무와 영업 준비를 지시한다.
- 슈퍼바이저, 웨이터, 웨이트리스, 버스보이의 교육 훈련과 감독을 한다.
- 직원의 근무시간표를 작성한다.
- 매장의 조리기술에 대해 어느 정도의 지식을 갖춘다.
- 예약 접수 현황과 준비 상태를 점검한다.
- 영업 준비물이 제대로 갖추어져 있는지 점검한다.
- 테이블 세팅이 제대로 되었는지 확인한다.
- 서비스 직원과 주방 직원 상호 간의 협동체제를 유도 관리한다.
- 직원들의 채용과 교육·훈련을 담당한다.
- 직원들의 불만 요인, 고민 등에 관한 상담을 한다.
- 경영자에게 업무에 관한 사항을 보고하고 명령 받은 사항을 실행한다.
- 매장 내의 손상된 가구, 기기 등의 신속한 보수 조치 및 교환을 한다.

그림 7-1
직무기술서의 예

매장서비스의 직무는 매장 총괄 및 운영관리, 음식 조리 및 고객서비스 등으로 나눌 수 있다. 매장 총괄 및 운영관리는 점포 운영에 관련된 영업계획 및 매출관리, 서비스 및 위생 교육, 직원 및 조직관리 등을 포함하는 운영관리 직무를 수행하는 매니저나 점장이 수행한다. 음식조리 직무관리는 식재료의 구매, 검수, 조리 업무를 주로 수행하며, 고객서비스 직무는 고객 응대, 음식 주문 및 제공, 매장 환경관리 등의 업무를 수행한다.

직무기술서(job description)는 특정 직무의 의무와 책임에 관한 조직적이고 사실적인 해설서로 직무에서 수행하는 과업의 내용, 의무와 책임, 직무 수행에서 사용되는 장비 및 직무 환경 등 종업원과 관리자에게 직무에 관한 개괄적인 정보를 제공한다(그림 7-1).

직무명세서(job specification)는 특정 직무를 수행할 때 직무담당자가 갖추어야 할 지식, 기술, 능력, 기타 신체적 특성과 인성 등의 인적 요건을 기록한 양식이다. 직무기술서와 중복되는 면이 있으나 신규 인력 채용 시 필요한 요건을 보다 명확히 하기 위해 작성된다.

2) 직급체계

직급은 직무의 등급으로 일의 종류나 난이도, 책임 정도가 비슷한 직위를 한데 묶은 최하위의 구분이다. 기업은 동일한 직급에 속하는 직위에 대하여 자격, 시험, 보수 등 인사 행정에서 동일한 취급을 할 수 있다. 다음의 그림 7-2는 외식기업 직급체계의 예이다.

썬앳푸드 직급체계

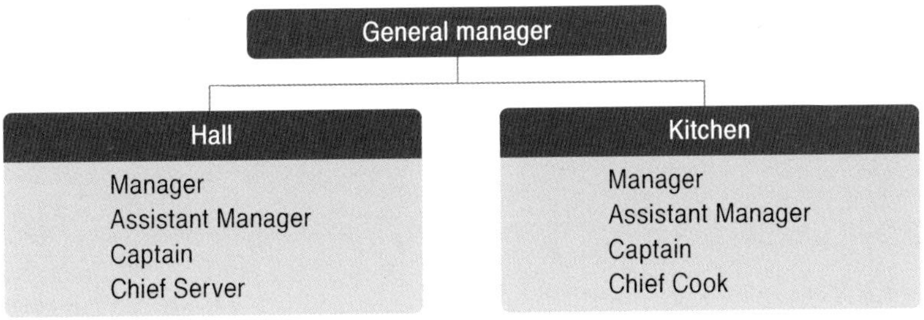

```
                    General manager
          ┌─────────────────┴─────────────────┐
        Hall                              Kitchen
   Manager                          Manager
   Assistant Manager                Assistant Manager
   Captain                          Captain
   Chief Server                     Chief Cook
```

직급 안내

포지션	주요 업무	필요 자질과 자격
General Manager (G.M)	매장의 매출, 이익 등 모든 부분을 책임지고 운영	리더십, 성과, 손익, 경영마인드
Manager (Hall, Kitchen)	점장을 보좌 및 지원하며, 홀·주방 부문별 각 파트를 책임 운영	리더십, 고객, 성과마인드, 해당 직무 전문가
Assistant Manager (Hall, Kitchen)	일반 스태프의 중급 관리자, 매니저를 보좌 및 지원하며 홀·주방 각 파트의 핵심 인력	리더십, 고객, 성과마인드, 해당 직무 전문가
Captain (Hall, Kitchen)	일반 스태프의 초급 관리자, 교육·직무능력 등 유도	리더십, 고객, 성과마인드, 해당 직무 전문가
Chief Server (Hall)	매장 방문 고객의 테이블 서비스 제공 업무	서비스 감각, 적극적이고 밝은 성격, 센스, 순발력
Chief Cook (Kitchen)	업무 매뉴얼에 의한 음식 조리	조리 감각, 손재주, 적극적 성격, 순발력

CJ푸드빌 직급체계

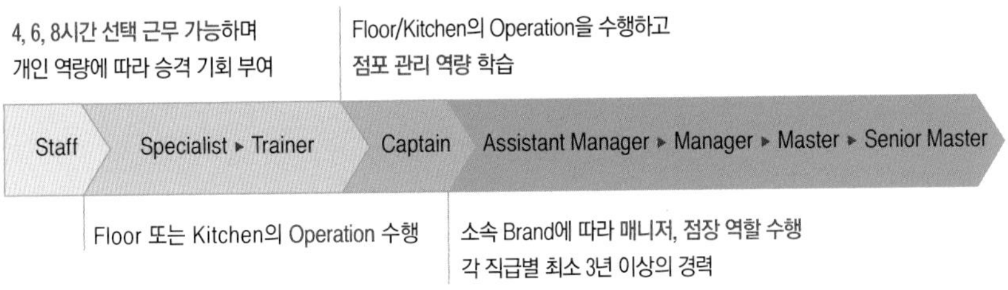

4, 6, 8시간 선택 근무 가능하며 개인 역량에 따라 승격 기회 부여

Floor/Kitchen의 Operation을 수행하고 점포 관리 역량 학습

Staff ▸ Specialist ▸ Trainer ▸ Captain ▸ Assistant Manager ▸ Manager ▸ Master ▸ Senior Master

Floor 또는 Kitchen의 Operation 수행

소속 Brand에 따라 매니저, 점장 역할 수행 각 직급별 최소 3년 이상의 경력

그림 7-2
외식기업의 직급체계
자료: 썬앳푸드 홈페이지; CJ푸드빌 채용 홈페이지.

2. 인적자원 확보

1) 모집

철저한 수요 예측에 의해 결정된 인원을 기업의 적재적소에 배치하기 위해 인력을 선발하는 것을 **모집**(recruitment)이라고 한다. 이러한 모집 방식에는 내부 모집과 외부 모집이 있다.

(1) 내부 모집

내부 모집(internal recruiting)은 이미 고용된 회사 내부의 인적자원을 승진시키거나 전환 배치, 직무 순환, 재고용 등을 통하여 필요로 하는 직원을 보충하는 방법이다. 내부 모집은 종사원이 자신의 적성에 맞는 부서로 전직할 수 있는 기회를 부여하며, 종사원에게 자기 계발과 성장의 기회를 제공한다. 이 제도로 인해 기업의 투명성이 확대되고 비용이 절감되며 종사원에게 조직의 목표를 알리는 동시에 적임자를 찾아낼 수 있지만, 환경 변화에 적합한 전문 인력의 확보하기는 어렵다.

(2) 외부 모집

외부 모집(external recruiting)은 공개 채용과 특별 채용으로 구분할 수 있다. 공개 채용은 인력과 관련된 공공기관, 매스컴(신문, TV), 인터넷, SNS(트위터, 페이스북), 대학의 취업정보센터 등에 채용계획을 공고 또는 연락을 취하여 채용하는 방법이다. 특별 채용은 해당 업무에 필요한 지식이나 경력을 소지한 사람을 채용하여 특별한 재교육 없이 곧바로 현장에 투입할 수 있는 경우이다.

2) 선발

선발(selection)은 지원자 중에서 조직이 필요로 하는 직무에 가장 적합한 자질을 갖춘 인력 채용을 결정하는 과정이다. 이때 필요 이상의 인력을 선발하면 인건비 부담이 증가하고, 증가한 인건비는 곧바로 기업의 비용으로 성과와 직결된다. 따라서 인력 수급계획과 직무기술서에 명시된 사항을 중심으로 효과적인 모집 방법을 구사하여 적정 인원을 선발해야 하며, 이를 적재적소에 배치하여야 한다.

사 례 SPC그룹의 스마트 채용 플랫폼, '이음 프로젝트'

'이음 프로젝트'는 꼭 맞는 일자리를 찾는 '구직자'와 적합한 인재를 찾는 '구인 기업'을 효과적으로 이어 주어 고용의 선순환을 만들기 위해 진행하는 SPC그룹의 고용 활성화 캠페인이다. SPC그룹 계열사뿐만 아니라 전국 생산·물류센터, 2,500여 개 협력사, 6,500여개 직·가맹점의 모든 일자리 정보를 모은 스마트 채용 플랫폼을 구축함으로써 구직자나 구인 기업 모두 언제 어디서나 편리하게 사용할 수 있도록 만들어졌다.

파리바게뜨, 배스킨라빈스, 던킨도너츠, 파스쿠찌, 쉐이크쉑 등 SPC그룹에서 운영하는 매장에 부착된 '이음 프로젝트' QR코드 및 SPC 채용사이트 검색을 통해 플랫폼에 접속할 수 있으며, 접속

위치에 따라 인접한 직·가맹점 채용 정보가 자동으로 검색된다. 협력사 및 가맹점의 경우 별도 비용과 추가 작업 없이 '이음 프로젝트' 플랫폼을 통해 손쉽게 채용을 진행할 수 있다.

자료: SPC 홈페이지.

COFFEE MAN

커피에 대한 지식과
열정을 가진 사람으로
끼가 넘치며 커피를 좋아하고
또한 우리의 경영이념을 사랑하는
항상 최고를 지향하는 인재

CULTURE MAN

우리의 사업이 제3의 공간을 제공하는
문화사업임을 잘 알고 문화콘텐츠를
창조하고 전파할 수 있는 사람.
즉, 우리가 하는 일이 비록 작은 원두에서
출발했지만 문화라는 진정으로 큰 의미를
지녔음을 알고 그에 대한 열정을 가진 인재

CUSTOMER MAN

우리의 미래를 결정하는 것이 바로
고객이라는 점을 잘 알고
고객의 입장이 되어
고객의 호기심을 이해하고 배려하며
존중할 줄 아는 사람으로
자신이 지닌 지식과 열정으로
고객 또는 타인을 만족시키는 인재

그림 7-3
스타벅스의 인재상
자료: 스타벅스코리아 홈페이지.

외식사업은 식음료 상품에 분위기와 서비스를 함께 담아서 고객에게 판매하는 사업이다. 서비스를 제공하는 주체인 외식기업의 종업원은 가변성과 생산성을 향상시킬 수 있는 무형적 자산이기 때문에 지식이나 기술적인 능력뿐만 아니라 외식업의 서비스적 인적 특성을 갖춘 기업이 추구하는 인재상에 적합한 인재를 선발하는 것이 사업 성공에 무엇보다 중요한 요인이다(그림 7-3).

서류심사 단계에서는 지원자의 교육적 배경, 경력, 취득한 자격이나 면허 등을 작성한 지원서를 받아 심사한다. 이를 통해 부적격자를 걸러내고 면접 대상자를 선정하게 된다. 서류전형이 기준 미달자를 걸러내는 장치라면 직무적성검사는 기업별로 원하는 인재상에 부합하는 지원자를 선발하는 첫 번째 장치라고 할 수 있다.

기본적으로 **직무적성검사**는 언어, 추리, 수리, 지각 능력 등의 기초업무능력 테스트와 상식, 상황 판단, 인성 등의 기업조직 적응력 테스트로 구성된다. 이는 인적성검사, 직무능력평가 등으로 다양하게 불리며 자체적으로 검사도구를 개발하여 사용하는 기업이 확대되는 추세이다. **면접**은 기업이 필요로 하는 인재의 성격이나 특성을 직접 파악할 수 있는 중요한 과정이다. 공식적인 면접은 선발과정에서 타당성을 높여주는 보완적 방법으로 그 중요성이 날로 강조되고 있다. 면접에서는 직무 후보자와 관리자가 서로 만나 대화하면서 서류상으로는 알 수 없었던 후보자의 인간적인 측면을 판단할 수 있다. 주방의 경우 식음료 메뉴의 원활한 생산을 위해 실기 시험을 통해 지원자의 능력을 검증하기도 한다.

신체검사는 직무 수행과 관련하여 신체 및 정신적 능력의 적합성을 조사하는 과정이다. 외식사업체에서는 대부분 서서 근무하며 식음료 상품을 다루기 때문에 전염병 보균자 또는 정신질환자가 아닌 건강한 사람을 선발해야 한다. 이러한 선발과정을 거쳐 최종 합격한 인력에 대해 **채용**이 결정되면, 기업에 대한 오리엔테이션을 실시하고 선발된 인력이 기업에 적응할 수 있는 기회를 제공한다. 이를 신입사원 수습 기간이라고 하며, 기업에 따라 차이가 있으나 일반적으로 3개월 또는 6개월의 기간을 정하여 시행한다.

3) 배치

유능한 인재를 선발하여 채용한 후에는 그들의 재능을 발휘할 수 있는 적절한 부서 **배치(staffing)**가 중요하다. 특히 외식사업에서는 종업원이 자신의 적성에 맞지 않는 업무에 배치되는 경우, 사기 저하는 물론 이직률이 높아질 수 있다. 부서 배치 방법에는 종업원 개개인의 적성을 고려한 적성 배치 방법과 생산량을 고려한 적정 배치 방법이 있다. 기업은 신입 종업원의 부서 배치 전에 교육·훈련을 실시한다. 직원 교육·훈련을 통해 지식, 기술, 그리고 태도를 향상시킴으로써 기업을 유지하고 발전시키는 데 기여하기 때문이다. 기업은 인재 육성의 차원에서 종업원에게 주인의식을 심어 근무의욕을 고취시키고 그들의 능력을 최대한 효율적으로 운용할 수 있는 다양한 배치 방안을 모색해야 한다.

워크스케줄은 인력의 배치와 작업 일정관리에 중요하게 사용되며 다음과 같은 내용을 포함하여야 한다. 우선 시간대별로 필요한 적정 인원수를 설정해야 한다. 이는 영업 추이에 따라 정기적으로 조정되어야 하며, 필요한 시간에 직원을 충원하는 것보다는 잉여 직원이 교육 등의 업무에 참여하도록 적정 인원수를 여유롭게 설정하는 것이 바람직하다. 워크스케줄은 주방에서 일어나는 모든 업무에 대한 기록이므로 하루 일과를 미리 계획하고 실천할 수 있도록 해야 한다. 명확한 출퇴근 시간의 유지와 안정된 인원을 확보할 수 있도록 해야 하며, 근무자 간의 신뢰를 구축하도록 하여 즐거운 업무 분위기를 유도해야 한다. 워크스케줄은 일주일 단위로 작성하는 것이 바람직하며, 종업원이 자신의 스케줄을 확인하고 서명하게 함으로써 근무일 하루 전에 반드시 업무 시간과 담당 업무를 확인하게 한다(그림 7-4).

그림 7-4
외식업체 주방의 워크스케줄

		8월 워크스케줄

부서: 주방

휴일 수 10일

바
디저트

A	8:00~18:00	E	12:00~22:00
B	9:00~19:00	F	12:30~22:30
C	10:00~20:00	G	13:00~23:00
D	11:00~21:00	S	17:00~01:00

		1 목	2 금	3 토	4 일	5 월	6 화	7 수	8 목	9 금	10 토	11 일	12 월	13 화	14 수	15 목	16 금	17 토	18 일	19 월	20 화	21 수	22 목	23 금	24 토	25 일	26 월	27 화	28 수	29 목	30 금	31 토	월간휴일	월차휴무	OT
이름	제목																																		
1 박○○		C	C	C	D/O	D/O	C	C	C	C	D/O	D/O	C	C	C	C	D/O	D/O	D/O	C	C	C	C	C	D/O	D/O	C	C	C	C	C	D/O			0.0
2 이○○		연차(17)	D/O	D/O	연차(18)	연차(19)	연차(20)	연차(21)	연차(22)	D/O	D/O	연차(23)	연차(24)	연차(25)	연차(26)	연차(27)	D/O	D/O	D	D	D	D	D	D	D/O	D/O	D	D	D	D	D	D/O			0.0
3 민○○		S	E	대휴(0)	대휴(0)	E	D/O	S	E	S	D/O	D/O	S	D/O	S	E	E	D/O	D/O	E	D/O	S	S	E	D/O	D/O	D/O	S	E	E	S	E			0.0
4 우○○		D/O	C	S	D/O	C	C	E	D/O	D/O	C	D/O	C	C	C	D/O	C	C	C	C	C	C	C	D/O	C	D/O	C	C	C	C	S				0.0
5 박○○		C	대휴(1)	C	대휴(0)	대휴(0)	S	C	C	C	D/O	D/O	C	D/O	D/O	C	C	S	D/O	S	D/O	D/O	D/O	D/O	연차(6)	연차(7)	S	C	연차(8)	S	E	C			0.0
6 김○○		C	C	대휴(0)	D/O	C	C	C	D/O	D/O	C	C	C	E	C	C	D/O	S	D/O	C	C	S	연차(7)	연차(8)	연차(9)	C	C								0.0
7 장○○		D/O	S	C	D/O	S	D/O	D/O	C	C	D/O	D/O	S	C	E	C	C	D/O	D/O	S	C	훈련	C	C	D/O	C	C	C	C	D/O	S				0.0
8 김○○		C	C	C	대휴(0)	C	E	C	S	대휴(0)	C	D/O	C	D/O	C	C	C	C	C	S	C	D/O	C	C	S	D/O	D/O	C							0.0
9 임○○		대휴(0)	연차(9)	연차(10)	D/O	C	C	C	C	E	C	C	C	E	E	D/O	D/O	C	E	D/O	C	E	C	C	C	D/O									0.0
10 강○○		A	A	B	D/O	D/O	연차(7)	연차(8)	연차(9)	A	B	D/O	A	A	A	A	A	B	D/O	A	A	A	A	D/O	D/O	A	참/O	D/O	A	A	연차				0.0
11 전○○		E	D/O	E	D/O	A	A	A	A	E	D/O	E	E	D/O	연차(7)	연차(8)	연차(9)	E	E	E	E	A	B	D/O	E	A	A	D/O	D/O	E					0.0
12 이○○		D/O	F	F	D/O	F	F	F	D/O	D/O	F	F	D/O	F	F	F	F	F	연차(12)	연차(13)	F	연차(14)	F	F	F	F	F	F							0.0
13 이○○		F	F	F	D/O	D/O	D/O	F	F	D/O	D/O	F	F	D/O	D/O	F	F	F	연차(12)	F	F	F	연차(13)	연차(14)	F										0.0
14 임○○		F	D/O	D/O	D/O	F	F	F	F	D/O	D/O	F	F	F	F	연차(11)	연차(12)	F	F	D/O	D/O	연차(13)	F	F	연차(13)										0.0
총합																																	0		0.0

4) 교육 · 훈련

채용 시점에서 직원의 직무능력은 완벽할 수 없기 때문에 반드시 교육·훈련이 필요하다. **교육(education)**은 잠재능력을 이끌어내는 정신적인 의미가 강조되며, **훈련(training)**은 육체적·기술적 연습으로 실용적 지식을 부여하는 것이다. 이처럼 교육과 훈련이 각기 다른 의미를 지니고 있지만 결국 직원의 교육·훈련은 능력 개발이라는 관점으로 집약시킬 수 있다.

교육·훈련의 목적은 지식, 기능, 태도를 향상시켜 직원이 각자 직무에 만족을 느끼게 하며, 직무 수행능력을 향상시켜 보다 중요한 직무를 수행할 수 있도록 하는 것으로 이를 통해 기업을 유지하고 발전시킬 수 있다. 체계적인 교육·훈련은 생산성 향상, 원가 절감, 그리고 조직의 안정성과 유연성 향상에 기여하는 필수적인 활동이다.

(1) 교육 · 훈련계획

교육·훈련을 실행하기 위해서는 먼저 대상자가 신입사원인지 또는 관리자인지를 파악한다. 그다음에는 교육·훈련 내용에 대한 계획을 수립하고 담당자를 선정하고 교육·훈련의 시기, 기간, 장소를 결정하고 누가, 무엇을, 언제, 어디서, 누구에게, 어떻게 가르칠 것인가에 대한 예정표를 치밀하게 작성한다.

(2) 교육 · 훈련의 종류

교육·훈련은 대상에 따라 신입사원 교육·훈련, 직원 교육·훈련, 경영자 교육·훈련으로 나누어진다. 장소에 따라서는 현장 교육·훈련, 현장 외 교육·훈련, 자기 업무 개발 방식, 사외 교육과 훈련 등으로 구분된다.

대상에 따른 분류

- **신입사원 교육·훈련**: 처음 입사한 종업원을 대상으로 하는 기초직무훈련과 실무훈련으로 구성된다. 기초직무훈련은 오리엔테이션(orientation)이라고도 불리며 수습기간이나 채용 직후에 일정 기간 실시된다. 오리엔테이션은 조

직의 전반적인 정책, 규제, 목적 등을 설명하고 직무에 관한 요건, 근무 태도 등을 훈련시키는 것으로 회사에 대한 제반 사항을 이해시키고 조직의 기구 및 동료를 소개하여 새로운 조직 구성원이 조직에 보다 빨리 적응할 수 있도록 도와준다. 이 기간은 신입들에게 회사에 대한 좋은 인상이나 친밀감, 애사심 등을 심어주는 계기가 되며 수습시간, 비용, 불안감, 이직률 감소와 작업에 대한 성과 증대 등의 효과가 있다. 기초직무훈련이 마무리된 후에는 담당 직무를 중심으로 실제 직무 수행에 대한 교육·훈련인 실무훈련을 실행한다.

- **현직자 교육·훈련**: 현직 종업원이나 관리자를 대상으로 하는 직장 내 또는 직장 외 교육·훈련이다. 관리자들의 경우에는 계층에 따라 필요한 자질을 갖추도록 훈련한다. 상위 경영자층의 경우에는 의사결정능력이나 리더십 개발이 주안점이 되는 반면, 일선 감독자층의 경우에는 현장에서의 감독 능력을 함양하게 된다.

장소에 따른 분류

- **현장 교육·훈련**: 현장 교육·훈련(OJT: on the job training)은 현장 실습이라고도 하며, 사내 교육과 훈련활동의 내용을 포함한다. 업무를 직접 수행하면서 상사나 선배 및 동료로부터 업무에 대한 지식과 기능, 태도, 분위기, 관리방식 등을 전수받는 방식이다. 보통 OJT 교육과 훈련활동 프로그램은 대학에서 현장 실습을 나온 실습생을 위주로 하는 경우가 대부분이며, 신입사원에게도 시행한다.

  외식업체에서 시행하고 있는 OJT 교육은 현장에서 직접 이루어지기 때문에 업무에 직접적인 도움이 되며, 시설과 장비 관련 안전사고에 대한 교육을 동시에 실시할 수 있고, 많은 인원의 교육과 훈련을 동시에 실시할 수 있어 비용이 적게 든다는 장점이 있다.

- **현장 외 교육·훈련**: 현장 외 교육·훈련(Off-JT: off the job training)을 시행하는 방식으로 집합 교육이라고도 한다. Off-JT는 현장 업무를 떠나 별도의 시간에 교육 전문가가 광범위한 교육 내용과 훈련활동을 체계적인 계획 하에 많은 인원을 대상으로 집합적으로 교육하는 것이다. 이러한 방식은 많은 인

1979년 10월 국내 최초 햄버거체인점을 오픈하면서 외식프랜차이즈 사업을 시작한 롯데리아는 2017년 7월 롯데GRS로 사명을 변경하였다. 롯데GRS는 롯데리아를 비롯하여 엔제리너스, TGI프라이데이스, 크리스피크림도넛, 빌라드샬롯, 더푸드하우스 등 다양한 외식브랜드를 운영하고 있다. 롯데리아 인재개발센터는 글로벌 경쟁력을 갖춘 인재를 양성을 목표로 '롯데GRS 외식경영대학'으로 새롭게 출범하였다. 외식경영대학에는 실제 매장 영업장과 동일한 구조로 브랜드별 파일럿샵 13

개실을 구축하고 강의실, 전산실에 기숙사까지 마련하고, 각 가맹점 직책 역할에 따른 직무 교육과정을 통한 현장중심 교육프로그램을 운영하고 있다. 커피 교육 프로그램 운영을 위해 SCA(Specialty Coffee Association) 규정에 따른 국제공인 커피 전문가 교육시설을 마련하여 가맹점 및 임직원 외에 일반인 대상으로 한 교육까지도 제공하고 있다.

STEP 01	STEP 02	STEP 03	STEP 04	SPTE 05
신입사원	부점장	점장	SV	총괄이상
· 입문 교육 · 점포 관리자 양성 과정	· 부점장 직무 교육	· 점장 직무 교육	· SV 후보군 교육 · SV 직무 교육 · 리더십 교육	· 심화직무교육 · OP교육

| LOTTE GRS 사업부별 교육

구분	교육명	대상자	사업부				
			LOTTERIA	Angel-in-us Coffee	Krispy Kreme	TGI FRIDAYS	villa de charlotte / THE FOOD HOUSE
신입사원 교육	관리자교육	신입사원	●	●	●	●	●
	Refresh과정	신입사원	●	●	●		
직무교육	직무교육	SV, 점장, 부점장 (직책별 과정 상이)	●	●	●	●	●
	SV 후보군교육	SV후보자	●	●			
	심화직무교육	지점장, 총괄, SV			●		
비정규직 교육	직무교육 외	비정규직 (AR 등)			●	●	●
가맹교육	점포관리자 양성과정	가맹점주 및 관리자	●	●	●		

자료: 롯데GRS 홈페이지; 식품외식경제(2017.6.10.). 재구성.

원을 집단 수용하여 예정된 프로그램에 의한 일률적인 교육을 하기 때문에 실용성이 떨어지는 경향이 있다. 따라서 Off-JT는 현장의 업무와는 직접적인 관련을 갖지 않고, 보편적이며 일반적인 내용에 대한 사고방식이나 직업관, 직업윤리에 대한 교육에 적합하다.

외식업체에서 시행하고 있는 Off-JT를 통해 조직 구성원은 외부 전문가로부터 전문적 지식과 기능 및 기술을 배울 수 있으며, 업체 입장에서는 공식적인 교육과 훈련의 기회를 제공받을 수 있다.

- **자기계발교육**: 자기계발교육(SD: Self Development)은 수동적이고 타율적인 교육과 훈련활동에 얽매이지 않으며, 스스로 업무에 대한 목적 달성의 기회에 부응하기 위하여 부족한 점을 개발하는 방식이다.

5) 승진

승진(promotion)은 조직 내에서 권한과 책임의 영역이 큰 상위 직무로 수직 이동하는 것이다. 이는 개인의 목표와 조직의 목표를 조화시키는 수단이자, 직원과의 가장 유효한 커뮤니케이션 수단으로 인사 정체 현상을 해결해준다.

합리적인 승진은 직원의 능률과 사기를 증진시키고 잠재적 직원에게 조직에 참여하고자 하는 동기를 부여하므로 적재적소, 업적, 인재의 육성, 동기 부여의 기회 제공 등의 기본 원칙에 따라 실행해야 한다.

승진의 기본 방향에는 연공주의와 능력주의가 있다. 연공주의는 재직한 근속연수에 비례하여 업무능력과 숙련도가 신장된다는 승진의 개념이다. 반면, 능력주의는 개인의 업무 수행능력을 근거로 하는 승진의 개념이다. 때로 조직은 이 2가지 요소를 각 조직의 실정에 알맞게 조화시킨 절충주의를 택하기도 한다.

모바일 교육 플랫폼, 커뮤니티의 역할을 하는 'PB 배움터'

㈜파리크라상은 SPC그룹 핵심계열사로 1988년 베이커리 브랜드인 파리바게뜨를 론칭한 이후 명실상부한 글로벌 기업으로 도약하였다. 이러한 성장에는 파리크라상 인력개발 부서의 뒷받침이 있었다. 'PB 배움터'는 직원, 가맹점주 및 스탭들만을 위한 모바일 교육 플랫폼이다. 모바일 앱을 통해 우수 점포 운영사례, 신규 정보 등을 공유하고 관련 웹툰 서비스를 제공하는 등 사내 커뮤니티 역할도 하고 있다. 웹 기반 e-러닝의 한계를 탈피하고 자발적 학습과 사내 학습자 상호 간 정보교류의 장을 통해 학습문화를 개선하였

다는 평가를 받아 한국 HRD협회가 주관하는 2018 대한민국 인적자원개발대상에서 교육솔루션 분야 대상을 수상하였다.

맞춤형 인재와 전문가 육성을 위한 'SPC 기업대학'

'기업대학'은 기업 재직자 및 채용예정자를 대상으로 고숙련 수준의 훈련 및 교육 후 사내 취업 연계를 위해 운영되는 프로그램이다. SPC 기업대학은 SPC형 맞춤 인재와 식품산업전문가 육성을 목표로 지난 2014년 설립되어 현재 베이커리, 외식조리, 바리스타 3개 학과를 운영 중이다. 총 360시간의 교육을 이수하며 SPC그룹에 대한 이해와 채용정보 및 직무 이론 교육과 함께 학과별로 각 브랜드에 관련된 직무기술 훈련이 진행된다. 기업대학은 현업에 대한 이해도를 높이고 근로자의 면학 욕구를 충족시켜주며 전문성 있는 인력을 충원할 수 있어 기업의 생산성을 향상시키는 효과를 거두고 있다.

카페 재창업, 바리스타 채용기회를 제공하는 '스타벅스 리스타트 지원 프로그램'

㈜스타벅스커피코리아는 학력, 나이, 성별 등에 차별 없는 열린 채용을 진행하는 것으로 유명하다. 2020년 5월에는 중소벤처기업부와 협약을 맺고 소상공인 재취업, 업종전환, 재창업 지원을 위한 바리스타 교육프로그램을 운영하였다. 스타벅스 교육장에서 16시간의 이론과 실습교육으로 커피의 최신 트렌드와 지식, 효과적인 고객 서비스, 음료품질, 위생관리, 매장 손익관리 등의 교육이 이루어졌고 교육 후에도 지속적인 멘토링 등을 통해 실제 창업 시 이들이 안정적인 매장 운영 및 우수한 품질을 유지할 수 있도록 지원한다. 수료생들은 스타벅스 바리스타로 채용되어 매장에서 음료제조, 매장운영 및 관리 업무를 진행하고 스타벅스 파트너들과 동일한 조건으로 근무함으로써 민관협력을 통한 소상공인 교육 프로그램의 모델이 되고 있다.

자료: SPC 홈페이지; SPC매거진(2018. 07. 26.); 식품외식경제(2020. 11. 30.). 재구성.

6) 인사고과

인사고과(performance appraisal)는 직원의 잠재적 유용성을 조직적으로 평가하는 제도이다. 이는 직원의 가치를 객관적으로 정확히 측정하여 합리적인 인사관리의 기초를 부여함과 동시에 직원의 노동 능률을 형성하는 목적으로 승진, 전환 배치, 급여, 해직, 채용 및 복직 등에 사용된다.

인사고과의 절차는 인사고과의 목적에 따라 달라질 수 있으나 일반적으로 다음과 같은 단계로 진행된다(그림 7-5). 최근에는 전방위평가라고도 불리는 360도 다면평가를 실시하는 기업이 늘어나고 있다. 이는 직속 상사의 한 방향 평가가 아닌 부하, 동료, 타 부문 담당자, 나아가서는 거래처나 고객에 의한 평가 등 다방면으로 평가하는 제도이다. 경쟁력 있는 외식기업을 만들기 위해 성과주의의 도입과 정착이 추진되고 있으며 평가의 공평성이나 객관성을 높이기 위해 적용되고 있다.

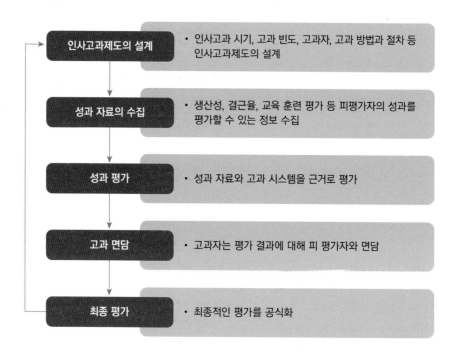

그림 7-5
인사고과의 단계

3. 인적자원 보상

1) 직무평가

직무평가는 직무의 가치를 평가하는 것으로 직무담당자의 업무 수행평가를 평가하는 인사고과와는 근본적으로 다르다. 직무평가의 가장 큰 목적은 조직 내 임금구조를 보다 합리적으로 하는 것이며, 다음과 같은 용도로 사용된다(이학종, 2000).

- 조직 내 직무의 기본 임금과 공정한 임금 구조를 위한 기준을 마련한다.
- 새로운 직무나 변경된 직무에 적용할 수 있는 임금 책정 방법을 제공한다.
- 조직 구성원이나 노동조합에게 단체교섭에 필요한 임금 결정을 위한 자료를 제공한다.

임금의 기준을 직무의 상대적 중요성에 따라 다르게 정하는 직무급 제도를 도입할 때는 반드시 직무평가를 선행해야 한다. 직무마다 지식, 기술, 책임, 작업조건 등이 다르므로 이를 반영한 직무 간의 임금 격차를 결정하는 것이 관건이기 때문이다.

직무평가에서는 직무의 중요도와 공헌도를 어떻게, 무엇을 기준으로 평가할 것인지 결정하는 것이 핵심이다. 직무평가에 사용되는 기준을 평가 요소라 하며 가장 널리 사용되고 있는 4가지 평가 요소를 살펴보면 다음과 같다.

- **기술**(skill): 지적 기술과 신체 사용 기술
- **노력**(effort): 정신적 노력과 육체적 노력
- **책임**(responsibility): 대인적 책임과 대물적 책임
- **작업조건**(working condition): 위험도와 불쾌도

2) 보상관리

(1) 보상체계의 구성

보상(compensation)은 개인이 조직에 제공한 노동에 대한 대가로 지불되는 금전적 혹은 비금전적 대가를 의미한다. 일반적으로 보상이라 함은 금전적인 대가로 주어지는 **경제적 보상**으로 기본급, 부가급, 상여금 등의 **임금**(wage, **직접적 보상**)과 의료지원, 연금보조 등의 **복리후생**(fringe benefit, **간접적 보상**)이 있다. **비경제적 보상**에는 직무와 관련된 교육 훈련 기회 및 승진 기회 제공, 쾌적한 직무환경 제공, 탄력근무시간제 운영 등이 있다.

다양한 유형의 보상 중에서도 임금이 차지하는 비중이 제일 크기 때문에 전통적으로 보상관리는 직접적 보상인 임금관리에 초점을 두고 있다. 그러나 최근에는 임금관리뿐만 아니라 간접적 보상인 복리후생관리의 중요성이 강조되고 있으며, 총보상제도의 개념에 의해 비경제적 보상에 대한 관심도 커지고 있다.

(2) 임금관리

기본급

기본급은 임금의 구성 항목 중 가장 중요한 부분으로 기준 임금으로 분류되어 상여금과 퇴직금의 산정기준이 된다. 임금 지급과 관련된 근로시간의 기준이나 이에 따른 제반 사항은 근로기준법에 근거하여 노사협약으로 정하게 되어 있다. 기본급 결정은 어떠한 기준을 사용하느냐에 따라 다음과 같이 분류될 수 있으며, 외식기업마다 적합한 급여제도를 채택하여 시행하고 있다(그림 7-6).

- 연공급은 근속연수에 비례하여 임금을 산정·지급하는 방법으로 직무를 맡은 사람의 근무연한에 따라 임금의 차이가 결정된다.
- 직무급은 동일 노동에 동일 임금이라는 원칙에 따르는 임금 지급 방법으로 하는 일의 난이도에 따라 임금의 차이가 결정된다.
- 직능급은 직무에 공헌할 수 있는 능력을 기초로 임금을 책정·지급하는 방

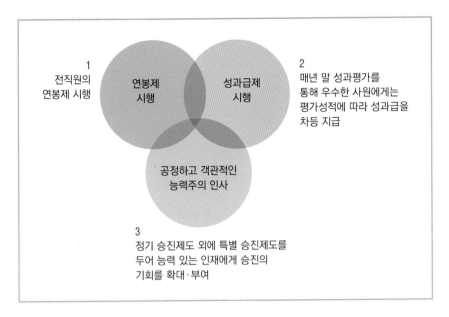

그림 7-6
외식기업 인사급여제도
자료: 놀부NBG 홈페이지.

법으로 일을 맡은 사람의 능력에 따라 임금의 차이가 결정된다.

- 성과급은 종업원의 성과에 따라 임금을 지급하는 방법으로 업적에 따라 임금의 차이가 결정된다.

부가급

부가급은 기본적 임금에 부수적으로 이를 보충하는 형식으로 지급된다. 우리나라의 기본급 체계는 대부분 연공급 성격이 강하고 직무의 특성과 개인의 능력을 반영하는 제도적 장치가 미흡하여 이를 보완하기 위해 각종 수당에 해당하는 부가급을 지급하고 있다.

부가급에는 정상근무 시 지급되는 기준연금에 해당되는 정상근무수당(직무수당, 안전수당, 근속수당, 교통수당 등)과, 연장근로나 휴일근로 시 지급되는 기준 외 임금에 해당되는 특별근무수당(연장근로수당, 야간근로수당, 휴일근로수당 등)이 있다.

상여금과 퇴직금

상여금은 보너스, 인센티브(incentive) 등으로 불리며 구성원에게 기본급과 수당

이외에 부정기적으로 지급되는 임금이다. 직무가 초과 달성된 경우나 근로의욕을 북돋고자 할 경우에 사용되고 있다.

퇴직금은 일정 기간 이상 근무한 후 퇴직하는 사람들에게 지불하는 부가금이다. 퇴직금의 경우 '근로자퇴직급여보장법' 제2장 제8조에 계속 근로 기간 1년에 대하여 30일분 이상의 평균 임금을 퇴직금으로 지급하도록 명시되어 있다.

(3) 복리후생

효과적인 보상관리의 마지막 요건은 종업원에게 균형 있는 보상을 제공하는 것이다. 종업원의 경제적인 안정을 위해서는 금전적인 임금 지불은 물론 인간적인 대우가 필요한데, 이를 통틀어 **복리후생**이라고 한다.

복리후생은 크게 법률에 의해 기업이 의무적으로 종업원과 그 가족에게 제공해야 하는 법정복리후생(legally required benefits)과 기업이 자발적으로, 혹은 노동조합과의 협의하에 제공하는 비법정복리후생(volunatary benefits)으로 구분된다.

법정 복리후생

1인 이상 사업장에서 사업주와 근로자는 관계법령에 따라 고용보험, 산재보험, 국민연금, 건강보험의 4대 보험에 의무적으로 가입하여야 한다(표 7-2). 4대 보험 의무가입자에 대한 신고기한은 근로자를 고용한 날로부터 14일 이내(산재보험, 건강보험), 사유가 발생한 날이 속하는 달의 다음달 15일까지(고용보험, 국민연금)이다.

4대 보험료는 사업주와 근로자 급여의 일정 비율(보험 요율)에 따라 정해지며, 납부금액 중 50%는 사업주가 50%는 근로자가 부담하여 급여에서 공제한다. 산재보험은 근로자 유형과 관계없이 모든 근로자가 의무적으로 가입하여야 하며 고용보험, 국민연금, 건강보험 또한 소정 근로시간 이상 근무하는 근로자들은 의무적으로 가입하도록 하고 있다.

- **고용보험**: 근로자의 직업 안정 및 고용구조 개선을 위한 고용안정 및 직능개발, 실직 근로자에게 실업급여 지급, 적극적인 취업알선을 통한 재취업 촉진
- **산재보험**: 직장에서의 업무수행과 관련하여 발생한 부상, 질병, 사망 등 재해에 대한 경제적 보상
- **국민연금**: 국민의 노령, 폐질, 사망과 같은 노동력 사용가치 상실에 대비
- **건강보험**: 질병, 부상, 분만, 사망에 대한 보험 급여를 실시하여 국민보건을 향상시키고 사회보장 증진 도모

표 7-2 4대 보험 의무가입 관련 신고대상 및 적용기준

구분	고용보험	산재보험	국민연금	건강보험 (장기요양 포함)
신고 대상	• 소정근로시간 월 60시간(주 소정 근로시간15시간) 이상자(60시간 미만자도 3개월 이상 근로를 제공하면 가입 필수) • 모든 일용직 근로자 : 일용 근로내용확인 신고대상	• 모든 근로자	• 월 8일 이상 또는 월 60시간 이상 근로시에 가입 적용	• 1개월 동안의 소정근로시간이 60시간 이상
적용 범위	• 65세 미만 근로자 (65세 이상 근로자도 가입 신고는 해야 함. 고용안정/직능개발 적용)	• 모든 근로자	• 18세 이상 60세 미만 근로자	• 고용기간 1개월 이상자
신고 기한	• 사유가 발생한 날이 속하는 달의 다음달 15일까지	• 모든 근로자 근로자를 고용한 날부터 14일 이내	• 사유가 발생한 날이 속하는 달의 다음달 15일까지	• 근로자를 고용한 날로부터 14일 이내
벌칙	1. 직권가입조치 2. 3년간의 소급 보험료와 가산금 및 연체금/300만원 이하 과태료(고용/산재보험) 3. 연체금 및 압류처분/500만원 이하의 과태료(국민건강) 4. 1천만원 이하의 벌금/500만원 이하의 과태료(국민연금)			
관리 방안	• 고용, 국민건강, 국민연금의 적용 제외자 외에 모두 가입 원칙 　매달 14일까지 입 · 퇴사자 신고 및 일용근로내역확인 신고는 필수 • 4대 보험관리가 점점 강화되고 있어 기한 내 신고 및 합리적인 관리로 과태료 부과 미연방지 • 국세청 인건비 신고내역과 4대 보험 인건비는 일치되도록 철저히 관리하여야 함			

자료: 고용노동부; 한국프랜차이즈산업협회(2018).

최저임금제는 국가가 노·사간의 임금결정과정에 개입하여 임금의 최저수준을 정하고, 사용자에게 이 수준 이상의 임금을 지급하도록 법으로 강제함으로써 저임금 근로자를 보호하는 제도이다. 근로자에 대해 임금의 최저 수준을 보장해 근로자의 생활 안정과 노동력의 질적 향상을 가져와 국민경제의 건전한 발전에 이바지하게 함을 목적으로 한다. 최저임금위원회는 최저임금법에 따라 설치된 고용노동부 소속기관으로 매년 8월 위원회 심의를 거쳐 다음 연도의 최저임금를 고시하고 있다.

최저임금은 2018년과 2019년 2년간 29%까지 상승하였으며, 2020년은 전년 대비 2.87% 상승한 8,590원, 2021년은 1.5% 상승한 8,720원으로 고시되었다. 2020년 최저임금 심의과정에서 코로나19로 소상공인, 자영업자들이 심각한 경영난과 폐업 위기에 내몰리면서 최저임금 인상보다 고용 유지가 더 시급하다는 인식에 따라 인상률이 역대 최저 수준이었다. 최저임금을 월급으로 환산할 경우 1주 소정근로 40시간 근무 시(유급 주휴 포함, 월 209시간 기준) 182만 2,480원이며 업종별 구분 없이 모든 사업장에 동일한 최저임금이 적용된다.

식품외식업계는 최저임금 상승으로 인한 타격이 큰 업종이다. 불황이 장기화되면서 인건비 비중이 높은 사업 특성상 최저임금 인상은 곧바로 경영난으로 이어지게 된다. 사회적 거리두기로 인해 방문 외식이 위축되고 외식수요가 감소하면서 수익성이 악화된 외식기업들이 점포 폐점, 고강도 구조조정 등 자구책을 마련하고 있다.

자료: 최저임금위원회 홈페이지; 식품외식경제(2020. 7. 14.). 재구성.

근로기준법은 근로자를 고용하는 사업주가 준수하여야 할 임금, 근로시간, 휴가 등 근로조건의 기준을 정한 법령이다. 근로기준법에서 규정하는 근로계약, 최저임금 적용, 퇴직금, 근로시간, 휴가, 휴일, 재해보상 등에 관한 조항들은 일용직(아르바이트), 기간제, 단시간, 계약직 근로자 등 임금을 목적으로 근로하는 모든 근로자에게 적용(동거의 친족만을 사용하는 사업장, 가사 사용인은 제외)되므로 외식업 경영주들은 근로기준법을 숙지할 필요가 있다.

근로기준법은 상시 근로자 5인 이상을 고용하는 모든 사업 또는 사업장에 대하여 적용된다. 다만, 퇴식금제도는 사업장 규모와 관계없이 모든 사업장에 적용되며, 상시근로자 4인 이하 사업장에 대하여는 일부규정이 적용되고 연장·야간·휴일 근로에 대한 50% 가산은 발생되지 않는다.

1. 근로계약

• 사업주는 근로자 채용 시 임금, 근로시간 기타 근로조건에 관한 근로계약을 체결하여야 한다.

- 근로계약서에는 4가지 근로조건(임금, 소정근로시간, 휴일, 연차유급휴가) 및 취업의 장소와 업무 등이 반드시 기재되어야 하며, 서면 혹은 전자 근로계약을 체결하여야 한다(위반 시 500만 원 이하 벌금 부과, 근로계약서, 근로자명부, 임금대장, 근로계약 중요서류는 사업장에 비치하고 3년간 보관 의무).
- 근로계약 기간은 기간을 정하지 않거나 2년 이내의 기간을 정하여 체결할 수 있되(계약직) 2년을 초과하는 경우에는 무기계약자로 전환된다. 근로계약 체결 시 노동관계법령에 규정되는 근로조건 이하로 체결하는 것은 효력이 없다.

2. 임금 및 최저임금
- 사업주는 매월 1회 이상 일정한 날짜를 정하여 근로자에게 임금 전액을 지급해야 한다(위반 시 3년 이하 징역 또는 3천만원 이하 벌금).
- 사업주는 근로자에 대하여 최저임금 이하로 급여를 지급할 수 없으며, 최저임금에 미달하는 근로계약은 무효가 되고 부족하게 지급된 임금은 추가로 지급하여야 한다(위반 시 3천만 원 이하 징역 또는 2천만 원 이하 벌금). 최저임금은 매년 최저임금법에서 고시하며, 수습기간(수습한 날로부터 3개월 이내) 동안에는 최저임금의 90% 적용이 가능하다.
- 최저임금에는 매월 소정 근로시간에 대하여 정기적으로 지급되는 통상임금이며, 2019년 최저임금법 개정에 따라 최저임금에 산입되는 임금의 범위에 정기상여금, 현금성 복리후생비의 일부가 추가되었다.

3. 퇴직금
- 상시 종업원 1인 이상을 고용하는 사업주는 1년 이상 근무자(1주 평균 15시간 이상 근무) 퇴직 시 퇴직연금 또는 퇴직금을 지급하는 제도를 설정하여야 한다.
- 퇴직금 계산 방식은 근무연수 1년에 대하여 30일분(1개월분) 평균임금이고, 1년 미만 근무자에 대하여는 지급의무가 없다.
- 퇴직금은 최종 퇴직 시 지급(퇴직일로부터 14일 이내)하는 것이 원칙이나 주택 구입, 의료비 등 긴급한 일시금 수요의 사유가 있는 경우에 한하여 근로자 요청이 있을 시 근로 기간에 대한 퇴직금을 중간 정산할 수 있다.

4. 근로시간, 휴게시간, 주 휴일 및 연차 유급휴가
- 근로기준법상 근로시간은 1일 8시간, 1주 40시간을 초과할 수 없다. 1주 40시간을 초과하여 일을 하는 경우 근로자와 반드시 합의하여야 하며, 이 경우에도 주 52시간을 초과할 수 없다(5인 미만 사업장은 해당 없음). 주 52시간 근로시간제는 2018년 7월부터 300인 이상 사업장, 2020년 1월부터 50~299인 사업장, 2021년 7월부터 5~49인 사업장으로 점차 확대 도입되었으며, 2022년 말까지는 근로자 대표 서면 협의에 의해 주 52시간에 추가로 8시간 특별연장근로가 가능하며 주 60시간까지 근로시간을 정할 수 있다.
- 법정근로시간을 초과할 경우 연장근무수당, 야간(22시~익일 06시)에 근무할 경우 야간근무수당, 휴일(약정)에 근무할 경우 휴일근무 수당을 통상임금의 50%를 가산하여 각각 지급하여야 한다. 만일 휴일에 8시간 초과 시에는 통상임금의 100%를 가산하여 지급하여야 한다.
- 단, 음식점의 경우 업종의 특수성으로 인하여 하루 8시간이 넘는 근무시간 또는 밤 10시 이후 근무 또는 휴일에 근무하는 경우가 많은데, 이때 근로계약 체결 시 업종의 특성에 따라 통상적으로 발생하는 연장·야간·휴일근무에 대한 법정 제수당을 월

근 로 계 약 서

사업주	성 명		사업의 종류	
	사업체명			
	소 재 지			
근로자	성 명		주민등록번호	
	주 소			

상기 근로자(乙)은 사용자(甲)와 근로계약을 체결함에 있어서 음식사업장의 특성을 고려하여 아래와 같은 내용의 포괄임금 근로계약을 체결함.

1. 담당업무: _____

2. 금 여: _____ 원/월금
   ① 본 급여에는 직무특성상 제3조에서 정한 근무조건에 의거 필연적으로 발생되는 연장근무, 야간근무, 휴일근무등 초과근무에 대한 법정제수당이 모두 포함되어 책정된 금액임을 확인하며, 포괄 임금에 대한 근로시간의 구성항목은 다음과 같다.
   ② 급여지급은 매월1일부터 말일까지 계산하여 매월 _____ 일에 현금 또는 지정 은행계좌로 지급한다.

총급여 환산시간	기본금	연장근무수당	야간근무수당	휴일근무수당
시간(월)	시간(월)	시간(월)	시간(월)	시간(월)

(작성요령) 임금에 대한 근로시간 구성항목은 법정근무시간(주40시간, 주1회유급휴일)에 대한 임금을 기본급으로 표기하고, 당해 음식점의 영업시간을 감안하여 연장근무시간, 야간근무시간, 휴일근무시간을 월간시간으로 환산하여 표기함.
※예시: 근무시간이 10시~23시(휴게시간3시간)이며 휴1회(일요일) 휴무하는 음식점일 경우는,
기본급=209시간[계산식= (40+8)×4.35주], 연장근무수당 131시간[계산식=(20×1.5)×4.35주]
야간근무수당 13시간[계산식=(6×0.5)×4.35주],
휴일근무수당17시간[계산식=(10×1.5)+(2×0.5)+ (1×0.5)]※휴일·연장·야간근무가 겹침점에 주의
(※참고: 1월 = 4.35주)

3. 주요근로조건
   근무시간 : _____ 시부터 _____ 시까지
   휴게시간 : _____ (_____ 분)
   휴 일: 매월 _____ 회(휴무일자는 협의하에 별도로 정함)
   휴 가: 근로기준법에 의함

(작성요령) 근무시간은 실제 출근 및 퇴근시간을 표기하고, 휴게시간은 음식점의 특성에 따라 한가한 시간을 지정하여 60분이상을 부여하며, 휴일은 주회 특정일을 부여하는 것이 원칙이나 반드시 일요일일 필요성은 없음. 근로기준법상 휴가는 연차휴가, 생리휴가등이 있는데 상시종업원 5인미만인 사업장은 의무사항이 아니며, 5인이상 사업장의 경우는 1년이상 근속한 자에게 년15일의 년차유급휴가를 부여하여야 하고, 여성근로자의 청구가 있는 경우에는 월1일의 생리휴가(무급)를 부여하여야 함.

4. 수습근로계약: ① 계약체결일로부터 _____ 개월간은 근무 적합성 등을 판단하는 수습근로계약(有期契約)으로
   ② 수습근로계약 기간 내 또는 기간만료시 사용자(甲)와 근로자(乙)는 자유롭게 계약해지를 통보할 수 있다.
   ③ 수습근로계약 기간을 당사자의 명시적 또는 묵시적 이견없이 경과한 경우에는 별도의 계약체결이 없더라도 기간의 정함이 없는 근로계약(無期契約)을 갱신 체결한 것으로 간주한다.
(작성요령) 음식점의 경우에는 종업원에 대하여 요리기능,근무태도 등 일정기간 근무를 통하여 적합성을 판단해야 하는 필요성이 있으므로 수습계약기간(통상 1~3개월)을 두는 것이 바람직함.

5. 급여조정: 본 계약 이후 급여의 조정은 업무 능력 및 근무의 성실성 등을 고려하여 쌍방이 협의하에 적절하여 조정한다.

6. 휴일 및 야간근로동의: 사업장의 영업의 특성상 휴일 및 야간근무가 이루어질 수 있음을 인지하고 이에 동의하며 본 계약으로 동의서에 갈음한다.

7. 퇴직절차: 근로자(乙)가 개인사유로 퇴직할 경우에는 적어도 30일전에 통보하고 후임자에 대한 인수인계 및 물품반납등 퇴직절차를 완료하여야 하고, 이를 태만하여 사용자에게 손해를 입힌 경우에는 그 손해를 배상하여야 한다.

8. 해고사유 및 절차:
   ① 근로자(乙)가 다음 각호의 사유가 있을 경우에는 해고할 수 있다
   가.잦은 결근/지각/조퇴 등 근태가 불량으로 3회이상 지적을 받은 경우
   (단, 연락두절 상태로 3일이상 무단결근의 경우에는 당연퇴직으로 간주한다)
   나.고객으로부터 친절,음식,맛,청결등 문제로 3회이상 항의를 받은 경우
   다.업무외적 질병 또는 부상의 일신상사유로 7일이상 직무수행이 불가능할 경우
   라.기타 사회통념상 고용관계지속에 불가능하여 귀책사유를 유발한 경우
   ② 사용자(甲)는 근로자(乙)를 해고할 경우에는 서면,우편,문자,이메일 또는 구두상의 방법으로 30일전에 예고를 하여야 한다

9. 본 계약 또는 고용관계와 관련한 다툼이 있는 경우에는 사업장소재지 관할 노동지청 또는 관할 법원으로 한다.

10. 본 계약에서 명시하지 않은 사항은 관계법령 및 노동관행에 의한다.

년 월 일
사용자: 사업장명:
대 표 자: (인)
근로자: 성 명: (인)

급(또는 일급)에 포함한다는 취지의 내용을 명확히 하면 별도로 연장·야간·휴일근무에 대한 수당을 지급하지 않아도 된다.

- 사업주는 근로시간이 4시간인 경우는 30분 이상, 8시간인 경우에는 1시간 이상의 휴게시간을 근무시간 중에 주어야 한다. 근로시간에는 업무 시작 전 준비시간(작업도구 준비, 작업지시, 회의 등), 업무 종료 후 정리시간(청소, 판매대금 정산, 물품 정리 등), 고객을 기다리는 대기 시간(식당, 의류판매, 병원 등)과 같이 사업주의 지휘, 감독 아래에 있는 경우가 모두 포함된다.
- 주휴일은 15시간 이상 근무하는 근로자가 1주일 동안 개근한 경우 사업주는 주 1회 이상의 유급휴일(주 휴일)을 부여하여야 한다. 이때 유급으로 지급하는 수당을 주휴수당이라고 하며, 주휴수당은 1주 40시간 근무하는 경우 1일 8시간에 해당하는 임금을 지급하고, 단시간 근로자는 근로시간에 비례하여 지급한다(위반 시 2년 이하 징역 또는 2천만 원 이하 벌금).
- 1년 이상 근무자에게 연 15일의 연차유급 휴가, 여성 근로자의 청구가 있으면 월 1일의 생리휴가(무급)를 지급하여야 한다.
- 연차유급휴가는 1년 이상 근무자에 대하여 1년간 80% 이상 출근한 경우 15일의 유급휴가를 부여하는 것이 원칙이나, 1년 미만 근무자나 1년간 80% 미만 출근자에 대해서는 개근한 월 수당 1일의 유급휴가를 부여해야 하고, 미사용 일수에 대하여는 연말에 연차수당을 지급하여야 한다.

외식기업	복리후생제도
(맥도날드 로고)	사회보험가입, 무료식사, 매니저로의 채용(우수 크루 내부절차를 통한 정규직 매니저로 채용 기회 제공), 교육 지원 프로그램, 수당지급 및 경조사, 건강검진 지원, 오픈도어제도(크루 미팅, 랩세션, 만족도 조사를 통한 직원의 의견 수렴), 산학협력프로그램(전 직원에게 학위취득, 자기개발 기회 제공)
CJ 푸드빌	보상·급여(4대 보험 적용, 야간, 심야, 휴일 수당 지급, 경조사비 지원, 장기 근속 보너스 지급), 생활·편의(건강검진, CJ푸드빌 브랜드 35% 할인, CGV관람권 지급-연6회, 항공권 할인), 교육(서비스, 위생교육, 스테이크마스터, 와인 소믈리에, 커피 마스터 등)
SPC	선택적 복리후생, 임직원 통합 할인(SPC그룹 모든 브랜드), PC-OFF제도(근무 시간 외 컴퓨터 사용 제한, 정시 출퇴근 문화 확립을 통한 워라밸 보장), 시차 출퇴근(유연출퇴근제, 자기개발 및 생활 편의), 경조사 지원, 건강검진 지원(배우자 포함), 자녀 학자금 지원, 휴가 및 휴양시설 지원
SUN AT FOOD	할인카드 제공, 성과급제도, 자녀 학자금 지원(경력 연수에 따라 차등), 사원 소개비 제도, 경조사 지원, 의료비 지원, 동호회 활동 지원, 장기근속 예우, 어학 지원비, 야간 교통비 지원
nolboo	장기 근속자에 대한 예우, 각종 경조금 지급, 차량 관련 비용 지원, 임직원 할인 제도(50%), 패밀리데이 시행(매월 셋째주 금요일 Family Day 시행), 직원 교육 지원, 동호회 활동 지원
(스타벅스 로고)	4대 보험 가입, 교육비 지원, 건강진단, 의료비 지원, 경조제도, 휴가제도, 콘도비 지원, 선택적 복리후생 제도, 파트너 시음용 원두 지급, 신세계그룹 임직원 할인 혜택, 동호회, 포상제도
LOTTE GRS	다양한 보험혜택, 인센티브 제도, 휴가, 콘도 운영, 서클활동 지원

비법정복리후생

- **경제적 복리후생**: 주택 대여·주택 소유를 위한 재정적 지원, 종업원과 가족의 교육비 지원, 급식, 구매 등 수비생활 보조, 퇴직금과 의료비 등 법정복리 이외의 추가 혜택 부여
- **보건 위생 복리후생**: 종업원 및 그 가족의 질병 치료 및 예방, 건강 유지 등 종업원의 건강한 생활을 보장하기 위한 제도나 시설을 제공
- **기타**: 문화, 체육, 여가 관련 복리후생, 휴가 및 실제 일하지 않은 날과 시간에 대한 보상

외식업계 인력 채용의 새로운 흐름, 실버 파워

최근에는 외식업계에서 일하는 노인을 쉽게 찾아볼 수 있다. '맥도날드'는 지난 2000년대 초반부터 시니어크루(senior crew)를 채용해왔는데 노년층 인력에 적합하도록 매장 시설과 원자재관리 및 유지를 담당하는 메인터넌스(maintenance) 직무를 개발하여 이들을 활용하고 있다. '롯데리아'는 10~20대 학생으로 이루어진 시간제 종업원의 근무시간 제한을 극복하기 위하여 오전 시간대에 자유롭게 근무가 가능한 실버직원을 채용하고 있다. 이들에게는 기기 작동이나 조리 파트의 직무보다는 플로어 업무 등 전반적인 매장 청결관리를 맡기고 있다. '버거킹'

은 60세 이상 고령자, 주부, 장애우 등 취업소외계층의 채용과 합리적 임금체계 개편 등의 노력으로 고용노동부 지정 '2014년 사회적 책임실천 우수기업'으로 선정되었다.

은퇴한 장년층의 재취업을 돕는 프로그램도 개발되고 있다. 'CJ푸드빌'은 2013년 고용노동부와 함께 'CJ푸드빌 상생아카데미'를 설립하였다. 베이비붐 세대(1955~1963)의 퇴직 이후 외식 창업을 준비하는 사람들을 위한 것으로 카페와 베이커리, 이탈리안 레스토랑 등 3개 교육과정으로 구성되어 있다.

자료: 국제뉴스(2015. 1. 9.); 국민일보(2015. 5. 21.); 동아일보(2015. 10. 22.). 재구성.

1. 국내 외식업의 실버인력 채용 확대 배경을 분석하고, 실버인력 채용의 긍정적 요소와 제한점을 생각해보자.
2. 자신이 외식기업 경영자라고 가정하고, 실버인력 채용에 대비하여 무엇을 준비해야 할지 논의해보자.
3. 국내외 외식업체의 실버인력 채용 사례를 조사하고 현황을 파악해보자.

연습 문제
REVIEW

1. 외식기업의 채용 홈페이지에 접속하여 직급의 종류, 주요 업무, 필요한 자질과 자격 요건을 조사해보자.
2. 외식기업의 인력 선발에서 내부 모집과 외부 모집의 장단점에 대해 서술해보자.
3. 외식기업의 인사 채용 절차와 각 기업의 인재상에 대해 알아보자.
4. 외식기업에서 실시 중인 교육·훈련 프로그램을 조사해보자.
5. 인사고과 시 주의해야 할 점을 설명해보자.
6. 기업이 의무적으로 종업원에게 제공해야 하는 법정복리후생 4가지를 설명해보자.
7. 외식사업경영 시 종업원의 이직률을 낮추기 위한 방안을 논의해보자.
8. 외식사업경영주가 알아야 할 근로기준법과 이를 위반한 사례를 조사해보자.

용어 정리
KEYWORD

인적자원관리 조직의 목표 달성에 필요한 인적자원을 확보·개발·보상·유지하여 조직 내 인적자원을 최대한 효과적으로 활용하는 관리활동

직무 다른 직무와 구별되는 주요한 일 또는 특징적인 일의 수행 측면에서 동일하다고 인식되는 직위들을 하나의 관리단위로 설정

직무기술서 과업의 내용, 의무와 책임, 직무 수행에서 사용되는 장비 및 직무 환경 등 개괄적인 정보를 제공하는 서식

직무명세서 특정 직무를 수행할 때 직무 담당자가 갖추어야 할 지식, 기술, 능력, 기타 신체적 특성과 인성 등의 인적 요건을 기록한 서식

직급 직무의 등급으로 일의 종류나 난이도, 책임 정도가 비슷한 직위를 한데 묶은 최하위의 구분

모집 수요 예측에 의해 결정된 인원을 기업의 적재적소에 배치하기 위해 인력을 선발하는 일련의 활동

선발 조직이 필요로 하는 직무에 가장 적합한 자질을 갖춘 인력을 채용하는 과정

배치 인력 선발 후 직무와 여건에 맞게 적절한 부서에 배속시키는 활동

현장 교육·훈련(OJT) 현장 실습이라고도 하며, 업무를 직접 수행하면서 상사나 선배 및 동료로부터 업무에 대한 지식과 기능, 태도, 분위기, 관리 방식 등을 전수받는 교육·훈련활동

현장 외 교육·훈련(Off-JT) 집합 교육이라고도 하며, 외부의 교육기관이나 연수기관에서 제공하는 각종 교육 훈련 프로그램에 참여하도록 하는 방법

승진 조직 내에서 권한과 책임의 영역이 큰 상위의 직무로 수직 이동하는 것

인사고과 조직에 대한 직원의 잠재적 유용성을 조직적으로 평가하는 제도

직무평가 조직 내 공정한 임금 구조를 위한 기준을 마련하기 위해 직무의 가치를 평가

보상 종업원이 제공한 노동에 대한 금전적 혹은 비금전적 대가

경제적 보상 금진직인 대가로 주어지는 보상으로 임금, 복리후생 등

비경제적 보상 교육 훈련 기회, 승진 기회, 쾌적한 직무환경 제공 등 비금전적인 보상

복리후생 법정복리후생(의료보험, 연금보험, 산재보험, 고용보험)과 비법정복리후생(경제적 복리후생, 보건위생 복리후생, 기타)으로 구분

참 고 문 헌
REFERENCE

고용노동부, 한국프랜차이즈산업협회(2018). 프랜차이즈 사업주가 쉽게 이해하는 주요노무관리 가이드북.

고진현(2009). 외식업체 관리자의 서번트 리더십이 종사자의 직무태도에 미치는 영향. 연세대학교 생활환경대학원 석사학위 논문.

노동부(2007). 직무분석 및 직무평가 가이드북. 노동부.

명미선(2000). 특급호텔 조리 식음료 종사원의 직무만족도 및 이직의사 견해 분석. 연세대학교 생활환경대학원 석사학위논문.

박기용(2009). 외식산업경영학(제3판). 대왕사.

박성수 외(2010). 디지로그시대의 인적자원관리(제2판). 박영사.

박혜정(2003). 외식업체의 교육 인적자원관리 체계가 서비스 종사원의 업무수행도와 고객만족에 미치는 영향. 연세대학교 생활환경대학원 석사학위 논문.

양일선, 차진아, 신서영, 박문경(2013). 제3판 급식경영학. 교문사.

윤기호(2013). 외식 교육훈련 프로그램과 교육만족·직무만족과의 관계. 경기대학교 외식조리관리학과 석사학위 논문

이승호(2014). 코칭 리더십이 조직 유효성에 미치는 영향: 부하의 감성지능의 매개효과를 중심으로. 연세대학교 생활환경대학원 석사학위 논문.

이학종, 양혁승(2010). 전략적 인적자원관리(제2판). 박영사.

장동운, 최병우(2011). 인적자원관리. 청람.

최미경(2005). 특급 호텔의 내부 브랜딩 수행 수준이 식음료·조리부서 조직 구성원의 브랜드·조직 동일시에 미치는 영향. 연세대학교 대학원 박사학위논문.최학수 외(2004). 외식사업경영론. 한올출판사.

최현주, 신서영, 양일선, 차진아(2007). 외식산업 전문인력의 역량 유형별 사용 빈도 및 중요도 인식 분석. 한국식생활문화학회지, 22(2): 201-209.

한경수, 채인숙, 김경환(2011). 개정판 외식경영학. 교문사.

한국HRD협회 편집부(2012). HRD 9월호. 한국HRD협회.

한국외식업중앙회(2015). 2015 위생교육교재. 한국외식업중앙회

황규대(2011). 전략적 인적자원관리(제2판). 박영사.

JR Walker(2008). The restaurant: from concept to operation. Wiley.

롯데GRS 홈페이지. www.lottegrs.com

놀부홈페이지. nolboo.co.kr

삼성경제연구소 홈페이지. seri.org

스타벅스코리아 홈페이지. starbucks.co.kr

씬앳푸느 홈페이지. sunatfood.com

CJ채용 홈페이지. recruit.cj.net

아웃백스테이크하우스 홈페이지. outback.co.kr

SPC그룹 홈페이지. spc.co.kr

월간식당 홈페이지. month.foodbank.co.kr

피자헛 홈페이지. pizzahut.co.kr

한국음식업중앙회. foodservice.or.kr

호텔앤레스토랑 홈페이지. hotelrestaurant.co.kr

CHAPTER 8

고객서비스

외식산업의 고객은 단순히 식음료의 구매만을 위해
레스토랑을 방문하지 않는다. 테이블을 예약하고 음
식을 주문하여 서비스와 분위기를 즐기는 등 즐겁고
추억이 되는 고객 경험에 핵심적인 역할을 하는 것이
바로 서비스이다. 서비스는 재화(goods)와 같은 하
나의 개체가 아니라 일련의 행위(activities) 또는 과
정(process)으로 전달된다. 서비스는 고객과 떨어져
서 생각할 수 없다. 따라서 서비스 실패에 대한 고객
반응을 제대로 이해하고 불만고객을 효과적으로 관
리함으로써 서비스 회복(service recovery)을 통해
고객만족을 이끌어내야 한다.

본 장에서는 외식서비스의 개념과 특성, 서비스관리
개념에 대해 알아보고 고객관리와 관련된 고객접점
관리, 고객만족과 불만족, 서비스 회복, 고객관리 전
략에 대해 살펴보고자 한다.

스타벅스는 고객이 자유롭게 아이디어를 내도록 한 홈페이지(http://ideas.starbucks.com) 운영을 통해 새로운 제안이나 아이디어, 기존 제품 개선 방안, 제품 반환 요청 등 고객들의 아이디어를 공모하고 있다. 또한 아이디어가 어떤 부문에 해당하는지 옵션을 선택하도록 함으로써, 제품 카테고리별 담당자에게 고객의 아이디어가 전달될 수 있도록 하고 있으며, 고객의 이메일로 아이디어에 대한 피드백을 제공하고 있다. 이와 같이 스타벅스는 고객과의 대화를 시도함으로써 좋은 성과를 거두고 있다.

What's your Starbucks idea?

Revolutionary or simple - we want to hear it.

☆

For customer service issues, please contact our support team here.

Submit your idea

Tell us who you are*

First name

Last name

Email address

Your idea is related to*

Select an Option ⌄

Is your idea*

◯ A new suggestion or idea

◯ An improvement to existing

◯ A request to bring back a product

◯ Other

Tell us about your idea*

Share your idea in 500 characters or less

What's your Starbucks idea?

🍌 ☆

Revolutionary or simple - we want to hear it. ☆

For customer service issues, please contact our support team here.

Submit your idea

Tell us who you are*

First name

Last name

Email address

Your idea is related to*

Select an Option ⌄

Select an Option
Coffee Drinks
Delivery
Espresso Drinks
Frappuccino® Beverages
Tea & Other Drinks
Food
Other Product Ideas
Merchandise
Starbucks Card
Starbucks® Rewards
Ordering, Payment, & Pick-Up
New Technology
Store Location or Atmosphere
Other Experience Ideas
Building Community
Social Responsibility
Other Involvement Ideas
Global Idea
Our Employees (Partners)

자료: 스타벅스 아이디어 홈페이지(http://ideas.starbucks.com) 재구성.

1. 서비스

1) 서비스의 개념

서비스(service)란 유형의 상품(goods) 이외의 생산이나 소비에 관련한 모든 경제활동을 일컫는다. 서비스의 정의는 서비스의 어떤 특징에 초점을 맞추었느냐에 따라 조금씩 다르다. 서비스에 대한 몇몇 정의를 살펴보면 다음과 같다.

- 미국마케팅협회(AMA)에서는 "서비스란 판매를 위하여 제공된 또는 제품의 판매와 관련된 활동, 편익, 만족"이라고 정의하였다.
- 코틀러(Kotler)는 "서비스란 한쪽 편이 상대편에게 제공하는 편익이나 활동으로, 무형적이며 소유권 이전이 수반되지 않는다. 서비스의 생산은 물질적인 상품과 연결될 수도 있고 그렇지 않을 수도 있다."고 정의하였다.

2) 서비스의 특성

서비스는 무형성, 비분리성(동시성), 이질성(비일관성), 저장불능성(소멸성)의 4가지 특성이 있다. 외식상품은 유형의 상품에 해당하는 음식과 이를 제공하는 데 관련된 서비스로 구성된다. 따라서 외식서비스의 특성을 이해하고 적절한 대응전략을 세워야 한다(그림 8-1).

(1) 무형성
서비스는 유형의 제품과는 달리 형태가 없는 **무형성**(intangibility)을 지닌다. 서비스는 소비자가 구매 전까지 만지거나 볼 수 없기 때문에 성능을 평가하며 그 가치를 파악하는 것이 어렵다.

서비스의 특성		대응 전략
무형성 intangibility	구매 전에는 볼 수도, 맛볼 수도, 들을 수도 없다.	실체적 단서를 제시하라.
비분리성(동시성) inseparability(simultaneity)	접객 종업원은 제품의 일부이다.	종업원의 선발과 교육에 전력하라.
이질성(비일관성) heterogeneity(inconsistency)	서비스 품질은 누가, 언제, 어디서, 어떻게 제공하느냐에 따라 달라진다.	서비스의 표준화 또는 개별화 전략을 도입하라.
저장불능성(소멸성) perishability	서비스는 저장할 수 없다.	수요와 공급 간의 조화를 이루어라.

그림 8-1
서비스의 특성 및 대응 전략
자료: Phillip Kotler(2013), 재구성.

서비스가 무형성의 특징을 가지기 때문에 고객들은 서비스를 제공받기 전에 앞으로 제공받을 서비스에 대해 불확실성을 느끼게 되어 구매를 주저하게 되기도 하고, 서비스에 관한 정보와 신뢰를 얻기 위한 유형의 증거를 찾으려고 노력한다.

서비스의 무형성 특성은 외식기업이 극복해야 할 주요 과제이다. 예를 들어, 레스토랑에 도착한 고객이 처음 대하게 되는 레스토랑의 외형이나 레스토랑 내

뉴욕의 셰이크 색(Shake Shack) 패스트푸드 레스토랑은 밖에서도 안이 훤히 보이는 윈도박스형(Window Box) 매장으로, 소비자가 직접 서비스를 경험하지 않고도 패스트푸드 레스토랑임을 인식할 수 있다.
유형적 단서를 제공함으로써 제공하는 제품과 서비스에 대한 소비자 기대감을 유발시키고 추구하는 무형적 이미지를 가시화한 사례이다.

서비스는 비분리성(동시성)을 가지므로 고객의 행동이 다른 고객에게 불쾌한 영향을 미치지 않도록 통제·관리해야 한다.

부 환경, 청결 상태 등은 그 레스토랑이 얼마나 잘 운영되고 있는지를 무언 중에 반증한다. 따라서 여러 가지 유형적 요소들이 무형적 서비스의 질에 대한 신호를 제공해주고 있다는 것을 인식해야 한다. 고객은 서비스를 받기 전에 그들이 받을 서비스에 대하여 모르기 때문에 서비스 마케터들은 유형적 증거를 제공해야 한다. 음식 모형, 유니폼, 직원의 용모 및 레스토랑의 물리적 환경 등은 외식서비스를 유형화하는 데 도움을 준다.

(2) 비분리성(동시성)

서비스는 제공자에 의해 만들어짐과 동시에 고객에 의해 소비되는데, 이를 생산과 소비의 **비분리성**(inseparability) 또는 **동시성**(simultaneity)이라고 한다.

고객이 음식을 주문하면 주방에서 음식이 생산되고, 생산된 음식은 즉시 고객에 의해 소비된다. 서비스의 경우에는 유형제품과 달리 소비 발생 시 서비스 제공자가 그 자리에 존재해야 한다. 서비스 제공자가 고객에게 어떠한 수준의 서비스를 제공하는가는 고객의 반복 구매에 영향을 미친다. 동일한 시간과 장소에 존재하는 다른 고객의 행동 또한 서비스의 질에 영향을 준다.

예를 들어, 연인들이 레스토랑에서 조용하고 로맨틱한 분위기를 즐기려고 하는데 큰소리로 떠드는 다른 고객을 만난다면 불쾌한 경험을 하게 될 것이다. 따라서 서비스 제공자는 고객의 행동이 다른 고객의 경험에 나쁜 영향을 미치지 않도록 석설히 통제하고 관리해야 한다.

(3) 이질성(비일관성)

서비스는 유형의 제품처럼 동질적이지 않아서 표준화하기 어렵다. 이를 서비스

의 **이질성**(heterogeneity) 혹은 **비일관성**
(inconsistency)이라고 한다. 같은 서비스
를 제공하더라도 서비스를 전달하는 사람
의 숙련도, 전문성, 시간, 장소에 따라 차
이가 생긴다. 서비스가 요구되는 상황 또
한 각기 다르기 때문에 질적 수준을 항상
동일하게 관리하는 데는 한계가 있다.

레스토랑 서비스 매뉴얼
자료: CreateSpace Independent
Publishing Platform: 1st edition
(February 16, 2014).

외식산업의 특성상 수요 변동의 폭이
큰 성수기에는 서비스의 품질을 유지하기
어려운 것도 서비스의 이질성 혹은 비일
관성 때문이다. 이러한 특징은 고객을 실망시키는 주요 원인이다. 따라서 회사
의 이미지와 의견을 묻는 고객만족조사를 하거나 종업원 교육을 실시하여 서비
스의 이질성을 극복하도록 해야 한다. 외식업체에서 서비스의 일관성을 창출할
수 있는 전략으로는 고용 및 훈련 진행 절차에 대한 투자, 조직 전체의 서비스
수행 절차 표준화, 고객만족감시 등이 방안이 있다.

(4) 저장불능성(소멸성)

제품은 대량으로 생산한 후 재고로 보관해두었다가 나중에 판매해도 품질에 큰
문제가 생기지 않는다. 하지만 서비스는 재고화하거나 저장할 수 없다. 이와 같
은 특성은 외식산업에서 매우 중요한 측면이다. 음식은 유형의 상품이지만 생산
후 바로 소비하지 않으면 가치가 손상되어 재고화할 수 없으므로 그 자체를 서
비스로 보는 것이 타당하다.

예를 들어, 뷔페에서 총 100인분의 음식 중 60인분만 판매되었다고 하자. 여
기서 남은 40인분은 저장해두었다가 다음날 새로 만든 음식과 같이 판매할 수
없다. 내일이 되면 오늘과 같은 품질을 유지할 수 없기 때문이다. 생산되었으나
판매되지 않은 40인분에 대한 수익은 영원히 소멸된다.

이러한 서비스의 **저장불능성** 때문에 과잉 생산에 의한 손실과 과소 생산으
로 이한 이익 기회의 상실이라는 문제가 발생한다. 이를 해결하기 위해 서비스
의 수요와 공급이 조화를 이루게 하는 전략이 필요하다. 외식업체에서는 수요에

따라 생산계획을 변경한다거나 교차 직무 교육(cross job training)을 시행하여 직원 간 상호 업무 지원이 가능하도록 한다.

3) 서비스 이윤 사슬

Heskett 등(1994)은 서비스 품질과 고객만족에 대한 연구를 통해 **서비스 이윤 사슬(Service profit chain)** 모델을 제시하였다. 서비스 이윤 사슬은 내부서비스 품질, 내부고객(직원)만족, 서비스 생산성, 고객만족, 고객충성도, 수익성 간의 연계관계를 잘 나타내준다(그림 8-2).

서비스 이윤 사슬에 의하면 우수한 직원의 선발과 교육·훈련을 통해 내부 서비스 품질을 높이면 직원이 만족하고 이직률이 낮아져 직원 유지율이 높아지고 직원의 생산성이 증가한다. 이는 외부 고객을 대상으로 한 서비스의 가치, 고객만족과 충성도, 재구매율의 증가로 이어져 매출 및 수익을 증대시킨다. 이는 다시 내부서비스 품질을 높이는 선순환을 이룬다.

메리어트 그룹의 회장인 빌 메리어트는 직원 채용 시 지원자들에게 기업이 만족시켜야 하는 3개 집단 즉, 고객, 직원, 주주를 어떤 순서로 만족시켜야 하는지 질문한다. 대부분의 지원자들은 고객이 먼저 만족해야 한다고 응답한다. 그러나 빌 메리어트는 직원이 먼저 만족해야 한다고 설명한다. 직원이 자기 일을 좋

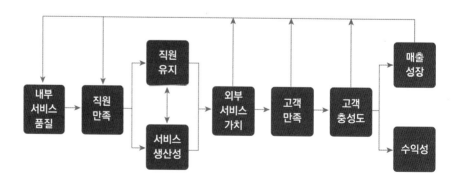

그림 8-2
서비스 이윤 사슬
자료: Heskett et al(1994).

아하고 자부심을 느끼면 고객서비스 품질이 좋아지고, 이에 만족한 고객들이 호텔을 재방문하게 된다. 또한 만족한 고객을 대하는 직원들의 직원 만족도가 높아져 더 훌륭한 서비스를 창출하게 되고, 이것이 더 많은 고객의 재방문을 불러와 최종적으로는 메리어트 그룹의 주주들을 만족시킬만한 이익을 창출하게 된다는 것이다.

사 례　칙필에이: 충성스러운 종업원에 의한 서비스 가치 창출

고객만족은 좋은 종업원을 찾고 유지하려는 기업의 노력에 의한 보상이다. 고객들이 즐거운 식사 경험을 가질 수 있도록 만드는 원동력은 종업원에게 있으며, 높은 종업원 유지율은 지속적으로 높은 고객만족과 충성도를 불러온다. 미국 내 캐주얼 다이닝 레스토랑 체인으로 단기간에 크게 성장한 '칙필에이(Chick-fil-A)'는 레스토랑 운영자와 종업원을 선발하는 과정이 복잡하고 선발에 시간이 오래 걸리는 것으로 잘 알려져 있다. '칙필에이'는 레스토랑 운영자에게 필요한 능력과 성품, 그리고 대인관계 능력을 골고루 갖춘 사람을 선발하기 위한 심층적인 프로세스를 갖추고 있다. 또한 지역사회에 대한 서비스와 능력을 평가하여 선발된 종업원에게 매년 1,000달러의 리더십 장학금을 지급하는 프로그램을 진행하고 있으며 크레딧 카드에 있는 고객 100명의 이름을 기억할 때마다 매 100달러를 지급하는 등 충성스러운 종업원 확보를 위해 노력하고 있다. '칙필에이'는 제품이 아니라 고객에게 제공하는 총체적인 가치에 기반한 고객 경험의 향상에 집중하고 있다. 비가 오면 뛰어나가 우산을 받쳐주기도 하고, 거래를 마친 고객에게 "감사합니다(Thank you)."보다는 "나의 즐거움입니다(My

pleasure)."라고 인사함으로써 지불한 것 이상의 경험을 제공하려고 노력하고 있다. '칙필에이'는 기존의 충성도가 높은 종업원에 의해 이와 같은 서비스 문화가 정착되어 있으며 더 높은 고객서비스를 위해 개선이 필요한 것은 없는지 항상 의문을 갖는다는 비전을 공유하고 있다.

자료: 이상식(2011).

2. 고객관리

1) 고객 접점관리

서비스 접점(service encounter)은 고객과 서비스 제공자 간의 직접적인 상호작용이 발생하는 순간이다. 보다 광의의 개념에서 보면 서비스 접점은 일정 기간 고객이 직접적으로 서비스와 상호작용하는 모든 것을 포함한다. 서비스 제공자, 물리적 설비, 다른 가시적 요소들을 포함한 고객이 인지하는 모든 대상과의 접

사 례 한국 산업의 서비스품질지수

KS-SQI는 한국표준협회(KSA)와 서울대학교 경영연구소가 우리나라 서비스 산업과 소비자의 특성을 반영하여 공동개발한 모델로, 해당 기업의 제품 및 서비스를 구매하여 이용해 본 고객을 대상으로 서비스 품질에 대한 만족도 정도를 조사하여 발표하는 서비스 산업 전반의 품질수준을 나타내는 종합지표이다. KS-SQI는 서비스품질 수준을 과학적으로 측정할 수 있는 모델로, 2000년 개발되어 한국마케팅학회 춘계 학술대회 및 마케팅연구, 한국서비스경영학회지 등에 발표하여 이론적 검증을 받았으며, 매년 한국표준협회와 중앙일보가 공동으로 조사 발표한다. 2020년 하반기 KS-SQI 1위 인증기업 중 호텔, 관광, 외식분야에서는 커피전문점 스타벅스, 제과점 파리바게뜨, 테마파크 에버랜드, 호텔 호텔롯데가 1위를 차지했다.

자료: 한국서비스품질지수 홈페이지. 재구성.

촉을 서비스 접점이라고 볼 수 있다. 최근에는 서비스 접점을 서비스 제공자와 고객과의 상호관계로 이해하던 기존 개념을 확장하여 서비스 기업의 모든 면이 고객과 접점을 형성하게 되는 것으로 간주한다.

서비스 접점은 고객의 만족을 좌우한다. 고객이 처음 대하게 되는 최초의 접점은 그 외식기업의 첫인상을 결정할 확률이 높다. 고객이 외식기업과 다중 상호작용(multiple interactions)을 하는 경우에도 각 개별 접점은 기업의 전반적인 이미지를 형성하는 데 영향을 미친다. 각각의 서비스 접점에서 긍정적인 경험이 많을수록 기업의 전반적인 이미지는 좋아질 것이고, 부정적인 경험이 많을수록 반대의 결과를 낳을 것이다. 외식기업과 고객 간의 상호작용 결과는 기업의 성공에 중요한 영향을 미치므로 서비스 접점을 잘 관리해야 한다.

서비스 접점에서 서비스 제공자와 고객이 접촉하는 짧은 순간을 '진실의 순간(MOT: Moment of Truth)' 또는 '결정적 순간'이라고 한다. 매우 짧은 시간이지만 고객들은 서비스에 대한 인상을 결정하고 이러한 경험을 바탕으로 서비스 품질을 인식하기 때문에 매우 중요하다. 결정적 순간의 개념을 도입한 스칸디나비아항공의 CEO 얀 칼슨(Jan Carlzon)은 저서 《고객을 순간에 만족시켜라: 진실의 순간》에서 항공사의 1인 고객에 대한 1회 응대시간이 평균 15초이며 고객과 만나는 짧은 순간이 서비스의 품질을 결정짓는 중요한 순간임을 역설하였다.

고객이 레스토랑에서 종업원과 대면하여 서비스를 제공받는 것 자체를 결정적 순간으로 보기도 하지만, 레스토랑에 대한 정보를 검색하면서 접하는 광고와 레스토랑 선택 후 해당 장소에 도착하여 주차장에 차를 세우고 로비를 거쳐 테이블에 앉아 식사를 하고 계산을 한 후 떠나는 일련의 과정에서도 결정적 순간을 경험하게 된다. 종업원과 고객의 접촉은 물론이고, 고객과 물리적인 환경과의 접촉까지 고객이 접하는 모든 것이 결정적 순간 그 자체이며 이러한 결정적 순간에 발생하는 영향에 대한 대응 전략은 매우 중요하다.

고객과의 서비스 접점을 세부적으로 파악하기 위해서는 **서비스 청사진(service blueprint)**을 이용해 고객과 기업이 만나는 모든 접점을 분석하여 관리할 수 있다. 서비스 청사진은 기업이 고객에게 서비스를 전달하는 방법을 하이라이팅하여 전체적인 서비스를 묘사하는 것으로 고객과 종업원 사이의 상호작용과 서비스의 가시적 측면을 보여주며 서비스의 모든 프로세스를 나타낸다. 그림 8-3의 패밀리레스토랑 서비스 청사진은 상호작용선, 가시선, 내부적 상호작용선을 기점으로 크게 물리적 환경, 고객행동, 종업원 행동, 지원 프로세스로 나누어져 있다.

상호작용선은 고객과 종업원의 직접적 접촉이 이루어지는 서비스 접점의 활동을 말하며, 가시선은 고객에게 보이는 행동과 보이지 않는 행동의 경계선으로 종업원의 현장 또는 주방에서의 활동을 나타낸다. 내부적 상호작용선은 서비스 접점과 식재료의 정보 시스템이나 POS 시스템, 교육·훈련활동과 같은 지원활동을 구분 짓는다. 서비스 프로세스과정을 고객의 관점에서 파악하기 위해서는 청사진의 왼쪽에서 오른쪽 방향으로 서비스 전달과정을, 종업원의 관점에서는 수평선의 가시선 위와 아랫부분을 살펴보도록 한다. 서비스 프로세스의 중요 요소를 파악하기 위해 청사진을 수직으로 분석할 수도 있다.

그림 8-3
패밀리레스토랑의 서비스
청사진
자료: 조미나(2006).

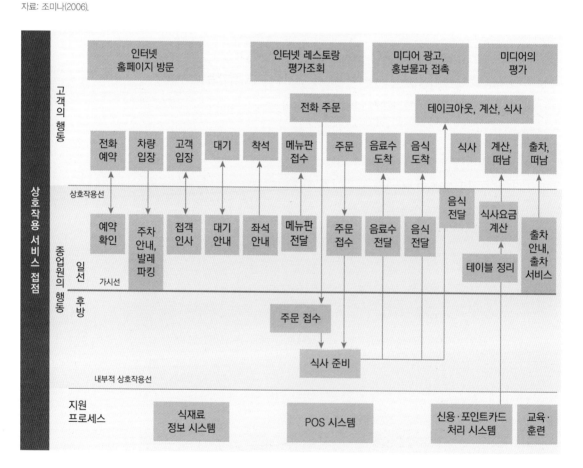

2) 고객만족과 불만족

(1) 고객만족

많은 외식기업이 경영 목표로 삼는 고객만족(customer satisfaction)이란 무엇일까? **고객만족**은 고객들이 외식업체가 제공한 음식과 서비스가 자신들의 기대 수준에 부합하거나 높다고 인식할 때 형성되는 태도적 반응이다(그림 8-4). 고객이 기대한 것에 미치지 못한다고 느낀다면 불만족을 형성하게 될 것이고, 반대로 만족한 고객은 재구매를 통해 고정고객이 될 것이다. 만족한 고객이 전하는 구전효과는 신규 고객을 창출하는 데 기여하는 반면, 불만족한 고객은 본인뿐만 아니라 주변의 잠재고객도 떠나게 만들기 때문에 보다 중요하게 다루어야 한다.

고객만족의 기본적 구성 요소에는 상품과 서비스, 그리고 현재 기업이 중요시하는 브랜드 이미지가 포함된다. 고객은 외식 브랜드를 통해 기대가치를 인식하고 이용 후 실제 사용가치에 대한 만족 정도를 표시한다. 고객만족은 기업의 성과와 직접적으로 연결되기 때문에 고객만족 중심의 경영을 하는 것은 매우 중요하다.

고객만족경영(customer satisfaction management)은 고객만족을 중심적 목표로 설정하고 이를 달성하기 위해 모든 경영활동이 이루어지는 기업경영이다.

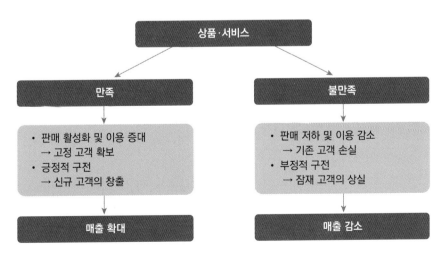

그림 8-4
고객만족의 중요성

상품과 서비스 이용 전의 기대치와 이용 후의 만족도를 조사하여 고객이 불만족스럽게 느끼는 내용을 기업활동을 통해 개선·보완하고, 나아가 지속적으로 소비자의 욕구를 충족시키기 위해 수행하는 기업활동이라고 할 수 있다.

상품과 서비스에 대한 고객만족을 창출하기 위해서는 기업 내부에 시스템을 구축하여 만족도를 정량적으로 측정할 필요가 있다. 그 결과에 따라 상품과 서비스 및 사내 풍토를 조직적으로 개선·혁신하고 효과적인 불만처리를 통해 고객만족을 극대화하는 등 고객 중심 경영을 전개해야 한다.

고객만족이 기업 경쟁력의 원천으로 대두됨에 따라 외식산업에서 고객만족을 다각도로 측정하고 있다. 각 외식기업이나 외식업체에서 개별적으로 시행하고 있는 고객만족도 측정이나 KCSI(Korean Customer Satisfaction Index: 한국산업의 고객만족도)지표와 같은 산업별 고객만족도를 통해 외식기업은 고객의 만족도를 가늠해볼 수 있다. KCSI는 1992년 이래 해마다 측정되고 있다. 이 중에서 외식산업과 관련된 영역은 '일반 서비스업'으로 제과·제빵점, 커피 전문점, 패밀리레스토랑, 패스트푸드점, 피자 전문점 영역에서 고객만족도 우수 브랜드를 매년 발표하고 있다.

(2) 고객불만족

외식기업의 다양한 노력에도 불구하고 완벽한 서비스를 제공하여 모든 고객들을 만족시키기란 매우 어려운 일이다. 따라서 외식기업들은 서비스 실패로 인한 피해가 심각하다는 것을 인식하고 즉각적인 대응으로 손실을 최소화해야 한다. 다음 그림 8-5는 불만족한 고객의 행동 패턴을 보여준다. **불만족한 고객**중 63%의 대다수는 침묵한 채 불만을 표현하지 않는다. 31%는 친구, 가족, 동료 등 주변 사람에게 불만족스러웠던 경험을 전달한다. 해당 기업에 직접 항의하는 경우는 6%밖에 되지 않는다. 기업은 고객이 느끼는 불만족을 파악하지 못하며 이를 만회할 기회도 갖지 못한다.

미국의 기술지원연구소(Technical Assistance Research Programs Corporation) 연구 결과에 따르면 불평하는 고객 1명당 불만족하지만 불평하지 않는 고객이 26명이라고 한다. 불만족한 고객은 8~16명의 주변 사람에게 자신의 경험을 이야기하고 이들 중 10%는 20명 이상에게 자신의 경험을 이야기한다. 따라서 3명이

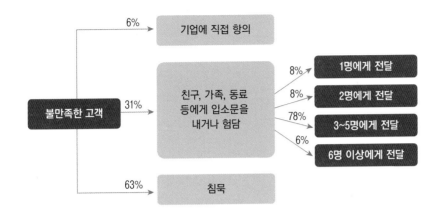

불평을 한다면 1,000명의 잠재고객이 해당 기업에 대한 좋지 않은 평을 듣게 될 수 있다. 이들의 연구 결과는 불만족한 고객에 의해 기업이 인식하지 못하는 동안 얼마나 많은 사람들이 해당 기업에 대한 부정적인 평을 듣게 되는지를 단적으로 보여주며, 그 파급효과의 심각성을 일깨워준다.

불만족한 고객이 자신의 불만족을 해당 기업과의 관계에서 해결하지 못한 채 기업과의 관계가 끝나면, 근접성효과(recency effect)에 의해 다음 구매 시 그 기업의 제품과 서비스에 대한 기대를 형성하는 데 부정적인 영향을 받는다. 부정적인 경험은 긍정적인 경험보다 생생하게 기억되므로 영향력이 더욱 크다.

3) 서비스 회복

서비스 회복(service recovery)이란 서비스 실패를 교정하고 시정하는 것이다. 서비스 회복이 중요한 이유는 서비스의 특성상 전달과정에서의 실패가 불가피하고, 고객의 기억에 오래 남으며 결국 고객의 이탈을 불러오기 때문이다.

서비스 실패에 대한 신속한 해결과 문제해결 노력은 충성고객을 확보하는 결정적인 수단이 된다. 서비스 회복은 서비스 품질과 고객의 충성도를 결정하는 가장 중요한 요인 중 하나이다. 그러나 기업의 수익률에 직접적인 영향을 미치고 있음에도 많은 외식기업의 경영자들은 서비스 회복에 거의 관심을 두지 않는다.

서비스 회복은 고객의 유지와 확보에 매우 중요하다. 효과적인 제품이나 서비스 전달을 통해 처음부터 만족한 고객보다, 처음에는 불만을 느꼈지만 사후 처리과정에서 만족한 고객의 전체적인 만족도가 더욱 높은 경향을 나타내기 때문이다. 이것을 서비스 회복의 역설(service recovery paradox)이라고 한다. 즉 사후 처리를 잘할 경우, 고객만족의 실패를 효과적으로 만회할 수 있고 고객 충성도를 더욱 재고할 수 있다.

서비스 회복과 불평처리(complaint handling)는 모두 고객을 유지하기 위한 전략으로 사용되지만 서비스 회복이 불평처리보다 훨씬 더 포괄적인 활동이다. 서비스 회복은 서비스 실패가 발생하였으나 고객이 불평하지 않는 상황까지 포함하기 때문이다.

서비스 실패가 발생한 상황에서도 다음의 경우에는 불평하지 않을 수 있다. 첫째, 고객이 불평할 수 있는 제도적 장치가 없거나 불평하기를 원하지 않는 경우, 둘째, 일선 종업원이 서비스 실패를 먼저 인식하고 고객에게 이를 인정했기 때문에 고객이 불평할 필요가 없는 경우로 예를 들어 레스토랑에서 웨이터가 음식이 늦게 나오는 것을 인지하고 고객에게 사과한 후 무료 음료를 가져다주는 경우 등이다. 따라서 서비스 회복의 시작점은 고객이 공식적으로 불평하는 시점이 아니라 서비스 실패가 발생한 순간이라고 보는 것이 타당하다. 서비스 실패가 발생한 상황에서는 고객이 불평하지 않더라도 고객을 만족시키고 유지

불만고객에 대한 피드백과 고객반응

- 상품이나 서비스에 대해 불만을 갖고 있는 고객 중 단지 4%만이 불평한다. 나머지 96%는 불평하는 것이 귀찮다고 생각한다.
- 불평하는 4%는 불평하지 않는 96%의 사람들보다 서비스 제공자와 관계를 지속하고 싶어 한다.
- 불평하는 사람 중의 60%는 불평하는 문제가 해결되면 계속 남을 것이다. 문제가 신속하게 해결되면 불평하는 사람 중 95%가 계속 남을 것이다.
- 불만고객은 그들이 경험한 문제를 12~20명에게 이야기한다.
- 문제가 해결된 고객들은 약 5명의 사람들에게 그들의 경험을 이야기한다.

자료: Fitzsimmons(2007).

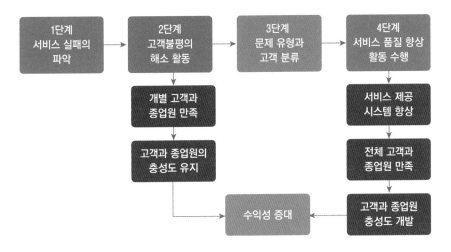

그림 8-6
서비스 회복 프로세스
자료: Heskett et al(1994).

하기 위해 서비스 회복 노력이 필요한 경우가 많이 있다.

　기업이 서비스 실패를 예방할 수 있는 방법을 파악하기 위해서는 서비스 회복의 범위가 고객이 불평을 많이 하도록 격려하는 것 이상이어야 한다. 불평처리가 수동적인 기능이라면 서비스 회복은 능동적인 기능이다. 불만족한 고객의 상당수가 해당 기업에 직접 불평하지 않기 때문에 수동적인 입장으로는 그들의 불만을 파악하기 어렵다.

　위 그림은 서비스 회복 프로세스를 보여준다(그림 8-6). 서비스 회복 프로세스는 4단계로 이루어진다. 서비스 실패를 파악하는 것은 서비스 회복 프로세스의 첫 번째 단계로, 이 단계에서는 불만을 가지고 있는 고객이 가능하면 자신의 생각을 편하게 이야기할 수 있게 하는 것이 중요하다. 고객의 불평 사항을 파악하기 위해 고객 의견카드나 홈페이지에 의존하는 방법에는 한계가 있으며, 고객들은 간접적인 불평보다는 종업원이나 관리자에게 직접 불평하는 것을 더 선호

서비스 회복의 핵심

- 고객을 잃었을 때 소요되는 비용을 계산한다.
- 불만이 있으나 불평하지 않는 고객이 불평할 수 있도록 한다.
- 서비스 회복에 대한 요구(기대)를 예측한다.
- 빠르게 대처한다.
- 종업원을 훈련시키고 권한을 부여한다.
- 고객에게 개선된 점을 알린다.

하므로 고객에게 서비스하는 과정에서 불만을 파악해야 할 것이다.

두 번째 단계는 개별 고객 불평을 해소하는 활동이다. 고객불만의 원인이 고객에게 있는 경우라도 불평하는 고객의 부정적인 구전효과를 고려한 때 물질적인 회복을 고려해볼 수 있다. 물질적 회복은 할인쿠폰부터 환불까지 종류가 다양하며 물질적으로 회복을 해준다는 것 자체가 중요하다고 할 수 있다.

세 번째 단계는 문제를 유형화하고 고객을 분류하는 단계이다. 이는 불평 상황을 해결하는 2단계와 4단계를 연결해주는 단계로 개별 상황이 하나의 사건으로 치부되지 않고 전체 프로세스 개선에 기여하게 한다. 사례를 데이터베이스(database)화하는 과정으로 이는 관계 마케팅에 필수적인 사항일 뿐 아니라 최근 그 활용도가 높아지고 있는 개별 마케팅의 도구로도 활용할 수 있을 것이다. 불만 사항을 정리할 때는 실제 불평 내용을 가능한 구체적으로 기술한 자료를 보관하고, 그 내용을 검토하여 정기적으로 추후 분류를 시도하는 것이 바람직하다. 고객 불평 상황의 해결에 참여했던 종업원의 보고를 통해 고객의 반응 자료를 모아서 고객의 유형을 분류할 수도 있다.

네 번째 단계는 서비스 품질 향상 활동 수행 단계이다. 3단계에서 정리된 자료는 서비스 품질 전달 프로세스를 개선하기 위한 유용한 자료로 활용될 수 있다. 이 단계를 통하여 불평 상황에 개입했던 해당 고객과 종업원의 만족을 창출이 전체 고객과 종업원의 만족을 이끌어낼 수 있도록 기획하는 것이 바람직하다. 이를 위해서는 비록 고객 불평 사항의 내용이 부정적이더라도 그 자료를 공개하는 개방적인 자세가 필요하다. 여기에는 불평 내용뿐 아니라 그 불평이 해결된 과정도 포함되기 때문에 고객이나 종업원으로부터 해당 업체에 대한 신뢰를 형성하게 할 뿐 아니라 불평이 없을 때보다 만족도를 더욱 높일 수 있는 서비스 회복 역설의 효과도 노릴 수 있기 때문이다.

4) 고객관리 전략

(1) 고객관계관리

고객과의 관계(customer relationship)에 초점을 두지 않은 기업들은 종종 고객을 정확히 파악하지 못한다. 과거에는 기업이 기존 고객을 지속적으로 관계를 유지할 가치가 있는 자산이라고 생각하기보다는 새로운 고객을 유치하는 데 주력해왔다. 신규 고객 확보에만 열을 올리는 기업은 종종 단기적인 촉진이나 가격 할인, 광고에만 의존하여 장기고객 유치가 어려워지는 함정에 빠진다. 반면 고객과의 관계 형성 전략(relationship strategy)을 채택하면 고객을 깊이 있게 이해할 수 있기 때문에 그들의 변화하는 욕구와 기대를 보다 잘 충족시킬 수 있다.

1990년대 초반 고객만족을 위해 구체적으로 무엇을 어떻게 할 것인지에 대한 방법론으로 **고객관계관리**(CRM: Customer Relationship Management)의 개념이 등장하였다. 고객관계관리는 개인이나 기업이 전략적으로 고객에게 가치를 제공하고 관계를 지속하는 것이다.

고객관계관리는 신규 고객의 획득보다는 기존 고객의 유지와 향상에 초점을 맞추는 사업철학이며 전략적 지향성이다. 관계마케팅은 '고객들은 그들이 원하는 가치를 찾아 계속적으로 제공자를 바꾸기보다는 한 조직과 지속적으로 관계를 맺는 것을 선호한다.'는 것을 전제로 한다. 이와 같은 CRM의 기본 정신은 IT의 발달에 힘입어 고객과의 관계를 시스템적으로 관리할 수 있는 방향으로 발전하였으며 외식업에도 CRM이 활발히 도입되어 활용되고 있다.

(2) 고객경험관리

2000년대 초반부터 등장한 **고객경험관리**(CEM: Customer Experience Management)는 IT 중심적이고 기업 중심, 판매 중심에 치우쳤던 CRM에 대한 비판에서 비롯되었다. CRM은 고객 데이터베이스를 가지고 타기팅(targeting)을 위한 분석에만 매달렸을 뿐, 정작 고객과의 커뮤니케이션은 소홀했다는 것이다. 이러한 비판과 함께 고객과의 관계를 잘 맺기 위해서는 고객이 좋은 체험을 해야 한다는 기본

'해피포인트' 앱 사용자 1,000만 돌파
[2020 소비자가 뽑은 가장 신뢰하는 브랜드대상] 해피포인트

업계 최초의 멤버십 서비스 '해피포인트'는 SPC그룹의 마케팅 전문 계열사 SPC클라우드가 운영하는 브랜드로 파리크라상, 파리바게뜨 등 전국 6300여 가맹점에서 적립 및 사용이 가능하다.

현재 전체 회원 수는 2000만 명에 달하며, 해피포인트 앱을 다운로드한 뒤 회원 가입만으로 누구나 쉽게 사용할 수 있다. 포인트 적립, 사용 이외에 다양한 이벤트와 브랜드 쿠폰 혜택이 상시 제공되고 있어 지난해 11월 모바일 사용자가 1,000만 명을 돌파한 이후 지속적으로 증가하고 있다.

'해피포인트'는 사용 실적에 따라 핑크, 골드, 플래티넘 등급으로 나눠 차별화된 서비스를 제공하며 해피오더 서비스를 통해서 편리하게 배달, 픽업할 수 있다. SPC그룹은 '해피앱' 혜택을 보다 많은 고객에게 제공하기 위해 1월 한 달 간 '해피앱'과 '해피스크린'의 신규 고객에게 선물을 증정하는 이벤트를 진행한다.

한편 해피포인트는 개방형 마일리지 서비스로 전환해 제휴처를 확대하고 지속적으로 혜택을 강화하고 있다. 그 동안 한정되었던 고객 혜택을 뷰티, 여행, 온라인 쇼핑 등 문화, 생활 영역까지 확대했다. 특히 혜택플러스의 해피컬쳐 서비스를 이용하면 다양한 문화·공연 예매 시 할인 및 제휴 혜택을 바로 확인할 수 있다.

자료: 조선일보(2021. 1. 15.).

CJ ONE 회원 2,600만 명 돌파... 올리브영·CGV 가장 선호

CJ올리브네트웍스는 'CJ ONE' 회원수가 지난해 2,600만 명을 넘어섰다고 21일 밝혔다.

CJ ONE은 CJ그룹 통합 멤버십 서비스다. CGV, 올리브영, 뚜레쥬르, 빕스, 투썸플레이스 등 CJ그룹 계열사에서 포인트를 적립해 현금처럼 사용할 수 있도록 한다. CJ ONE 가입자는 2015년 2,000만 명을 돌파한 후 4년 사이 600만 명이 늘었다.

CJ올리브네트웍스는 지난해 CJ ONE 포인트 적립 및 사용 통계도 공개했다. 전체 사용자 62%는 올리브영에서, 57%는 CGV에서 포인트를 쌓거나 쓰고 있었다. 이어 투썸플레이스(46%), CJ푸드빌(41%), CJ오쇼핑(20%) 순이었다. CJ올리브네트웍스 관계자는 "주요 이용층인 20~30대 여성 회원 소비 성향이 반영된 결과"라고 분석했다.

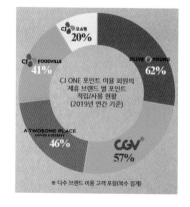

CJ ONE은 생활문화를 경험 혜택도 제공한다. 전시·공연 등 문화행사를 할인가로 제공하는 문화 초대 프로모션에는 지난해 약 90만명이 참여했다. CJ ONE은 이용 편의성 개선을 위해 카카오톡 간편 로그인, VIP 라운지 개편, 개인화 서비스 등을 도입하고 있기도 하다.

김우상 CJ올리브네트웍스 데이터사업팀 팀장은 "올해도 월 평균 300만 명이 이용하는 CJ ONE 앱을 통해 세대를 아우르는 생활문화 서비스를 제공하겠다."고 말했다.

자료: 조선비즈(2020. 1. 21.).

전제 하에 고객경험관리의 개념이 등장하였다.

본격적으로 CEM의 개념을 체계화한 슈미트에 의하면 CEM은 체험의 관점에서 고객관계를 관리해야 한다는 방법론으로 브랜드를 접하는 접촉점들에 있어서 고객의 경험을 좋게 만들어가는 활동이다. 표 8-1은 커피 전문점의 주문 대기 접점에서 발생할 수 있는 긍정 경험과 부정 경험을 나열한 것이다. 즉 CEM은 고객접점관리의 개념과도 연결된다.

고객경험관리는 4단계의 프로세스를 거치게 되는데, 먼저 고객의 경험 세계를 분석하고 경험적 기반을 확립한 다음 차별적 경험을 디자인하고 마지막으로 지속적인 혁신을 이루는 것이다. 고객의 경험을 관리하기 위해서는 가장 먼저 고객의 경험을 분석해야 하며 이는 고객 통찰의 출발점이 된다. 경험적 기반을 확립하는 것은 고객에게 제공하고자 하는 경험적 가치의 콘셉트를 확립하는 것이다. 예를 들어 *스타벅스*는 단순히 커피를 판매하는 곳이 아닌 '편안한 쉼터'라는 경험적 가치의 콘셉트를 갖고 있다. 다른 곳에서는 경험할 수 없는 차별적 가치를 고객에게 제공하고, 지속적인 혁신을 통하여 항상 새로운 경험을 제공하는 것이다. 기업은 이 모든 과정을 통해 고객의 경험을 성공적으로 관리할 수 있다.

표 8-1 커피 전문점 점포 내부 경험의 예

동선	분류	긍정 경험	부정 경험
주문 대기	대기 시간	• 대기 시간이 짧음 • 대기 고객을 위한 서비스가 있음 • 주문한 상품이 빨리 나옴 • 대기 고객이 혼잡해 하지 않도록 안내해줌 • 대기 시 음료 혹은 푸드를 먹어볼 수 있도록 서비스함	• 대기 시간이 김 • 대기 고객을 위한 서비스가 없음 • 주문한 상품이 빨리 나오지 않음 • 대기 고객이 혼잡해 하지 않도록 안내하지 않음 • 대기 시 음료 혹은 푸드를 먹어볼 수 있도록 서비스하지 않음
	메뉴	• 위생적으로 음료를 만듦 • 내가 원하는 음료를 만들어줌 • 내가 원하는 대로 사이드 메뉴를 준비해줌 • 진열된 푸드가 넉넉함 • MD 상품 진열이 충분함	• 음료를 위생적으로 만들지 않음 • 원하는 음료를 만들어주지 않음 • 내가 원하는 대로 사이드 메뉴를 준비해주지 않음 • 진열된 푸드가 넉넉하지 않음 • MD 상품 진열이 충분하지 않음
	직원	• 직원들이 업무에 집중하고 있음	• 직원들이 잡담을 하고 있음 • 직원들이 간식을 먹고 있음

자료: 강여화(2011).

스타벅스 '사이렌 오더'처럼… 커피업계, 원격 주문 서비스 강화

커피업계가 모바일 어플리케이션(앱)을 활용한 원격 주문 서비스를 강화하고 있다. 유통업계 전반에 '타임테크(시간+재테크)' 서비스 수요가 늘고 있는 가운데 고객 편의를 높이기 위한 시스템 도입에 적극적인 모습이다.

업계에 따르면, 커피빈코리아는 자체 멤버스 애플리케이션(앱)을 새롭게 단장해 출시한다고 밝혔다. 개편한 커피빈 멤버스 앱은 지갑 형태의 사용자환경(UI)을 구현하고 다양한 기능을 새롭게 도입한다. 우선 음료와 푸드 메뉴를 모바일로 주문할 수 있는 퍼플오더 기능을 추가한다. 메인 화면의 퍼플오더를 터치하면 매장과 메뉴를 선택해 주문할 수 있고, 매장으로 주문 정보가 반영돼 줄을 서지 않고도 음료를 받을 수 있다.

자체 '선물하기' 기능도 도입한다. 음료, 푸드, 머천다이징(MD) 상품, 홀케이크, 기프트카드 등을 카카오톡, 라인, 문자메시지(MMS)로 전송할 수 있다. 유선이나 방문으로만 가능했던 홀케이크 예약도 선물하기 기능을 통해 할 수 있다.

커피빈 관계자는 "특히 오피스 상권을 이용하는 고객들이 혼잡한 시간대에 퍼플오더 기능을 통해 보다 편리하게 커피빈을 이용할 수 있을 것"이라고 말했다.

원격 주문 서비스는 소비자들의 불편함을 덜어주고, 효율적인 시간 관리를 돕는 '타임테크' 서비스로 볼 수 있다. 유통업계 전반에 타임테크 수요가 늘고 있는 가운데, 카페업계도 이를 적극 반영하고 있는 것으로 풀이된다. 이는 최근 소비 트렌드로 자리 잡은 '편리미엄(편리+프리미엄)'과도 맞닿아 있다. 편리미엄은 비용이 들더라도 시간과 노력을 줄여주는 서비스와 상품을 선호하는 현상이다. '편리함'이 곧 경쟁력이 되는 것이다.

커피업계의 원격 주문 서비스는 업계 1위인 스타벅스로부터 시작되었다. 스타벅스커피코리아는 2014년 전 세계 스타벅스 최초로 '사이렌 오더'를 선보였다. 사이렌 오더는 모바일 앱으로 커피 주문과 결제를 할 수 있는 시스템으로, 매장 반경 2km 이내에서 스타벅스 앱으로 주문·결제하면 실시간으로 메뉴 준비 상황을 알 수 있다. 손님이 몰려 대기 시간이 길어지는 불편을 해결하고 고객 편의를 높이기 위해 개발됐다.

원격 주문 서비스는 소비자뿐만 아니라 업체에도 긍정적 효과를 주고 있다. 스타벅스커피코리아에 따르면, 현재 국내 '사이렌 오더' 회원 수는 약 560만 명, 누적 주문 건수는 1억 건 이상이다. 스타벅스커피코리아는 최근 지난 5년 간 커피 가격을 동결할 수 있었던 요인 중 하나로 'IT 서비스 고도화에 따른 매장 효율화'를 꼽았다. 이는 실적에노 증명됐다. 업계에 따르면, 지난해 스타벅스 매출은 2조 원에 달해 역대 최대 실적을 거둘 것으로 전망되고 있다.

스타벅스 고객이 스마트폰으로 '사이렌오더'를 이용하는 모습. 사이렌오더는 스마트폰 앱으로 메뉴를 미리 주문하면 매장에서 줄 서지 않고 바로 받아갈 수 있는 서비스다.
자료: 스타벅스

이에 각 커피 업체들은 원격 주문 서비스를 적극적으로 도입하고 있다. 지난 달 19일에는 커피 프랜차이즈 드롭탑이 원격 주문 서비스 '픽오더' 기능을 탑재한 '드롭탑 모바일 앱'을 신규 출시했다.

업계 2위인 투썸플레이스도 원격 주문 서비스를 도입했다. 투썸플레이스 앱 '모바일 투썸'에는 현재 위치에서 가까운 매장을 선택해 원하는 메뉴를 주문 결제할 수 있는 '투썸 오더' 기능이 탑재됐다. 또 이전에 투썸 오더를 통해 주문한 메뉴나 미리 등록한 메뉴를 터치 한 번으로 주문할 수 있는 서비스 '원터치 오더' 기능도 제공된다. 이외에 할리스커피, 탐앤탐스, 폴 바셋 등도 자체 앱을 통해 원격 주문 서비스를 제공하고 있다.

업계의 다음 과제는 원격 주문 서비스 관련 기술의 지속적 개발을 통해 차별화한 서비스를 제공하는 것이다. 선두주자인 스타벅스는 이미 '사이렌 오더' 기술 개발을 지속하고 있다. 빅데이터를 활용한 메뉴 추천 기능을 도입한 데 이어 음성 주문 서비스, 고객 차량 정보를 연동한 마이 드라이브스루(DT) 패스 서비스도 지원한다. 스타벅스 관계자는 "앞으로도 이용자 중심의 맞춤형 서비스로 기능 업그레이드를 지속할 것"이라고 말했다.

자료: 조선비즈(2020. 1. 9.). 재구성

1. 외식업체가 운영하는 모바일 애플리케이션을 찾아보고, 어떠한 고객서비스를 제공하는지 조사해보자.
2. 스마트폰을 포함한 IT 기술을 고객서비스에 적용하는 것의 장단점을 논의해보자.
3. 향후 등장하게 될 테크놀로지를 외식업계 고객서비스 증대에 어떻게 도입할 수 있을지 생각해보자.

연습 문제
REVIEW

1. 서비스의 4가지 특성을 설명하고, 이에 대한 대응 전략을 수립해보자.
2. 외식산업의 서비스관리에서 서비스 이윤 사슬의 이점을 기술해보자.
3. 서비스 접점의 정의를 내리고 서비스 접점의 중요성을 설명해보자.
4. 외식산업에서 서비스에 실패했을 때, 즉각적인 대응이 필요한 이유를 불만족한 고객의 행동패턴과 연관지어 설명해보자.
5. 서비스 회복과 불평처리의 차이점에 대해 나열해보자.
6. 고객관계관리(CRM)과 고객경험관리(CEM)의 차이점에 대해 설명하고, 외식업체의 구체적인 실천 사례를 찾아보자.

용어 정리
KEYWORD

서비스 판매를 위하여 제공된 또는 제품의 판매와 관련된 활동, 편익, 만족

서비스의 특성 무형성, 비분리성(동시성), 이질성(비일관성), 저장불능성(소멸성)

서비스 이윤 사슬 우수한 직원의 선발과 교육·훈련을 통해 내부 서비스 품질을 높이면 직원이 만족하고 이직율이 낮아져 직원 유지율이 높아지고 직원 생산성이 증가하며, 이로 인해 외부 고객을 대상으로 한 서비스의 가치가 높아져 고객이 만족하고 충성도가 높아져 재구매율이 높아지며 매출 및 수익이 증가하게 되어, 이는 다시 내부 서비스 품질을 높이게 되는 선순환을 이루게 됨

서비스 접점 좁은 의미로는 고객과 서비스 제공자 사이의 직접적인 상호작용이 발생하는 순간. 넓은 의미로는 일정기간동안 고객이 직접적으로 서비스와 상호작용하는 것이며, 서비스 제공자, 물리적 설비, 다른 가시적 요소들을 포함한 고객이 인지하게 되는 모든 대상과 접촉하는 것

MOT 서비스 접점에서 서비스 제공자와 고객이 접촉하는 짧은 순간을 가리켜 '진실의 순간' 또는 '결정적 순간'이라 함

서비스청사진 기업이 고객에게 서비스를 전달하는 방법을 하이라이팅하여 전체적인 서비스를 묘사하는 것이며, 고객과 종업원 사이의 상호작용과 서비스의 가시적 측면을 보여주는 것으로 서비스의 모든 부분은 프로세스로 나누어짐

고객만족 고객이 외식업체에 의해 제공된 음식과 서비스가 자신들의 기대 수준에 부합하거나 높다고 인식할 때 형성되는 태도적 반응

고객만족경영 고객만족을 중심적 목표로 설정하고 이를 달성하기 위해 모든 경영활동이 이루어지는 기업경영. 외식업체에서 고객의 상품과 서비스 이용 전 기대치와 이용 후의 만족도를 조사하여 고객이 불만족스럽게 느끼는 내용을 기업활동을 통해 개선·보완하고, 나아가 지속적으로 소비자의 욕구를 충족시켜 나가기 위해 수행되는 기업활동

서비스 회복 서비스 실패를 교정하고 시정하는 것

고객관계관리 신규 고객의 획득보다는 기존 고객의 '유지'와 '향상'에 초점을 맞추는 사업철학이자 전략적 지향성

고객경험관리 체험의 관점에서 고객관계를 관리해야 한다는 방법론. 브랜드를 접하는 접촉점들에서 고객의 체험을 좋게 만들어가는 활동

참고문헌
REFERENCE

강여화(2011). 커피전문점의 고객 경험 관리모형 개발. 연세대학교 박사논문.

김혜영(2000). 외식 서비스 이용자 충성도 모형의 구성 개념 탐색과 구조적 경로 분석. 연세대학교 대학원 석사학위논문.

김혜영, 양일선, 신서영(2000). 외식 서비스 제공자의 서비스 품질 인식이 고객충성도에 미치는 영향. 대한지역사회영양학회지, 5(2):236-242.

박강수 외 역(2004). 호텔·외식·관광 마케팅. 석정.

양일선, 강여화, 신서영, 정유선(2014). 고객경험 분석을 통한 커피전문점 서비스 중점관리요인 도출: 고객경험관리(CEM) 기법의 적용. 외식경영연구, 17(5):157-186.

양일선, 김혜영, 신서영, 김성혜(2000). 외식업체 고객의 서비스품질에 대한 기대도/만족도 분석. 한국식생활문화학회지, 15(1):41-49

양일선, 신서영, 김혜영(2000). 외식업체 고객의 서비스품질 기대도/만족도가 고객충성도에 미치는 영향. 대한지역사회영양학회지, 5(2):225-235.

오진권(2014). 고객이 이기게 하라. 이상.

와튼연구소(2006). Retail customer dissatisfaction study.

이민아, 양일선(2004). 패밀리 레스토랑 신메뉴에 대한 고객의 기대도와 만족도 분석. 대한지역사회영양학회지, 9(6):734-741.

이승연, 황미연, 김동훈, 양일선(2010). 고객경험관리(CEM) 기법을 이용한 한식당 세계진출 방안에 관한 연구 —미국, 중국, 일본 고객을 중심으로. 관광학연구, 34(7):133-157

이유재(2013). 서비스마케팅. 학현사.

이창헌(2005). 패스트푸드산업의 전략적 메뉴관리에 관한 연구. 동명대학교 석사논문

이해영(2002). 패밀리레스토랑 업체의 조직문화와 조직 구성원 특성에 따른 종합적 품질경영전략의 운영수준 분석. 연세대학교 대학원 박사학위논문.

이해영, 양일선(2004). 패밀리레스토랑업체에서의 조직관련 변수에 따른 종합적품질경영 수행 모형 제안. 한국관광학회, 29(3):203-219.

이훈영, 박기용(2012). 외식산업마케팅. 도서출판 청람

정라나, 이해영, 양일선(2007). 가정식사대용식(Home Meal Replacement) 제품 유형별 소비자의 선호도, 만족도, 재구매 의사 분석. 한국식품조리과학회지, 23(3):388-400.

조미나(2006). 레스토랑 고객의 서비스 인카운터에 대한 인지적·감정적 반응이 서비스 충성도 형성에 미치는 영향. 연세대학교 박사논문.

중앙선데이(2013. 3. 24.) 노쇼(no-show)로 피해 입는 레스토랑.

Christian Gronroos(2000). Service Management and Marketing. Wiley. p.55.

Fitzsimmons JA & Fitzsimmons MJ(2007). Service Management: Operations, Strategy, Information Technology. McGraw Hill Publishers.

Heskett et al(1994). Service Profit Chain. Harvard Business Review. James L.

Hoskett JL, Jones TO, Loveman GW, Sasser WE, Schlesinger L(1994). Puting the service profit chain to work. Harvard Business Review, March–April, pp.164–174.

Phillip Kotler(2013). Marketing for Hospitality and Tourism. 6th Pearson.

Phillip Kotler(2013). Principles of Marketing(15th). Prentice Hall.

Reichheld(1996). Frederick & Teal.

굿푸드 홈페이지. www.goofood.com.au

레스토랑 오너 홈페이지. www.restaurantowner.com

슬라이드 셰어 홈페이지. www.slideshare.net

한국능률협회컨설팅 홈페이지. www.kmac.co.kr

CHAPTER 9

마케팅
커뮤니케이션

마케팅 커뮤니케이션이란 자사 상품이나 서비스를 목
표고객이 인식하고, 최종 구매로 이어지도록 다양한
혜택을 제공하는 마케팅활동이다. 외식시장의 경쟁이
치열해지면서 많은 외식기업이 고객이 원하는 메뉴 및
서비스를 개발하기 위해 상당한 시간과 비용을 투자하
고 있다. 이러한 노력만큼이나 출시된 상품을 목표고
객에게 효과적으로 전달하고, 긍정적으로 인식시키는
활동 또한 매우 중요하다. 고객이 인지하지 못하거나
매력을 느끼지 못하는 상품은 판매로 이어지기 어려우
므로 마케팅 관리자는 고객들의 관심, 방문 및 구매를
이끌어내는 데 가장 효과적인 수단을 잘 선택하여 효
율적으로 진행해야 한다.
본 장에서는 마케팅 커뮤니케이션의 개념 및 광고, 판
매촉진, 인적판매, 홍보 및 PR, 다이렉트 마케팅 등 다
양한 프로모션 수단을 알아보고, 마지막으로 마케팅
커뮤니케이션의 기획 및 수행 방법을 살펴본다.

정통 프리미엄 돈카츠 브랜드 '사보텐'이 20주년을 맞이해 고객들이 보내준 사랑에 보답하고자 다양한 프로모션을 진행한다. 사보텐은 이번 캠페인을 통해 지난 20년 여정을 돌아보며 자사 장인정신을 느낄 수 있는 신제품과 다양한 혜택이 있는 프로모션을 선보인다.

사보텐은 프리미엄 돈카츠의 맛과 장인정신을 위해 노력을 지속해 온 발자취를 기념하기 위한 20주년 캠페인의 일환으로 지난 2001년 처음 선보인 이후 사보텐의 상징이 된 깨그릇, 깨방아와 함께 즐기는 사보텐의 대표 소스 3종 및 일본 덮밥소스를 새롭게 선보인다.

새롭게 출시되는 소스는 전문 셰프로 구성된 캘리스코 랩(Lab)에서 사보텐의 돈카츠 맛을 가장 살릴 수 있도록 개발됐다. 또 가정에서 더욱 편리하게 즐길 수 있도록 용기 디자인을 변경했으며, 패키지 역시 매장 인테리어와 브랜드 아이덴티티를 담아 한층 모던해졌다.

지난 20년간 쌓아온 장인정신을 담아 엄선된 재료와 엄격한 품질 관리 하에 리뉴얼을 진행한 사보텐의 소스는 대추, 토마토, 사과 등 5가지 과실의 단맛과 레드와인의 풍미가 어우러지는 '돈카츠 소스', 전남 고흥의 생유자를 착즙해 신선하고 산뜻한 유자의 맛을 그대로 살린 '유자 소스', 높은 참깨 함유량으로 맛과 향이 풍부한 '참깨 소스', 가쓰오 풍미로 요리의 맛을 살려주는 셰프들의 만능 치트키 '일식 덮밥소스' 등 4종으로 구성됐다.

한편 사보텐은 192시간 동안 숙성시킨 국내산 프리미엄 돈육을 장인이 직접 두드리는 '테테타타쿠' 방식 고수, 엄격한 재료 선정 및 기름 관리 등을 통해 바삭하고 진한 육즙의 여운을 느낄 수 있는 사보텐 고유의 맛을 유지해오고 있다. 전문 셰프와 외식 전문가들이 모여 맛과 품질을 연구하는 사보텐 랩 등을 통해 맛있는 돈카츠를 위해 정통 안에서 소비자들에게 새로운 경험을 전달하기 위해 정진하고 있으며, 최근에는 집밥, 홈쿡 트렌드에 맞춰 가정에서도 돈카츠를 즐길 수 있도록 딜리버리 서비스를 강화하고 돈카츠, 소스류 등 HMR 제품 개발에도 힘쓰고 있다.

자료: 조선비즈(2020. 8. 27.), 재구성.

1. 마케팅 커뮤니케이션의 개념

마케팅 커뮤니케이션(marketing communication)은 어떤 상품이나 서비스를 현재 또는 미래의 고객에게 알리고, 이것을 구매하도록 설득하며, 구매를 유인할 수 있는 여러 가지 인센티브를 제공하는 활동이다. 고객의 니즈(needs)와 욕구에 맞는 상품을 개발하더라도 그 존재를 제대로 알리지 못하거나 경쟁사 대비 우위사항을 효과적으로 전달하지 못하면 구매로 이어지기 힘들다. 따라서 여러 가지 마케팅 수단을 통해 고객들이 상품을 인지하고, 최종적으로 구매할 수 있도록 설득해야 하는데, 이러한 의미에서 마케팅 커뮤니케이션을 마케팅 프로모션이라고도 한다.

마케팅 커뮤니케이션은 단순히 무엇인가를 알린다는 목적보다는 '사전에 계획한 메시지'를 고객에게 효과적으로 전달하고 이를 인지시키는 것을 목적으로 한다. 이러한 목적을 달성하기 위한 주요 커뮤니케이션 수단을 **마케팅 커뮤니케이션 믹스**(marketing communication mix)라고 하며 이는 광고(advertising), PR(public relations) 및 홍보(publicity), 판매촉진(sales promotion), 인적판매(personal selling), 다이렉트 마케팅(direct marketing) 등이 있다. 이러한 커뮤니케이션 수단은 개별적으로 이용하는 것보다는 통합적으로 활용했을 때 고객들에게 일관적이고 설득력 있는 메시지를 전달할 수 있는데, 이러한 접근을 **통합적 마케팅 커뮤니케이션**(Integrated Marketing Communication)이라고 한다.

2. 마케팅 커뮤니케이션의 수단

외식업과 같은 서비스업은 제조업에 비해 보다 다양한 커뮤니케이션 수단을 활용할 수 있다(표 9-1). 최근에는 페이스북, 인스타그램, 유튜브, 트위터 등 다양한 소셜 미디어(Social media)가 효과적인 커뮤니케이션 수단이 되고 있다.

각 커뮤니케이션 수단은 상이한 효과 및 비용구조를 가진다. 광고는 다수의 소비자들에게 상품 및 서비스를 인지시킬 수 있는 좋은 커뮤니케이션 수단이지만 제작비 및 매체비용이 매우 높은 편이다. 인적판매는 구매 결정을 촉구하는데 가장 효과적이지만 광고만큼 파급력이 크지는 않다. 홍보용 기사의 경우 최종 편집을 언론매체가 담당하기 때문에 커뮤니케이션을 기업이 원하는 방향으로 통제할 수 없다는 단점이 있다.

다양한 커뮤니케이션 수단은 각각 별개로 활용하기보다는 하나의 커뮤니케이션 수단을 또 다른 커뮤니케이션과 병행하여 활용하기도 한다. 예를 들어 판매촉진을 위해 경품행사를 계획했다면 이 사실을 고객에게 알리기 위해 광고를 내보내고 다양한 소셜 미디어를 활용하여 마케팅을 전개할 수 있다. 이처럼 기업의 목표를 달성하기 위하여 개별적 혹은 다양한 마케팅 커뮤니케이션 방법이 활용 될 수 있으므로 마케팅 담당자는 상황에 따른 적절하고 효과적인 커뮤니케이션 수단이 무엇인지 명확히 이해하고 있어야 한다.

표 9-1 마케팅 커뮤니케이션의 수단

유형	종류	도달 범위	장점	단점
광고	TV, 인쇄, 인터넷, 옥외광고 등	광범위	신속, 메시지 통제 가능	효과 측정의 어려움, 정보의 양 제한
PR 및 홍보	기업광고, 언론매체, 컨퍼런스, 특별 이벤트, 스폰서십, 박람회 등	광범위	높은 신뢰성	통제의 어려움, 간접 효과
판매 촉진	가격 할인, 샘플, 쿠폰, 경품, 경연대회 등	광범위	인지도 향상, 빠른 효과	경쟁사 모방 용이
인적 판매	인적판매, 고객서비스, 텔레마케팅, 구전 등	개별고객	정보의 양과 질이 탁월, 즉각적인 피드백	느린 속도
기타	홈페이지, PPL, 음성메일, 기업 로고, 건물 내부 인테리어, 장비, 직원 유니폼 등	보통	서비스의 무형성 극복	정량화가 어려움

자료: 이유재(2019). 재구성.

1) 광고

광고(advertising)는 광고주가 해당 기업브랜드 또는 자사 상품을 표적시장이나 청중에게 알리거나 구매를 촉진하기 위해 TV, 라디오, 신문, 잡지 등의 매체를 통해 메시지를 전달하는 커뮤니케이션 수단이다. 광고는 제품의 장기적 이미지 형성이나 단기적 판매자극을 위해 이용되며, 한 번의 노출로 대량의 구매자에게 도달할 수 있다. 반면, 비대면(非對面) 방법이어서 인적판매만큼 설득적이지 않고, 상대적으로 비용이 많이 든다.

광고매체 중 가장 대표적인 TV 광고는 광고비용이 매우 높은 단점이 있지만 도달률이 높고, 강력한 주의 환기가 가능하다. 따라서 외식업체에서는 시즌 한정 상품이나 신메뉴를 출시했을 때 TV 광고를 이용한 홍보 및 판촉활동을 활발히 한다. TV 광고 외에 신문, 잡지 등의 인쇄매체, 옥외 광고, 라디오 광고 등도 유용한 광고 수단으로 활용된다.

최근에는 인터넷의 발달로 온라인 광고의 중요성이 커지고 있다. 온라인 광고는 쌍방향 커뮤니케이션이 가능하며 시공간의 제약이 없어 24시간 내내 고객을 대상으로 광고를 할 수 있다. 컴퓨터가 기반이 되기 때문에 광고 수신 여부, 제공 광고에 대한 반응 등이 기록·측정되어 데이터베이스 마케팅의 기초가 되기도 한다. 다른 광고 매체들은 광고 노출 시점과 구매시점 사이에 시간적 차이가 발생하는데, 인터넷에서는 비교적 상품 인지와 예약·구매 등의 과정이 간단해질 수 있다.

온라인 광고의 유형에는 배너 광고, 텍스트 광고, 키워드 광고, 이메일 광고, 온라인 이벤트 등이 있으며, 광고 제공 방식에 따라 푸시(push)형과 풀(pull)형으로 나눌 수 있다. 푸시형은 인터넷 사용자에게 광고를 밀어내기식으로 전달하는 것으로 배너, 콘텐츠, 전자우편을 통한 광고 등이 있다. 반면에 풀형은 사용자들이 자신의 광고를 보러 오도록 하는 것으로, 주로 홈페이지를 만들어놓고 그곳을 방문하는 사용자를 대상으로 광고를 하게 된다.

외식업체는 다양한 광고를 통해 브랜드나 상품을 대중에게 알리고 구매를 촉진하고자 한다.
1. TV 광고 **2.** 온라인 광고 **3.** 옥외 광고 **4.** 옥외 광고 **5.** 배너 광고 **6.** 유튜브를 이용한 광고
자료: 1–3. 맥도날드 홈페이지; 4. 인앤아웃버거 인스타그램; 5. 스타벅스 홈페이지; 6. 맥도널드 유튜브

2) PR 및 홍보

PR과 홍보의 개념은 혼용되어 사용되기도 하는데, PR이 홍보보다 좀 더 광의의 개념이라 할 수 있다. **PR(public relations)**은 기업이 대중과의 우호적인 관계를 위해 하는 모든 활동을 지칭한다면, **홍보(publicity)**는 PR의 직접적 기능으로 비용을 지불하지 않고 기업활동이나 상품에 대한 정보를 언론 기사나 뉴스 형태로 내보내는 활동이다. PR은 소비자가 직접 눈으로 확인하고 참여할 수 있기 때문에 신뢰감을 부여하는데 매우 효과적인 마케팅 커뮤니케이션 수단이다. PR 활동은 레스토랑 오픈 시 언론계 종사자들을 초청하여 회견을 하거나, 기업 차원의 사회공헌활동 등이 이에 해당한다. 사회공헌활동의 경우 예전에는 일부 기업만 기업 이념에 따라 진행하였는데, 최근에는 많은 기업들이 다양한 분야에서 활발하게 진행하고 있다.

외식업체는 잡지를 이용한 홍보를 통해 고객들이 자연스럽게 정보를 받아들일 수 있도록 한다.
자료: Marie Claire Maison (2014. 5.).

홍보는 판매가 목적인 광고와 달리 유익한 정보 전달이 목적으로 고객이 좀 더 신뢰감을 갖고 자연스럽게 정보를 받아들일 수 있다. 그러나 홍보용 기사는 언론매체에서 그 내용을 편집하기 때문에 기업이 원하는 방향대로 통제할 수 없어 간혹 정보가 왜곡되거나 누락되는 경우가 있다. 외식기업에서는 이러한 점을 보완하기 위하여 새로운 브랜드나 매장을 오픈할 때, 소개하는 내용을 담은 프레스 키트(press kit)를 미리 작성하여 언론에 제공하기도 한다.

외식업체의 홍보 중에서 가장 효과적인 방법은 사진기사를 통한 홍보이다. 보도기사는 통제가 불가능하지만, 사진기사는 실제 촬영한 사진으로 메시지를 전달하기 때문에 고객과의 직접적인 커뮤니케이션이 가능하다. 또

파리바게뜨가 10월 22일 자체 프리미엄 가정간편식(HMR·Home Meal Replacement) 브랜드인 '퍼스트 클래스 키친'을 론칭하며 식사용 제품군 강화에 나선다고 밝혔다.

파리바게뜨는 '셰프가 만든 한 끼 식사'라는 슬로건을 바탕으로 외식 메뉴에 베이커리 역량을 접목한 다양한 서양식 제품을 선보일 방침이다. 파리바게뜨는 퍼스트 클래스 키친 론칭에 맞춰 기존 가정간편식 제품의 품질과 편의성도 강화했다. 또한, 제품 용량도 시중에서 판매되는 간편식 제품보다 약 1.5배가량 늘렸다. 가격대도 합리적으로 책정해 누구나 부담 없이 즐길 수 있도록 했다. 조리 시간을 대폭 줄여 간편하게 제품을 즐길 수 있도록 편의성을 높인 것도 강점이다.

퍼스트 클래스 키친은 서양 음식의 주요 요리에 해당하는 메인 디쉬(main dish) 7종과 에어프라이어로 즐길 수 있는 베이커리 제품 6종 등 총 13종으로 구성된다. 메인 디쉬는 레스토랑에서 조리한 듯한 뛰어난 맛과 시각적 완성도를 보여주는 제품으로 선보인다. 구성은 육즙이 풍부한 두툼한 함박스테이크,
부드러운 스크램블 에그, 각종 채소를 더한 '함박스테이크 라이스', 부드럽고 고소한 로제 파스타에 로스트 치킨과 새우, 치즈 등을 넣어 조화로운 '치킨 & 쉬림프 로제 파스타', 감칠맛이 살아있는 토마토 파스타에 깊은 풍미의 소시지를 듬뿍 넣은 '나폴리탄 토마토 파스타' 등이다.

파리바게뜨는 퍼스트 클래스 키친 론칭을 기념해 다양한 프로모션도 진행한다. 11월 4일까지 론칭 영상 시청 시 추첨을 통해 에어프라이기 증정, 제품 1개 구매 시 1,000원 할인, 3개(합산 1만5,000원 이상) 구매 시 5,000원 할인 혜택을 제공한다. 10월 31일까지 해피 오더로 제품 구매 시 무료 배송과 함께 해피포인트 5% 적립 및 2,000원 페이 3사(신한페이판·카카오페이·스마일페이) 추가 할인 혜택도 제공한다.

외식업체는 홍보용 기사를 통해 기업활동이나 상품에 대한 정보를 고객들에게 효과적으로 전달할 수 있다.
자료: 이코노미조선(2020. 10). 재구성.

한 외식 브랜드의 특징, 메뉴 소개 등을 생생한 사진과 함께 전달하기 때문에 고객에게 레스토랑을 인지·각인시키는 데 매우 유용하다.

3) 판매촉진

판매촉진(sales promotion)은 어떤 제품과 서비스의 구매를 촉진하기 위하여 여러 가지 단기적인 인센티브를 제공하는 활동이다. 판매촉진은 단기적인 매출 증대의 효과가 크고, 새로운 브랜드나 메뉴에 대한 고객 인지를 빠르게 높여주는 역할을 하는 반면, 장기적인 브랜드 선호도와 고객관계를 구축함에 있어서는 광고나 인적판매만큼 효과적이지 못하다. 광고나 인적판매는 고객에게 구매할 이유를 제안하는 반면, 판매촉진은 지금 바로 구매하라고 고객을 설득한다. 판매촉진의 여러 수단은 가격지향적 판매촉진과 비가격지향적 판매촉진으로 구분할 수 있다(그림 9-1).

가격지향적 판매촉진에는 가격 할인과 환불·상환이 있는데, **가격 할인**(price-offs)은 가격을 낮춰주는 것으로 주로 상품의 판매나 서비스의 이용을 증대시키기 위하여 고객을 유인하는 수단으로 사용된다. 이는 고객이 인식하는 구매 위험을 감소시켜 구매 가능성을 증대시키는 반면, 자주 사용하면 제품 이미지를 하락시키거나 할인이 없을 때 고객이 아예 방문 또는 구매를 하지 않을 수도 있다. 세트메뉴 할인이나 카드사 할인 등이 이에 해당한다. **환불**은 구매자에게 지불한 해당 상품의 가격을 되돌려주는 것이며, **상환**은 구매했다는 증거가 있으면 고객에게 일정한 현금 등을 돌려주는 것이다.

비가격지향적 판매촉진에는 샘플, 프리미엄, 경연대회·경품, 딘골고객 프로그램 등이 있다. **샘플**(sampling)은 소량의 상품을 무료로 제공하는 것으로 점포 내 배포, 가두 배포, 상품 부착, 우편배송 등의 방법으로 전달된다. 샘플 제공은 잠재 고객들에게 무료 사용의 기회를 제공하여 구매와 재방문을 유도할 수 있는 장점이 있으나, 상대적으로 비용이 많이 들고 샘플 배포를 정확하게 못할 경

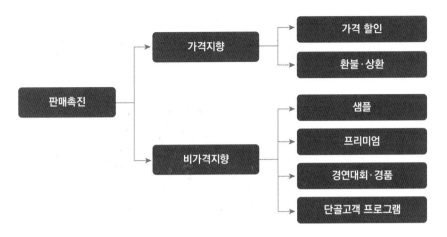

그림 **9-1**
판매촉진의 유형
자료: 이유재(2019).

우 사용하지 않는 샘플이 많이 발생하여 비효율적일 수 있다. 일반 기업에서 샘플은 다른 프로모션 수단보다 많이 사용되지 않지만 외식기업에서는 샘플을 효과적으로 사용할 수 있다. 예를 들어, 레스토랑 오픈 시 무료로 음료를 제공하거나 샌드위치, 샐러드 등을 무료로 제공한다면 신규 고객을 확보할 수 있다. 무료 샘플 외에 약간의 금액이 부과되는 샘플도 있다. 예를 들어, 햄버거와 커피를 함께 주문하면 커피를 저렴하게 제공하는 경우가 이에 해당한다.

프리미엄(premiums)은 제품 구매를 유도하기 위해 무료 또는 저비용으로 제공되는 상품으로 일종의 사은품(gift)에 해당한다. 예를 들어, 패스트푸드 레스토랑이나 커피 전문점에서는 종종 종이컵 대신 프로모션용 유리컵을 제공한다. 맥도날드의 경우 해피밀 구매자에게 영화나 만화에 등장하는 캐릭터 장난감 같은 다양한 프리미엄을 제공한다. 프리미엄은 다른 프로모션 수단과 달리 브랜드 이미지를 높이는 데 기여할 수 있는 반면, 지나치게 비싼 사은품을 제공하는 것은 불공정거래행위에 해당되고, 프리미엄 액수에 법적인 제한이 있으므로 프리미엄 제공 전 반드시 관련 규정(경품류 제공에 관한 불공정 거래행위의 유형 및 기준)을 확인해야 한다.

경연대회(contest)와 **경품**(sweepstakes)은 현금이나 여행과 같은 상품을 획득할 기회를 고객에게 제공하는 것이다. 경연대회의 경우 고객은 일정한 활동을 하거나 서비스를 구입해야 하지만 경품 제공의 경우 고객은 특별한 활동을 하지 않아도 상품을 얻을 수 있다. 두 방법 모두 구매자들의 관여도와 흥미를

| 샘플 | 프리미엄 | 단골고객 프로그램 |

외식업체는 판매촉진을 통해
단기적인 매출 증대효과를
얻고 새로운 브랜드에 대한
인지도를 높일 수 있다.
자료: 맥도날드 홈페이지; 파리
크라상 홈페이지; 버거킹 홈페
이지; 스타벅스 홈페이지.

증진시키고, 서비스를 즐겁게 사용할 수 있도록 계획된 것이다. 신상품을 출시
할 때 브랜드 네임이나 슬로건을 공모하는 것이 좋은 방법이다.

단골고객 프로그램(frequent customer programs)은 해당 기업의 상품·서
비스를 구매한 양이나 액수에 비례하여 고객에게 현금, 상품, 또는 서비스 등
으로 보상해주는 프로그램이다. 단골고객의 선호도를 보상함으로써 재구매율
을 증가시키고 브랜드 충성도를 형성하는 것이 목적으로 고객 이탈을 방지하
고, 고객 데이터베이스를 구축하여 고객의 니즈에 맞는 관계마케팅(relationship
marketing)을 실현할 수 있다는 장점이 있다. 이런 프로그램은 대부분 구매액이
높은 고객에게 많은 혜택을 제공하는데, 구매액이 높다고 해서 반드시 이익이
높은 고객은 아니므로 주의해야 한다.

4) 인적판매

인적판매(personal selling)는 고객과 직접적인 접촉을 통하여 기업의 서비스에
대한 정보를 제공하고 고객이 이를 선택할 수 있도록 설득하는 커뮤니케이션
활동이다. 고객과 직원이 직접 대면하여 대화를 통해 고객이 요구하는 사항을

명확하게 파악할 수 있고 융통성 있게 대처할 수 있다는 점에서 매우 효과적인 수단이다. 생산과 소비가 동시에 동일한 장소에서 발생하는 외식산업의 특성상 인적판매는 그 어떤 커뮤니케이션 수단보다 중요한 수단이 된다.

광고가 구매자의 반응 초기에 제품을 대하는 인지도를 높이는 데 효과적이라면, 인적판매는 최초 방문이나 구매 유발은 물론 인적판매의 방법과 직원의 역량에 따라 객단가를 높이는 데 효과적이다. 이와 관련된 방법인 **업셀링**(up-selling)은 고객에게 더 나은 가격 조건을 제안하거나 상품의 품질을 강조하는 등 고객이 희망했던 상품보다 단가가 높은 상품 판매 구입을 유도하는 판매 방법으로, 판매 증대는 물론 고객만족을 위해서도 중요한 마케팅활동이다. 업셀링의 예로는 원래 파스타를 주문하려 했던 고객에게 스테이크를 주문하도록 권유하는 것이 있다.

크로스셀링(cross-selling)이란 한 제품을 구입한 고객을 다른 제품을 추가로 구매하도록 유도하는 것이 목적이다. 예를 들어 스테이크만 구입하려던 고객에게 파스타, 음료가 포함된 세트 메뉴를 권하는 것이다. 이와 같은 판매 기법은 외식산업에서는 고객 접점에서 주문을 받는 담당 서버 등에 의해 이루어지고 있다.

인적판매의 장점은 고객의 요구에 즉각적이면서도 융통성 있게 대처할 수 있고, 고객이 될 만한 사람에게만 초점을 맞추어 접근할 수 있으며, 고객의 선택을 실시간으로 유도할 수 있다는 것이다. 반면, 영업만을 목적으로 한다는 부정적인 이미지를 풍기고 고객에게 심리적 부담을 느끼게 하여 고객불만을 초래할 수도 있다.

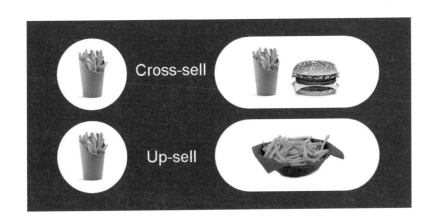

크로스셀링과 업셀링 방법을 통한 인적판매는 객단가를 높이는 데 효과적이다.
자료: Searchpp 홈페이지.

효과적인 내부마케팅은 인적
판매의 성과를 높여준다.
자료: 스타벅스 홈페이지.

인적판매를 효과적으로 실시하려면 광고, PR 및 홍보, 판매촉진 등 다른 촉진 수단과 병행하여 사용하는 것이 보다 효과적이다. 이를 위해서는 판매 직원의 자질 및 서비스 직원에 대한 교육·훈련이 필요하며, 직원들에게 동기 부여할 수 있도록 내부 마케팅을 효과적으로 실시하는 것이 중요하다.

스타벅스는 종업원을 동업자(partner)라고 부른다. 이는 직원을 회사 성장을 이끄는 동업자로 간주하는 것이다. 또한 임금체계와 복리후생에서 혜택을 제공함으로써 직무 역량을 높여 인적판매의 성과를 높이려고 노력하고 있다. "스타벅스는 커피로 유명한 회사입니다. 그러나 스타벅스를 빛나게 만드는 것은 바로 사람입니다."라는 채용 공고에도 이러한 기업 방침이 잘 드러나 있다.

5) 다이렉트 마케팅

다이렉트 마케팅(direct marketing)은 광고매체를 이용하여 장소에 구애받지 않고 고객의 반응이나 구매를 이끌어내는 마케팅활동으로 카탈로그 마케팅, 이메일 마케팅, 텔레마케팅, 온라인 마케팅 등 다양한 수단이 있다. 그중 가장 빠르게 성장하고, 가장 많이 활용되고 있는 것은 온라인 마케팅으로 여기에서는 온라인 마케팅을 위주로 다이렉트 마케팅을 설명하려 한다.

인터넷을 기반으로 하는 온라인 마케팅은 쌍방향 커뮤니케이션이 가능하며, 데이터베이스와의 연계가 가능하고, 시간과 공간의 제약이 없으며, 효과 측정이 가능하다는 장점이 있다. 모바일을 이용한 마케팅 활동은 폭발적으로 증가하였으며 전자상거래 형식의 소셜커머스(social commerce)는 외식업체들의 마케팅 수단으로 각광받고 있는데, 이는 특히 소규모 업체들의 마케팅 수단으로 유용하게 이용되고 있다. 고객의 자발적인 광고로 마케팅 비용이 거의 들지 않고, 높은 홍보효과 등을 얻을 수 있기 때문이다. 반면 높은 할인율 적용, 수수료 제공 등의 문제도 야기되고 있다. 높은 할인율은 고객 마음속의 표준가격을 낮춰 행사 종료 후에 고정고객을 잃을 수 있고, 티켓 구매자가 일시에 몰리면서 외식업체의 서비스 능력을 초과하여 오히려 고객불만을 야기시킬 수 있다.

이런 문제점 없이 최근 가장 보편적으로 이용되고 있는 소셜 미디어를 활용한 마케팅 수단이 바로 트위터, 페이스북, 인스타그램 등으로 대표되는 실시간 커뮤니케이션이 가능한 온라인 마케팅 수단이다. 이 수단들은 대중적인 인기 지속과 고객 참여가 확대되면서 그 중요성이 강조되어 많은 외식업체에서 대내외 소통 채널로 활용하고 있다. 다양한 이벤트, 프로모션 등을 전개하여 고객의 적극적인 참여를 유도함으로써 보다 전략적으로 활용하고 있다. 예를 들어 소셜 미디어 페이스북은 확산 속도가 매우 빠르고, '좋아요(like)'가 많은 페이지의 경우 게시물이 올라올 때마다 파급력이 상당히 크다. 다만, 일회성 이벤트가 주를 이루고

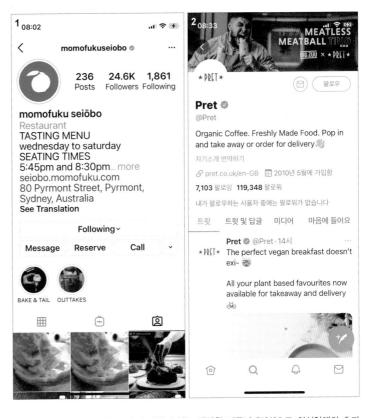

다이렉트 마케팅은 시간과 공간의 제약이 없는 쌍방향 커뮤니케이션으로 외식업체의 효과적인 마케팅 수단으로 이용되고 있다.
자료: 1. Momofuku Seiōbo 인스타그램, 2. PRET 트위터

소셜 미디어를 통해 진행된 마케팅 커뮤니케이션에 불만족이 발생할 경우 부정적인 구전이나 악의적인 의견이 매우 빠르게 확산될 수 있다는 단점이 있다.

3. 마케팅 커뮤니케이션의 기획 및 수행

통합적 마케팅 커뮤니케이션의 관점에서 외식기업의 **마케팅 커뮤니케이션 기획**은 단기적으로는 매출 목표 달성, 장기적으로는 브랜드 이미지 창출이라는 일관된 목표 아래 이루어진다. 외식기업은 각기 성격과 역할이 다른 마케팅 커뮤니케이션 수단을 조화롭게 사용하여 최대한의 시너지 효과를 발휘하는 데 초점을 맞추게 된다.

통합적 마케팅 커뮤니케이션 기획에서 대중매체의 역할은 전통적 마케팅 커뮤니케이션보다 제한적이다. 즉 대중매체를 이용한 커뮤니케이션 활동은 주로 상품에 대한 초기 인지도 창출 등을 통해 다음 단계의 마케팅 커뮤니케이션 활동을 위한 발판을 마련해준다. 그러나 통합적 마케팅 커뮤니케이션 기획에서는 커뮤니케이션 활동으로 고객의 직접행동 반응을 유발하는 것을 중요시하기 때문에 뉴미디어(new media)의 역할이 강조된다. 뉴미디어는 고객의 직접 행동 반응을 이끌어내는 데 있어 대중매체보다 효율적이다. 특히 인터넷을 중심으로 한 뉴미디어는 1 : 1 및 쌍방향 커뮤니케이션의 특성을 지니고 있어 통합적 마케팅 커뮤니케이션 기획에서의 중요성이 부각되고 있다. 대중매체와 1 : 1 매체는 상호보완적인 관계로, 대중매체는 주로 브랜드나 상품의 출시(launching) 단계에서 브랜드 및 상품에 대한 인지도를 창출하기 위하여 사용되며 DM, 텔레마케팅, 인터넷과 같은 상호작용적인 1 : 1 매체는 제품 성장기 및 성숙기에서 고객의 직접 행동을 촉구하기 위하여 사용된다.

다음 그림 9-2는 마케팅 커뮤니케이션 수행 프로세스를 보여준다. 첫 번째 단계는 '아이디어 도출'로 이 단계에서는 마케팅팀이 주관하되 관련 부처인 영업팀이나 메뉴개발팀, 교육·훈련팀과의 브레인스토밍을 통해 아이디어를 도출한다. 아이디어 회의 전 중요한 단계는 신문, 잡지, 방송, 홈페이지 등 대중매체를 통해 현재의 경제·문화적 이슈를 파악하는 것이다. 다음 단계는 '콘셉트 추출'이다. 아이디어 회의 결과를 토대로 주요 '콘셉트'를 추출하고 고객 인터뷰나 설문조사를 통해 고객의 니즈에 부합되는 것인지 검토한다. 실행 단계에서 예산 및 오퍼레이션 절차에 예상되는 문제는 없는지 검토하는 것도 중요하다. '플래닝'에서는 CRM 시스템을 활용하여 타깃 고객을 선정하고 예산과 스케줄 등 상세한 실행계획을 수립한다. 매장 오퍼레이션과 서비스와 관련된 교육은 교육·훈련팀과 영업팀이 주관하여 실행에서 문제가 없도록 사전에 철저히 계획한다. '실행'에서

그림 9-2
마케팅 커뮤니케이션 수행 프로세스

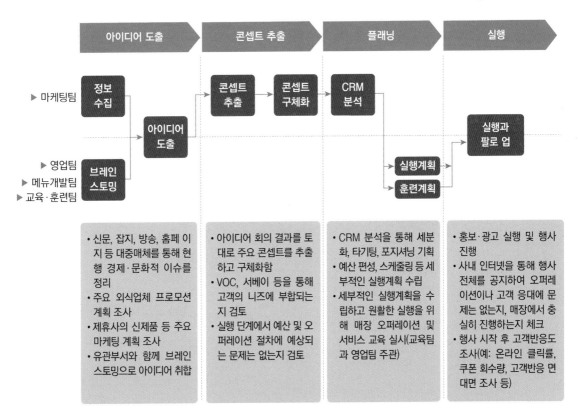

는 마케팅 커뮤니케이션을 실행하거나 행사를 진행한다. 실행과정 중에도 오퍼레이션이나 고객 응대에 문제가 없는지 매장에서의 진행상황을 체크하고 행사 후에는 고객반응도 조사 등을 통해 피드백을 한다.

사 례 온라인 마케팅 채널

국내 최대 배달 피자로 전체 주문의 85%를 전화나 온라인으로 주문받아 고객에게 직접 배달하고 있는 '도미노피자'는 2002년 최초로 온라인 주문 시스템을 탑재한 후 지금까지 끊임없는 투자와 리뉴얼로 쉽게 구매 가능한 편의성과 함께 "Creative Domino's"라는 캐치프레이즈와 부합하는 차별성을 추구하고 있다.

'도미노피자'의 온라인 주문은 단순한 고객 DB 축적을 통한 CRM 활용의 측면을 훨씬 넘어 브랜드 측면에서 정서적 친근감, 프로모션 비용 절감, 우량 고객 DB 확보 및 객단가와 매출을 증대시키고, 고객 측면에서 더 나은 구매환경과 정보, 할인된 가격으로 제품을 구매할 수 있는 상호이익의 공간이다. 기존 QSR(Quick Service Restaurant)업계나 패밀리레스토랑, 그리고 동종 업계의 경쟁 브랜드와 비교하더라도 기업의 개념상 온라인 주문 및 채널의 확대를 통한 이점은 다양하고 강력하다.

가치	이익
고객	전화+온라인 주문 통한 대 고객 주문 접점 확대로 우량 DB 확보
커뮤니케이션	신제품 · 프로모션에 대한 회원 고객을 대상으로 한 저비용 커뮤니케이션
CRM	회원 고객 EDM · SMS 발송을 통한 프로모션 비용 절감
매출	신규매장 별도 오픈 없이 온라인 유통망을 통한 별도의 Profit Center 역할
객단가	제품 및 사이드 메뉴 이미지 부각으로 오프라인 주문 대비 객단가를 15% 높임
가격	콜센터 비용 상쇄를 통한 온라인 채널 특가 할인 판매 가능
MOT	고객 접점이 없는 배달 전문 브랜드로서 홈페이지를 통한 정서적 친근감 고양

활동 사례
ACTIVITY

외식기업의 다양한 CSV(Creating Shared Value: 공유가치 창출) 프로그램의 홍보

[사례 1]

환경에 대한 위기의식이 사회적 공감대로 형성된 가운데, 일회용품 줄이기를 위한 노력은 이제 어렵지 않게 볼 수 있다. 환경부 또한 지난해 '자원의 절약과 재활용촉진에 관한 법률(일명 '재활용법')'을 시행하며 일회용품 규제를 추진하기 시작했다.

이에 외식업 프랜차이즈를 비롯한 유통업계 전반에서도 다양한 친환경 정책을 도입하며, 환경 문제에 적극적으로 나서는 추세. 종이컵 대신 텀블러 활용을 유도해 할인 혜택을 제공하거나 비닐 포장지를 종이 포장지로 교체하는 등 다방면으로 노력하고 있다.

치킨업계에서는 업계 1위인 교촌치킨이 친환경에 앞장서고 있다. 이미 천연펄프 크래프트지를 활용한 포장 박스와 쇼핑백을 제작해 대부분 비닐로 배달되던 치킨업계에 친환경 바람을 불러일으킨 바 있으며, 2011년부터는 '고 그린(Go Green)' 캠페인을 통해 자연 친화적인 매장 인테리어를 선보였다.

지난 2월부터는 친환경 활동을 더욱 체계적으로 이어가고자 '교촌과 함께 푸른 자연이 다시 살아납니다'라는 슬로건과 함께 '리 그린 위드 교촌(Re Green with KYOCHON)'이라는 캠페인으로 확대 시행에 나섰다. 매장과 배달 주문 시 제공되는 나무젓가락, 종이컵, 위생 세트 등의 사용을 제한하고 있으며, 추후 재활용 가능한 품목으로 늘려 나갈 계획이다.

아울러, 고객들과 함께할 수 있는 고객 참여 유도형 환경 캠페인도 마련했다. 나무젓가락 사용을 줄이자는 '굿-바이 나무젓가락, 그린템 프로모션'을 진행하며, 고객들이 자발적으로 환경 보호에 참여할 수 있도록 적극 유도할 계획이다.

이밖에 사회 재난 문제로 떠오르고 있는 극심한 미세먼지에 따른 피해를 줄이기 위한 '리 그린 더 트리(Re Green THE TREE)' 나무 심기 캠페인도 앞두고 있다.

쓰레기 매립지를 비롯한 미세먼지 발생원 인근에 있는 시설 주변에 나무를 심어 악취와 매연을 줄이고, 미세먼지 차단 숲을 조성할 예정이다.

자료: 조선일보(2019. 3. 26). 재구성.

[사례 2]

맥도널드는 앞으로 개장하는 새로운 플래그십 레스토랑에 있어서 에너지 사용을 효율화 하는 것을 목표로 하고 있으며, 회사가 추구하는 가치를 자사 홈페이지와 유튜브 동영상을 통해 홍보하고 있다.

Walt Disney World Resort에 문을 연 Net Zero Energy 레스토랑은 외부로부터 에너지를 공급받지 않고 사제적으로 에너지를 생산하여 사용하도록 설계되었다.

자료: 맥도널드 홈페이지(2020).

[사례 3]

매일유업은 연말연시를 맞아 폴 바셋에서 '소화가 잘되는 우유'(소잘우유)로 만든 카페라떼를 마시면 소잘우유 180ml 제품 1팩이 기부되는 '소잘라떼 60일의 기적' 캠페인을 진행한다고 2일 밝혔다.

이달부터 60일간 진행되는 이 캠페인은 커피전문점인 폴 바셋 매장에서 판매하는 소잘라떼 메뉴와 우유가 들어가는 라떼류 메뉴의 우유를 소잘우유로 변경하면 소잘우유 1팩이 기부되는 형식이다.

모인 소잘우유는 '㈜어르신의 안부를 묻는 우유배달'에 기부된다. 어르신의 안부를 묻는 우유배달은 홀로 사는 어르신의 고독사를 예방하기 위해 2003년 옥수중앙교회 호용한 목사가 시작한 독거노인 지원활동으로, 배달한 우유가 남아

있을 경우 관공서나 가족에게 연락해 고독사를 미연에 방지할 수 있는 사업이다. 현재는 매일유업과 우아한 형제들, 골드만삭스를 비롯한 16개 기업이 후원사업에 참여하고 있다.

자료: 문화일보(2020. 12. 2), 재구성.

1. 외식기업의 CSV 활동이 고객, 사회 및 본 기업에 미치는 영향을 구체적으로 토의해보자.
2. 외식기업이 추구하거나 실행하는 CSV 활동에 대한 마케팅커뮤니케이션이 필요한 이유를 논의해보자.

연습 문제
R E V I E W

1. 통합적 마케팅 커뮤니케이션이 필요한 이유를 설명해보자.
2. 마케팅 커뮤니케이션 믹스의 방법을 열거해보자.
3. 외식기업의 마케팅 커뮤니케이션 사례를 찾아 기업입장과 고객의 입장에서 그 성과를 분석해보자.

용어 정리
K E Y W O R D

마케팅 커뮤니케이션 어떤 상품이나 서비스를 현재 또는 미래의 고객에게 알리고, 이것을 구매하도록 설득하며, 구매를 유인할 수 있는 여러 가지 인센티브를 제공하는 활동

마케팅 커뮤니케이션 믹스 광고, PR 및 홍보, 판매촉진, 인적판매, 다이렉트 마케팅

광고 광고주가 해당 기업브랜드 또는 자사 상품을 표적시장이나 청중에게 알리거나 구매를 촉진하기 위해 TV, 라디오, 신문, 잡지 등의 매체를 통해 메시지를 전달하는 커뮤니케이션 수단

PR 기업이 대중과의 우호적인 관계를 위해 하는 모든 활동을 지칭

홍보 PR의 직접적 기능으로 비용을 지불하지 않고 기업활동이나 상품에 대한 정보를 언론 기사나 뉴스 형태로 내보내는 활동

판매촉진 어떤 상품의 구매를 촉진하기 위하여 여러 가지 단기적인 인센티브를 제공하는 활동으로 쿠폰, 경연대회, 가격 할인, 프리미엄, 샘플 제공 등의 수단

인적판매 고객과 직접적인 접촉을 통하여 기업의 서비스에 대한 정보를 제공하고 고객이 이를 선택할 수 있도록 설득하는 커뮤니케이션 활동

다이렉트 마케팅 광고매체를 이용하여 장소에 구애받지 않고, 고객의 반응이나 구매를 이끌어내는 마케팅활동

참고문헌
REFERENCE

배진희, 양일선, 박문경(2018). SNS 정부특성과 스낵제품의 소비자태노, 온라인 구전재전달, 구매의
　도와의 관계에 관한 연구. 한국식공간학회, 13(3): 83-96.

안지애, 양일선, 신서영, 이해영, 정유선(2012). 해외 한식당 마케팅 커뮤니케이션 매체 및 한식당 이용
　에 대한 태도 분석 -한식당 이용 경험 및 국가별 차이를 중심으로-. 한국식생활문화학회, 27(6):
　666-676.

양일선, 김은정, 선서영, 차성미(2011). 한식 세계화 유관기관 및 해외진출 외식기업의 해외 한식 마케
　팅 커뮤니케이션 분석. 한국식생활문화학회, 26(6): 698-708.

양일선, 안지애, 백승희, 이해영, 정유선(2011). 미국, 중국, 일본 소비자의 해외 한식당 마케팅 커뮤니
　케이션 이용행태 분석. 한국식품영양학회, 24(4): 808-816.

양일선, 차진아, 신서영, 박문경(2021). 급식경영학. 교문사.

이가희, 남궁영(2016). 외식기업의 사회적 책임(CSR) 활동의 동기가 고객 만족도, 행동의도에 미치는
　영향. 관광학연구, 40(5): 107-126.

이민아(2010). 외식산업의 친환경 마케팅: 그린 레스토랑 중심으로. 식품기술, 23(3): 345-356.

이유재(2019). 서비스마케팅. 학현사.

이혜성, 남궁영(2015). 외식소비자의 소셜네트워크서비스(SNS) 이용에 관한 연구. 한국관광학회,
　39(8): 151-168.

최원영, 양일선, 이해영(2011). 온라인 외식 정보 채널의 선택 상황 및 만족도 분석. 한국관광학회 국제
　학술발표대회, 69(1): 817-827.

한순임, 김태호, 이종호, 김학선(2017). 제4차 산업혁명에서 SNS 빅데이터의 외식산업 활용 방안에 대
　한 연구. 한국조리학회, 23(7): 1-10.

Ang, Lawrence(2014). Principles of integrated marketing communications. Cambridge
　University Press.

Belch, George Edward(2015). Advertising and promotion. McGraw-Hill Irwin.

Berge, Petter M.(2010). Hospitality and tourism management. Nova Science Publishers.

Bowie, David(2011). Hospitality marketing. Butterworth-Heinemann.

Clow, Kenneth E.(2014). Integrated advertising, promotion, and marketing communications.
　Pearson.

Eagle, Lynne(2014). Marketing communications. Routledge.

Jackson, F. H., Titz, K. & DeFranco, A. L.(2004). Frequency of Restaurant Advertising and
　Promotion Strategies: Exploring an Urban Market, Journal of Food Products Marketing
　10(2), pp.17-32.

Jackson, F. H., Titz, K., DeFranco, A. & Gu, H.(2008). Restaurant Advertising and Promotion
　Strategies of Two Gateway Cities: An Exploratory Study. International Journal Of

Hospitality And Tourism Administration 9(1), pp.36-51.

James, Melanie(2014). Positioning theory and strategic communications. Routledge, Taylor & Francis Group.

Lewis, Robert C.(2000). Marketing leadership in hospitality. John Wiley & Sons.

McCabe, Scott(2009). Marketing communications in tourism and hospitality. Butterworth-Heinemann/Elsevier.

Mistilis, N., Agnes, P. & Presbury, R.(2004). The Strategic Use of Information and Communication Technology in Marketing and Distribution-A Preliminary Investigation of Sydney Hotels. Journal of Hospitality And Tourism Management 11(1), pp.42-55.

Mohsin, A(2007). Hospitality Marketing: An Introduction(David Bowie and Francis Buttle). Tourism Review International 11(1), pp.87-88.

Morrison, Alastair M.(2010). Hospitality and travel marketing. Delmar Cengage Learning.

Parente, Donald E.(2015). Advertising campaign strategy. Cengage Learning.

Perreault, William D.(2002). Basic marketing. Irwin/McGraw-Hill.

Shoemaker, Stowe(2008). Marketing essentials in hospitality and tourism. Pearson/Prentice Hall.

Walker, John R.(2001). The restaurant. John Wiley.

WDW News Today 유튜브. www.youtube.com/watch?v=xGNfyZ_JZFY&ab_channel=WDWNewsToday

도미노피자 홈페이지. www.dominos.co.kr

마리클레르 홈페이지. www.marieclaire.fr

맥도날드 홈페이지. www.mcdonalds.com

모모푸쿠 세이보 인스타그램. www.instagram.com/momofukuseiobo

문화일보 홈페이지. www.munhwa.com

스타벅스 홈페이지. www.starbucks.co.kr

이코노미조선 홈페이지. www.economychosun.com

인앤아웃버거 인스타그램. www.instagram.com/innout

조선비즈 홈페이지. biz.chosun.com

조선일보 홈페이지. www.chosun.com

Pret 트위터. www.twitter.com/Pret

www.searchpp.com

CHAPTER 10

원가관리

외식업을 성공적으로 경영하려면 기본적으로 외식경영활동 중에 발생하는 원가를 정확히 파악하고 효율적으로 관리해야 한다. 사업계획서를 작성할 때도 원가비율을 미리 계획하여 사전에 사업타당성을 분석하고, 외식업을 운영하는 동안에도 원가비율에 대한 기준을 가지고 원가를 통제해야 한다. 더 나아가 외식업의 전반적인 재무 상황을 파악하고 자금의 흐름과 손익을 분석하는 활동은 외식경영자가 반드시 갖추어야 할 업무능력이다.

본 장에서는 외식원가의 기본 개념과 구성 요소, 효율적 원가관리 위한 주요 업무, 외식업에서 주로 이용되는 재무제표의 종류 및 분석 방법에 대해 살펴본다.

사 례 푸드테크로 인건비를 줄여라, 사람 대신 로봇이 일하는 외식업계

외식업계에 음식과 4차 산업혁명 기술을 결합한 푸드테크가 새로운 트렌드로 떠올랐다. 최저임금 인상, 주 52시간 근무제 등으로 외식업계 인건비 상승 압박이 더해지면서 AI 기술을 가진 인공지능 로봇의 활용도가 갈수록 높아지고 있다. 지속되는 장기불황에 인건비를 줄이고 생산성을 높이고자 무인화 바람이 불면서 인공지능 로봇이 서빙에서 음식조리까지 대신하고 있는 것이다.

메리고키친은 스마트오더 어플에 탑재된 QR코드로 음식을 주문하면 자율 주행 로봇이 음식을 가져다준다. 모노레일을 타고 움직이는 두 대의 로봇에 테이블 번호가 입력되면 해당 테이블 앞에 정확히 멈춰서 음식 배달을 완료한다.

제너시스BBQ는 새로 오픈한 편리미엄 카페형 매장에 로봇을 채용했다. 배달앱 시장의 성장으로 내점고객이 줄다 보니 고객들을 매장으로 끌어들일 방법과 내점 고객들에게 편의성과 재미 요소를 줄 수 있는 방법을 고민하다가 서빙 로봇을 도입한 것이다. 서빙 로봇의 1개월 대여비는 80~100만 원 정도로 최저임금을 기준으로 계산했을 때 일반 직원 월급의 절반 수준이라며 인건비 부담을 덜 수 있을 뿐만 아니라 충전만 잘하면 아침부터 저녁까지 24시간도 사용 가능해 상당히 효율적이라고 설명했다.

음식 요리까지도 가능한 로봇도 속속 개발되고 있다. CJ푸드빌은 빕스 등촌점을 리뉴얼 오픈하여 국내 최초로 고객과 대면하는 '클로이 셰프봇'을 선보였다. 클로이 셰프봇은 CJ푸드빌과 LG전자가 공동 개발한 요리 로봇이다. 본죽과 본죽&비빔밥 카페 등을 운영하는 외식기업 본아이에프는 지난해 3월부터 죽을 자동으로 저어주는 자동 조리 로봇 '본메이드기'를 일부 매장에 도입해 운영 효율성을 높이고 있다.

자료: 식품외식경제(2020. 1. 10.). 재구성.

1. 원가의 이해

1) 원가의 개념과 구성 요소

원가(cost)는 상품의 제조, 판매, 서비스 제공 등을 위하여 투입된 재화나 용역의 경제가치를 의미한다. **외식원가**란 외식상품인 음식을 생산하여 제공하기 위해 소비된 경제적 가치로 정의되며 크게 식재료비, 인건비, 경비의 3가지로 구성되는데 이를 외식원가의 3요소라 한다.

식재료비는 음식 생산에 소비되는 식재료 구입 비용으로 주식비, 부식비 등이 포함된다. **인건비**는 직원들에게 제공되는 임금, 급료, 각종 수당, 상여금, 퇴직금 등을 의미한다. **경비**는 식재료비와 인건비를 제외한 모든 비용으로 광열비, 전력비, 감가상각비 등이 포함된다.

외식업에서는 식재료비와 직접 인건비가 운영 비용의 대부분을 차지하므로 이 2가지를 **주요원가**(prime cost) 또는 기초원가라고 부른다. 일반적으로 주요원가는 60% 이하가 되는 것이 바람직하며 70%를 초과하면 수익을 내기 어려워진다.

2) 원가의 분류

외식경영 활동에서 발생하는 원가는 여러 기준에 의해 다양한 방법으로 분류할 수 있다(표 10-1). 제품 생산 관련성에 따라 원가를 분류하면 특정 제품의 생산을 위해 사용된 비용은 **직접비**, 여러 제품에 공통적으로 사용된 비용은 **간접비**로 구분된다. 생산량과의 관계에서 보면 생산량에 관계없이 고정적으로 발생하는 **고정비**, 생산량 증감에 따라 변화하는 **변동비**, 고정비와 변동비의 성격을 동시에 갖고 있는 **반변동비**로 구분된다(그림 10-1).

표 10-1 원가의 분류

기준	구분	의미
제품 생산과의 관련성	직접비	특정 제품의 생산을 위해서 직접 쓰인 원가(직접재료비 · 직접인건비 · 직접경비 등)
	간접비	여러 제품에 공통으로 또는 간접적으로 소비되는 원가(제조간접비)
생산량에 따른 비용의 변화	고정비	생산량 증감에도 불구하고 고정적으로 발생하는 원가(감가상각비 · 지급임차료 · 월정액 급료 등)
	변동비	생산량의 증감에 따라 증가 또는 감소하는 원가(식재료비)
	반변동비	특정 범위의 생산량에서는 일정한 금액이 발생하지만, 변동비와 고정비의 성격을 동시에 갖고 있는 비용으로, 이 범위를 벗어나면 일정액만큼 증가 또는 감소하는 원가(시간제 종업원 임금)

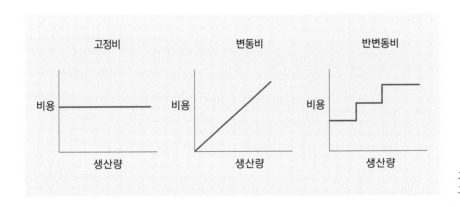

그림 10-1
고정비, 변동비, 반변동비

3) 원가와 판매가

외식상품에 대한 원가를 구성하는 요소는 판매가격 결정의 근거가 된다. 즉 직접원가, 제조원가, 총원가를 기초로 하여 판매가가 결정된다(그림 10-2).

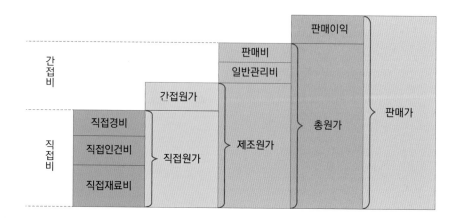

그림 **10-2**
원가의 구조

- **직접원가**는 특정 제품의 생산을 위하여 직접적으로 소비된 원가이다. 직접재료비, 직접인건비, 직접경비로 구성되며 제조간접비가 포함되기 전의 원가이다. 예를 들어 피자 조리를 위해 사용된 직접원가는 직접재료비 4,000원, 직접인건비 3,000원, 그리고 직접경비 1,000원으로 구성된다.

- **제조원가**는 직접원가에 일정한 기준에 의해 배정된 제조간접비를 가산한 원가이다. 제품의 생산 활동, 즉 재료를 가공해서 제품으로 완성하기까지 소비된 원가이다. 피자를 만들기 위하여 소비된 직접원가 8,000원에 제조간접비 2,000원을 가산한 금액인 1만 원이 제조원가가 된다.

- **총원가**는 제조원가에 일반관리비와 판매비를 가산한 금액으로 외식상품의 제조에서 판매까지 발생한 모든 원가를 의미한다. 피자를 조리하기 위하여 소비된 제조원가 1만 원에 일반관리비와 판매비 3,000원을 가산한 1만 3,000원이 총원가가 된다.

- **판매가**는 총원가에 일정 이윤을 가산하여 결정된 금액이다. 피자 생산 및 판매에 소비된 총원가 1만 3,000원에서 이익 마진(예: 20%)인 2,600원을 가산한 1만 5,600원이 판매가가 된다.

한때 외식 시장을 이끌던 패밀리 레스토랑과 한식뷔페가 외식 트렌드 변화, 1인 가구 증가, 경기 침체 등 여러 요인으로 어려움을 겪고 있다. 외식 수요 자체가 줄어든 데다가 최저 임금·임대료·재료비 등 원가 상승 요인들이 더해지면서 업체들이 운영에 한계를 느끼고 있던 차에 2020년 코로나19로 집콕 트렌드가 확산되면서 점포 방문객이 급감하며 직격타를 맞게 된 것이다. 2018년 초까지만 해도 매장 수가 15개였던 신세계 올반은 2020년 3개 매장만 남기고 모두 문을 닫았다. CJ푸드빌도 매출이 급감하자 비용 지출을 최대한 억제하고 자산 매각, 투자 최소화, 자율적 무급 휴직 등으로 위기 관리에 나섰다. 롯데지알에스, CJ푸드빌, 이랜드이츠, 신세계푸드 등 대기업 외식업체들은 각 브랜드별 체질개선에 고심하고 있다.

업계에서는 경기가 어느 정도 회복되더라도 예전의 영화를 기대하기는 어려울 것으로 보고 있다. "이제는 도심에서 매장 수를 확장하기보다 상권별 특화매장을 앞세워 전방위적으로 사업 구조를 개선해야 할 때이다."고 밝혔다. 영업이 부진한 매장은 대폭 정리하고 안정적으로 운영되어 온 기존 매장은 리뉴얼해 점포당 효율을 높이는 등 생존을 위한 자구책 마련에 나서고 있다.

CJ푸드빌은 시장 흐름에 대응하기 위해 특화 매장과 리뉴얼 매장을 적극 오픈하고, HMR, 딜리버리 서비스 등을 강화해 고객 경험 접점을 확대한다는 방침이다. 이랜드이츠 역시 '애슐리퀸즈' 모델 확장과 함께 HMR 사업을 성장 모멘텀으로 삼아 집중하기로 했다. 롯데지알에스는 통합 외식플랫폼 '롯데이츠'를 활용하여 배달 매출을 활성화시키고 서빙로봇 '페니' 운영 등 푸드테크로 위기를 극복하겠다는 전략이다.

패밀리 레스토랑, 한식 뷔페에 대한 선호도가 많이 사라졌지만 특화 매장을 만들고 가정간편식 메뉴를 선보이는 등 매출 향상을 위한 다양한 작업을 통해 수익성을 확보하기 위한 자구 노력을 할 것으로 보인다.

자료: 한국일보(2018. 3. 22.); 아이뉴스24(2020. 04. 21.). 재구성.

2. 원가관리

1) 원가관리의 중요성

원가를 관리한다는 것은 경영의 목표를 효율적으로 달성하기 위해서 경영 시스템을 통해 기회손실을 최소화하는 것을 의미한다. 판매가에 비해 원가가 너무 높을 경우 목표 이익이 줄어들어 경영 목적을 달성하기 어려워진다. 원가가 너무 낮을 경우에는 단기적으로는 목표 이익을 달성하기 쉬우나 상품의 품질관리가 제대로 되지 않아 고객만족도가 낮아지고 장기적으로 이익이 감소될 수 있다.

외식업에서는 식재료비의 지출 비중이 상당히 크기 때문에 식재료 원가를 효과적으로 관리하는 것이 성공에 있어서 중요한 기준이 되며 구매, 검수, 저장, 출고, 생산, 판매 각 단계에서의 원가관리를 통해 효과적인 통제가 이루어져야 한다.

2) 식재료비

(1) 표준 식재료 원가의 이해

외식업에서 **표준 식재료 원가**(standard food cost)는 표준 레시피에 의한 재료의 사용량에 따라 결정되며 각 상품의 품목별로 산출되며 효율적 원가통제의 수단이 된다. 실제와 표준 식재료 원가의 차이를 분석하여 발생된 문제를 찾아내어 이에 대한 책임을 명확히 함으로써 해결책 제시에 근거가 된다. 표준원가를 계산하기 위해서는 4가지 표준에 대한 개념 이해가 선행되어야 한다.

- **표준 1인분**(standard portion size)은 상품의 품목별로 1인분에 해당하는 크기, 수량, 무게 등을 의미하는 것으로 정해진 분량과 무게를 일정하게 유지하여 식재료 원가의 변동성을 최소화할 수 있다.

- **표준 레시피**(standard recipes)는 메뉴 한 품목을 생산하기 위해 사용되는 식재료의 소요량이 상세히 기재되어 있는 자료명세를 의미하며 식재료명, 분량, 총원가, 판매가, 조리의 방법 및 과정이 기술되어 있다. 표준 레시피는 메뉴 품목의 표준 원가 결정의 근거가 된다.
- **표준 구매명세서**(standard purchase specification)는 메뉴상품에 사용되는 식재료 품목에 대한 품질, 분량, 무게, 가격을 간단하게 설명해놓은 설명서이다. 구매담당자, 납품업자, 검수직원, 조리장은 원가 손실을 최소화하고 구매과정에서 오류가 발생하지 않도록 표준 구매명세서를 숙지하여야 한다.
- **표준 산출량**(standard yields)은 조리나 준비과정에서 식재료의 감소나 낭비를 최소화하여 원가를 관리하려는 목적으로 설정되는 생산량 표준을 의미한다. 식재료 구매 시 중량(AP: As Purchased)과 판매하기 위해 준비된 최종 상태의 중량(EP: Edible Portion)의 차이를 최소화하고 높은 산출률을 얻을 수 있도록 적절한 조리 방법을 모색하는 것이 중요하다.

(2) 표준 식재료 원가와 실제 식재료 원가의 차이

실제 식재료 원가와 표준 식재료 원가의 차이는 구매나 생산량에 대한 통제 시점이나 담당자가 다른 경우에 발생하며, 구체적으로 다음과 같은 원인에 의해 나타난다.

- 실제 1인분 표준량을 초과하여 제공한 경우
- 부정확한 예측에 의해 과잉생산한 경우
- 구매 또는 검수과정에서 과잉구매가 일어난 경우
- 조리과정에서 1인분 이상의 식재료를 소비하는 경우
- 저장과정 중 식재료의 부패와 변질이 일어난 경우
- 남은 식재료가 적절하게 활용되지 않는 경우
- 식재료가 무단으로 외부에 유출되는 경우

이와 같은 문제를 예방하기 위해서는 종업원들의 원가관리에 대한 중요성 인식이 필요하며 표준 1인 분량을 철저히 지키도록 교육해야 한다. 정확한 수요량을 판단하는 훈련과 갑작스런 식수 변동 상황에 대한 예측도 수행되어야 한다.

또한 과잉구매나 검수과정의 실수로 인해 변질되어 낭비되는 식재료가 없도록 해야 한다.

(3) 실제 식재료 원가계산

한 달 동안 소비된 식재료 원가(cost of food consumed)는 월말에 계산하며 월초의 식재료 재고량과 해당 월의 식재료 구매량에서 월말의 식재료 재고량을 감하여 구한다. 실제 사용한 식재료의 원가계산을 위해서는 고객에게 제공된 식재료 원가와 직원 식사에 사용된 식재료 원가를 구분하는 것이 바람직하다.

판매된 식재료의 총원가(cost of food sold)는 소비된 식재료의 총원가에서 직접적으로 음식 판매에 사용되지 않고 종업원 식사로 사용된 식재료와 타 업장으로 이동한 식재료를 제외하고, 타 업장에서 주방으로 이동한 식재료를 더하여 계산한다(표 10-2).

표 **10-2** 식재료 원가계산의 예시

식재료 원가계산	월간 식재료 원가계산 예시(단위: 천 원)
월초 식재료 재고량	3,000
+ 해당 월 식재료 구매량	+ 12,000
− 월말 식재료 재고량	− 5,000
= **월간 소비된 식재료 원가**	= 10,000
− 종업원 식사	− 1,000
− 타 업장으로 이동한 식재료	− 500
+ 타 업장에서 주방으로 이동한 식재료	+ 500
= **월간 판매된 식재료 원가**	= 9,000

(4) 식재료비 비율

식재료비 비율(food cost percentage)은 외식업에서 식재료 원가를 통제하는 주요 수단이다. 전체 매출액 중 식재료비가 차지하는 비율로 일정 기간의 실제 식재료비를 계산하고 이를 총매출액으로 나누어 산출한다.

예를 들어 한 달 동안의 실제 식재료비가 51만 원, 총매출액이 150만 원인 경우 해당 월의 식재료비 비율은 34%가 된다. 이는 한 달간 총매출액의 34%가 음식을 생산하는 데 필요한 식품 구입에 사용되었다는 것을 의미한다. 만약 계

고객에게 최상의 메뉴를 제공하면서 기업의 이익을 증가시키기 위해서는 구매, 검수, 저장, 생산, 서비스 단계에서 식재료를 효율적으로 관리해야 한다.

구매(purchasing) 단계

구매담당자는 필요한 식재료의 정확한 구매를 위해서 식재료 품목별 구매명세서를 숙지하고, 구입할 식재료의 종류, 규격, 구매량, 가격 등의 정보를 구매발주서에 명확히 기입하여 발주한다. 이는 향후 검수, 입고, 비용 처리 시 주요한 원가관리 도구로 활용된다.

검수(receiving) 단계

검수담당자는 주문한 물품이 입고되면 제대로 입고되었는지 확인하기 위해서 공급자가 제시하는 납품서와 구매발주서를 비교·확인하며 입고된 물품의 품질, 규격, 입고량 등을 확인한다. 구매발주서와 납품서에 제시된 가격이 일치하는지도 반드시 확인한다.

저장(storage) 단계

창고관리 책임자는 물품이 낭비되거나 손실되는 일이 없도록 입고되는 식재료와 출고되는 식재료를 지속적으로 기록하여 정확한 재고량을 파악하도록 한다. 저장고에 있는 물품들은 재고자산이므로 식재료별 재고량과 함께 재고금액을 지속적으로 기입하여 재무보고서 작성에 필요한 정보를 제공해야 한다.

생산(production) 단계

관리자는 초과 생산으로 인한 식재료비 낭비를 최소화하기 위해 과거 기록을 토대로 메뉴별 생산량을 정확히 예측하여 생산계획서를 작성하고 이를 주방에서 준수하도록 지도 및 감독하여 필요한 양만큼 생산되도록 한다. 조리 시 표준 레시피를 따르는지도 지속적으로 점검하여 표준 식재료 원가를 초과하지 않도록 지도한다.

서비스(service) 단계

표준 레시피에 제시된 1인 분량이 제공되도록 1인 분량을 조절할 수 있는 도구를 활용하거나 1인 분량을 미리 식기에 담아 준비해둔다. 종업원의 훈련을 통해 정해진 분량이 제공되도록 하여 표준 식재료 원가가 유지되도록 노력한다.

자료: National Restaurant Association(2013).

획된 식재료비 비율을 초과했다면 이에 대한 적절한 통제가 필요하다.

$$ \text{식재료비 비율(\%)} = \frac{\text{식재료비}}{\text{매출액}} \times 100 $$

3) 인건비

(1) 인건비의 이해

인건비는 외식상품 생산을 위해 소비되는 노동력에 대한 대가, 또는 그와 관련하여 지급되는 비용이다. 인건비는 식재료비와 함께 외식업체의 원가 구성에서 가장 큰 비중을 차지하며 서비스 품질과 관련이 있기 때문에 그 중요성이 크다. 인건비는 다음의 표 10-3과 같이 지급 형태에 따라 임금, 급료, 잡금, 종업원 상여수당, 퇴직급여 충당금, 법정복리, 기타 인건비로 구분된다.

(2) 인건비 비율

인건비 비율(labor cost percentage)은 전체 매출액 중 인건비가 차지하는 비율로

표 **10-3** 지급 형태에 따른 인건비 분류

구분	내용
임금	종업원에게 지급되며 기본금과 제수당으로 구성
급료	사무직 직원에게 지급되는 노동의 대가
잡금	임시고용직과 잡역 인부에게 지급되는 급여
종업원 상여수당	직원의 작업과 직접적인 연관 없이 경상적으로 지급되는 정기상여금, 가족수당, 통근수당 등
퇴직급여 충당금	직원의 퇴직에 대비하여 설정한 비용
법정복리	의료보험, 국민연금, 상해보험, 고용보험 등
기타	복리후생비, 교육비

계산되며 이는 외식업에서 종업원의 인건비관리 및 생산성을 평가하는 방법으로 활용된다. 식재료비 비율분석과 마찬가지로 일정 기간의 실제 인건비를 계산하고 이를 총매출액으로 나누어 인건비 비율을 산출한다. 예를 들어, 한 달 동안의 인건비가 52만 5,000원, 총매출액이 150만 원이라면 해당 월의 인건비 비율은 35%가 된다. 계획된 목표 인건비 비율을 달성했다면 인건비가 제대로 관리되고 있다는 뜻이다.

$$\text{인건비 비율(\%)} = \frac{\text{인건비}}{\text{매출액}} \times 100$$

사 례 외식업 성공에 필수적인 원가관리 능력

'외식업 경영자에게 요구되는 가장 중요한 능력은 무엇일까?'에 대한 답이 바뀌고 있다. 과거에는 '경쟁자보다 맛있는 메뉴를 제공할 수 있는 능력'을 꼽았지만 이젠 '동일한 가격으로 더 가치있는 메뉴를 제공할 수 있는 능력'이 더 우선시되고 있다.

외식 원가관리에서는 프라임코스트(식재료비+인건비)가 관건이 된다. 인건비와 식재료비는 가장 큰 비중을 차지하는 주요원가(prime cost)이기 때문이다. 외식업체마다 다르지만 재료비는 매출 대비 30~40%, 인건비는 25~30% 수준에서 유지하는 것이 바람직하다. 프라임코스트가 잘 통제되면 매출 대비 15~25%의 순이익을 기대할 수 있다. 프라임코스트가 매출 대비 65%를 넘어서면 현실적으로 이익을 내기가 쉽지 않다. 75%가 넘게 되면 적자를 보게 된다. 많은 경영자들이 원가를 절감하겠다고 값싼 재료를 쓰거나 직원 수를 줄이지만 이는 오히려 고객이나 직원들의 불만을 초래하게 된다.

경쟁력을 갖추면서 고객을 만족시키고 이익을 높이려면 어떻게 해야 할까? 식재료비는 대표적인 변동비임과 동시에 절감의 폭이 크지만, 음식의 질과 직결되므로 새로운 유통채널을 확보하지 않는 이상 무조건 재료비를 절감하기는 어렵다. 고정비는 정규직 인건비, 임차료, 보험료, 이자 비용 등으로 매출과 관계없이 고정적으로 발생하기에 불필요한 고정비 지출을 최소화하고 절감할 수만 있다면 바로 이익을 늘릴 수 있게 된다.

최저임금 인상, 근로시간 단축으로 인건비 상승 압박이 커지면서 키오스크 설치 등 무인화가 빠르게 진행되고 있다. 언택트 시대 사전주문 앱이나 QR코드 활용은 이미 보편화되었다. 이외에도 생산효율 극대화를 위한 운영 방안을 과감하게 도입해야 한다. 핵심역량에 집중하기 위해 일부 제품 생산을 과감히 아웃소싱하는 스마트소싱(smart-sourcing)도 고정비를 절약할 수 있는 방안이 될 수 있다. 대기업 외식업체나 프랜차이즈 가맹점처럼 CK(Central Kitchen/중앙공급식 주방)를 활용할 수 없다면 스마트소싱이 가능한 협력업체를 통해 운영 효율성을 높이고 비용을 절감하는 방안을 모색해야 한다.

메뉴와 서비스의 품질이 대동소이 해지고 외부 환경 변화로 인한 위기에 발 빠르게 대처해야 하는 상황 속에서 외식업의 성패는 경영자의 원가관리능력에 의해 좌우된다고 해도 과언이 아니다. 경영자들은 매출과 비용을 정확히 측정하고 관리하는 역량을 키우고 활용할 수 있어야 한다.

자료: 식품외식경제(2018. 11. 06.); 한국외식신문(2019. 12. 06). 재구성.

4) 경비

경비는 외식상품의 생산을 위해 소비되는 원가 중에서 재료비와 인건비를 제외한 모든 원가 요소를 말한다. 경비는 구성 내용이 다양하고 간접비의 성격을 갖는 원가가 대부분이다. 경비는 다음과 같이 지급경비, 월할경비, 측정경비로 분류된다.

- **지급경비**: 실제로 지급한 금액, 또는 지급청구액에 의하여 계산되는 경비로 여비교통비, 운임비, 외주가공비, 복리후생비, 수리수선비 등이 있다.
- **월할경비**: 일정 기간 발생한 총 경비액을 월별로 분할해서 계산하는 경비로 감가상각비, 보험료, 임차료, 공과금, 특허권 사용료 등이 있다.
- **측정경비**: 그 달의 소비액을 실제 소비량 측정을 통해 산정하는 경비로 전기료, 가스비, 수도광열비 등이 있다.

5) 손익분기점 분석

손익분기점(BEP: Break-Even Point)이란 이익과 손실이 발생하지 않는 일정 수준의 매출액이 달성되는 지점으로 총매출액(총수익)과 총비용(총원가)이 일치하는 시점에서의 판매량(매출액)이다. 이는 외식기업이 영업비용을 회수하는 데 필요한 최소한의 판매량 또는 매출액을 의미한다. 손익분기점 이상의 매출액은 이익을 의미하여, 손익분기점 이하의 매출액은 손실을 나타낸다.

손익분기섬 분석은 메뉴판매에 따른 이익과 손실의 규모를 정확하게 파악하여 영업이익 규모를 미리 예측할 수 있어 판매 전략 수립에 매우 유용한 도구로 사용되고 있다(그림 10-3). 비용(원가), 매출액(수익), 이익의 관계분석에 기초하여 CVP(Cost-Volume-Profit)분석이라고도 한다.

일본 이탈리안 패밀리레스토랑 '사이제리야'는 1973년 5월에 설립되어, 2013년 8월까지 일본 내 점포 982곳, 해외 113곳으로 총 1095곳을 운영 중이며 연 매출 1조 2,000억 원을 기록하고 있다. 이렇게 성장할 수 있었던 것은 최고경영자인 쇼가키 야스히코 회장의 경영철학이 주효했다. 쇼가키 회장은 "맛있어서 잘 팔리는 것이 아니라 잘 팔리는 것이 맛있는 요리이다."라는 창업성공 노하우를 담고 있는 책의 저자이기도 하다. 저렴한 가격 정책, 철저한 식재료관리, 모든 메뉴 매뉴얼화 등의 전략으로 효율적으로 비용 절감을 하면서도 양질의 식사를 제공하여 '사이제리야'를 일본 최고의 외식 체인업체로 만들었으며 40년 넘게 1,000개 이상의 점포에서 고객을 만족시키며 수익을 창출하고 있다.

경쟁사보다 낮은 판매단가, 그러나 식재료 비율은 35% 유지

'사이제리야'는 시세보다 70%나 저렴한 획기적인 가격 정책을 펼치고 있다. 사용 식재료 조달부터 조리·배송, 매장 손님에게 제공하는 것까지 불필요한 과정을 모두 줄여 원재료비를 낮춰 유사한 식재료를 쓰는 다른 경쟁점보다 5% 이상의 원가 절감을 했다. 그럼에도 35% 전후의 원재료비를 사용하고 있어 다른 업계로 치면 40% 이상의 원재료비를 책정하고 있는 셈이다. 이처럼 판매단가는 낮추면서도 식재료 비율은 35%로 유지하고 양질의 식사를 제공함으로써 고객을 많이 유도하여 높은 매출을 올릴 수 있었다. 이렇듯 저렴한 가격정책이 고객만족도를 높인 시발점이라고 할 수 있다.

질 좋은 식재료 확보, 그리고 철저한 식재료관리

'사이제리야'는 지역 농가와 계약을 맺거나 직접 농장을 운영하고, 식재료의 공급처를 해외까지 확대하여 식재료의 가격과 품질을 항상 일정하게 유지하려고 노력하고 있다. 또한, 납품받는 식재료의 '품질 하한선'을 설정하고 식재료 입고 시 철저한 검품 과정을 거친다. 육류는 색, 냄새, 지방 함량부터 채소는 크기, 수확 시기, 보관온도 등을 정해 정확히 지킨다. 이런 식으로 생산지에서 고객에게 제공되기까지의 전 과정을 철저히 관리하기 때문에 총 83개의 메뉴를 판매하면서도 일정한 상품력을 유지하여 고객에게 가치 있는 상품을 지속적으로 제공하고 있다.

모든 메뉴 매뉴얼화로 효율적 생산

쇼가키 회장은 모든 메뉴를 매뉴얼화하여 누구나 완성된 요리를 쉽게 만들 수 있도록 했다. 따라서, 조리과정은 주방에서 접시에 담기만 하거나 소스와 섞어 가열만 하면 쉽게 완성되는 단순 작업 매뉴얼로 운영된다. 주문과 동시에 1인분의 포장된 식재료를 개봉해 조리하면 되기 때문에 신입 아르바이트생도 긴단하게 배울 수 있어 최고의 조리사를 쓰지 않고도 가치 있는 상품을 만들 수 있다. 또한 직접 개발한 편의기구를 사용하고 있다. 상·하단으로 벨트 컨베이어가 2개 달린 오븐은 각각 설정 온도와 회전 타임을 다르게 조절할 수 있어 메뉴별 오븐 조리 방법만 숙지하면 효율적인 조리가 가능하여 항상 최상의 음식을 생산할 수 있다.

자료: RGM 외식경영(2014. 9. 12.); 쇼가키 야스히코(2012). 재구성.

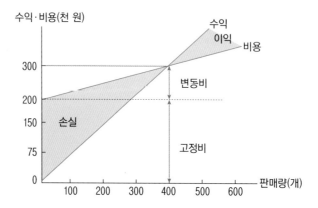

그림 10-3
손익분기점 분석

손익분기점에서는 정의에 따라 이익을 0으로 보기 때문에 총매출액과 총비용이 일치한다. 총비용은 총고정비와 총변동비를 합한 값이므로 손익분기점 매출액은 총변동비와 총고정비를 합한 값이 된다.

총매출 = 총비용 + 이익(0)

총매출 = 총고정비 + 총변동비

즉, 손익분기점 매출액 = 총고정비 + 총변동비

총매출액은 단위당 판매가격에 매출량을 곱한 값이고, 총변동비는 단위당 변동비에 매출량을 곱한 값이므로 위의 등식을 다음과 같이 표현할 수 있다.

단위당 판매가격 × 매출량 = 총고정비 + (단위당 변동비 × 매출량)

손익분기점에서의 매출량과 매출액은 다음과 같은 식으로 구할 수 있다.

$$p \times Q = F + v \times Q$$

p: 단위당 판매가격, Q: 손익분기점 매출량
F: 고정비, v: 단위당 변동비

위 식을 Q에 대해 정리하년 손익분기점 매출량(Q)은 다음과 같다.

$$\boxed{\text{손익분기점 매출량 Q}} = \frac{F}{p - v} \quad \text{(p-v: 공헌이익)}$$

손익분기점 매출액(S)은 단위당 판매가격(p)에 손익분기점의 매출량(Q)을 곱함으로써 계산하거나 공헌이익률을 이용하여 다음과 같이 계산할 수 있다.

$$\boxed{\text{손익분기점 매출액 S}} = p \times Q$$

$$= P\left(\frac{F}{p - v}\right) = \frac{F}{1 - \dfrac{v}{P}} \quad \text{(1-v/p: 공헌이익률)}$$

[예제] 신규로 오픈하는 스파게티 업장의 손익분기점을 분석해보자. 객단가(단위당 판매가격)가 8,000원, 연간 고정비가 4,000만 원이고, 단위당 변동비가 4,000원일 경우 손익분기점의 매출량과 매출액을 계산해보자.

1. 손익분기점의 매출량 계산

$$\text{손익분기점의 매출량 Q} = \frac{\text{고정비(F)}}{\text{단위당 판매가격(p)} - \text{변동비(V)}}$$

$$= \frac{40,000,000원}{(8,000원 - 4,000원)} = 10,000식$$

2. 손익분기점의 매출액 계산

• 손익분기점 판매량을 이용한 계산:
  손익분기업의 매출액 (S) = 단위당 판매가격(p) × 손익분기점 판매량(Q)
  　　　　　　　　　　　 = 8,000원 × 10,000식
  　　　　　　　　　　　 = 80,000,000원

• 공헌이익률을 이용한 계산:
  공헌이익률 = 1 - v/p = 1 - (4,000원/8,000원) = 0.5
  손익분기점 매출액 = 고정비/공헌이익률
  　　　　　　　　　 = 40,0000,000원/0.5 = 80,000,000원

이는 연간 10,000식 이상의 매출량 또는 8,000만원 이상의 매출액을 달성해야 영업이익이 실현됨을 의미한다. 즉, 10,000식 미만을 판매하는 경우 영업손실을 초래한다고 할 수 있다.

환대산업에서의 수익관리(revenue management)는 원래 항공산업이나 호텔에서 수요 공급을 조율하여 수익을 극대화하기 위해 도입된 기법이다. 서비스산업에서 수익관리는 시간이 지남에 따라 소멸되는 상품과 서비스를 적절한 고객에게 원하는 시기에 합리적인 가격에 판매해 수익을 극대화시키는 것을 목표로 한다.

호텔의 '객실당 수익(RevPAR: Revenue per Available Room-night)'에 상응하는 개념으로 레스토랑의 특성을 고려해 도입된 개념이 '좌석당 수익(RevPASH: Revenue per Available Seat Hour)'이다. 호텔에서 객실을 관리하

는 것처럼 레스토랑에서는 좌석(seat)을 기업의 자원(capacity)으로 보고 '좌석당 수익'을 극대화하는 것이 수익관리의 목표이다. 카임스(1999)는 고객이 식당에 체류하는 시간과 객단가의 조절을 통해 레스토랑의 수익관리가 가능하다고 하였다. 예를 들어, 고객의 체류시간을 개선하기 위해 좌석회전율이 낮은 점포의 경우 고객의 식사시간을 감소시키거나 기다리는 시간을 줄일 수 있는 방안을 강구하여 수익을 향상시킬 수 있다.

황(Hwang, 2008)은 4가지 테이블 배치 방법(table assignment policy) 중 방문하는 고객이 주로 소규모 그룹일 경우에는 프론트 투 백(front-to-back) 방법이, 대규모 그룹일 경우에는 아웃인(out-in) 방법이 다른 방법인 인아웃(in-out)과 랜덤(random) 방법보다 테이블 조합 및 배치에 융통성을 부여해 고객들의 기다리는 시간을 유의적으로 감소시켜 좌석회전율을 개선시킬 수 있을 것이라고 보고하였다. 또한, 수요에 따라 다양한 가격을 차별적으로 제공하는 전략, 즉 고객이 몰리는 시간에 식사 판매금액을 높이는 방법을, 한가한 시간에는 수요를 유인하기 위한 가격 할인 정책을 이용하여 기업의 수익을 극대화할 수 있다고 하였다.

현재 대부분의 레스토랑에서는 단순한 영업 실적을 나타내는 객단가 및 단순 총매출액 규모에 기초한 수익관리에 의존하고 있으나, 향후 좌석당 회전율 등을 고려하여 좌석당 수익에 기초한 효율적인 수익경영 기법을 도입한다면 레스토랑의 수익 현황을 좀 더 정확히 파악할 수 있을 것이다. 또한, 이를 토대로 하여 서비스 제공시간 조정, 수요에 기초한 최적의 테이블 배치 및 공간 활용, 그리고 가격의 탄력적 조정 등 운영에 필요한 방안을 모색하는 데 유용한 자료를 얻을 수 있을 것이다.

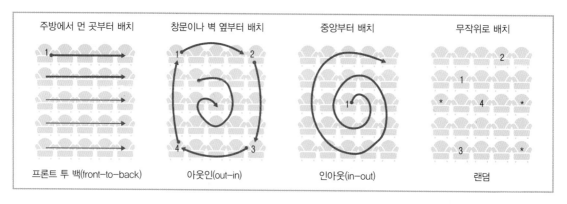

자료: Kimes(1999, 2004); Hwang(2008); 구원일, 정유경, 안윤영(2012). 재구성.

3. 재무제표

1) 재무제표의 이해

재무제표(financial statement)는 회사의 경영활동에 관한 정보를 보고하기 위해 일정 시점의 기업의 재무적 상태나 활동 결과를 요약한 표로, 특정 기간의 특정 회계실체와 관련하여 발생된 거래를 측정·기록·분류·요약한 회계 보고서이다. 이 보고서는 주주, 채권자, 거래처 등과 같은 외부 이해 관계자에게 기업의 재무적인 정보를 전달해준다. 주요 재무제표로는 **재무상태표**, **손익계산서**, **현금흐름표** 등이 있다(그림 10-4).

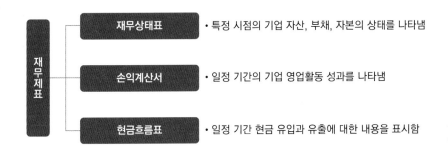

그림 **10-4**
재무제표의 종류

(1) 재무상태표

재무상태표는 연속적인 기업의 경영활동 중 일정 시점에서 기업의 재무 상태를 나타내주며 자산(assets), 부채(liabilities), 자본(equity)의 3가지 항목으로 표시된다. 재무상태표상의 차변(자산의 합)과 대변(부채와 자본의 합)의 비교를 통해 자본 조달과 자산 운용의 균형을 파악할 수 있다(표 10-4).

자산 = 부채 + 자본

자산은 기업이 보유하고 있는 경제적 자원으로 보통 1년 이내에 현금화될 수 있는 유동자산과 현금화에 1년 이상이 소요되는 비유동자산으로 분류된다. 유

표 10-4 외식기업의 재무상태표의 예 （단위: 원）

재무상태표 2014. 12. 31.			
자산	**금액**	**부채, 자본**	**금액**
1. 유동자산	123,486,330,102	1. 부채	96,993,262,187
(1) 당좌자산	82,275,477,170	(1) 유동부채	81,078,426,496
(2) 재고자산	35,467,115,399	(2) 비유동부채	15,914,835,691
(3) 기타 유동자산	5,743,737,533		
2. 비유동자산	258,980,227,657	2. 자본	285,473,295,572
(1) 투자자산	85,306,610,734	(1) 자본금	87,641,895,893
(2) 유형자산	173,673,616,923	(2) 자본잉여금	197,831,399,679
자산 총계	382,466,557,759	부채와 자본 총계	382,466,557,759

자료: S 외식기업.

동자산은 현금, 유가증권 등의 당좌자산과 상품, 제품, 반제품 등 판매과정을 거쳐 현금화가 가능한 재고자산으로 구성된다. 비유동자산은 1년 이상 장기간에

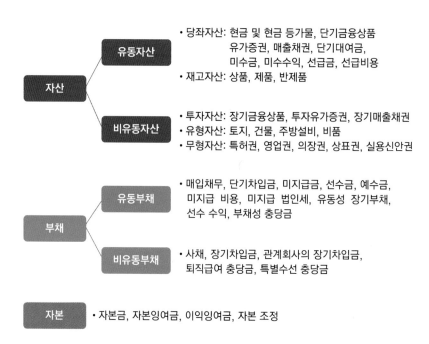

그림 10-5
재무상태표의 구성

걸쳐 자산의 이익 증식을 목적으로 하는 투자자산과 기업의 생산능력과 규모를 결정하는 유형자산, 그리고 장기적으로 법률적 권리나 경제적 권리를 부여하여 기업이 경제적 효익을 얻을 수 있는 무형자산으로 구분된다.

부채는 타인에게 지급할 것을 약속한 채무로 1년 이내 현금으로 상환해야 하는 유동부채와 상환기간이 장기로 미래에 지급할 금액을 가치로 표시한 비유동부채로 구성된다. 한편 **자본**은 총자산에서 총부채를 차감한 소유 또는 주주 지분으로 순자산이라고도 한다. 자본은 주주들이 출자한 자본금과 자본거래에 의해 발생한 잉여금, 자본잉여금으로 구성된다(그림 10-5).

(2) 손익계산서

손익계산서(IS: Income Statement)는 기업이 일정 기간 달성한 경영 성과를 나타내는 보고서이자 일정 기간 실현된 수익(revenue)과 비용(expense)의 차이를 순이익(net income) 형태로 보고하는 회계 자료이다. 즉 기업의 손익을 나타내는 회계 보고서로 기업의 효율성을 평가하기 위한 기초 정보를 제공한다.

손익계산서는 기업의 당기 영업활동 성과에 대한 정보를 제공하며 기업 수익과 발생비용의 원천을 파악하고 기업의 미래 수익과 손익흐름 예측을 비롯하여 향후 경영계획이나 신규 투자계획에 관한 기초 정보를 제공한다.

순이익 = 수익 − 비용

수익은 총매출액을 의미하고, 외식기업의 주요 상품인 음식과 서비스의 제공을 통해 획득하는 매출액과 영업외 활동에서 얻게 되는 영업외 수익과 특별이익으로 구성된다. 영업외 수익은 영업활동과 무관하게 발생한 이익금으로 이자수익, 임대료 수입 등이 있고 특별이익은 부동산 처분으로 인한 이득이나 보험차익 등을 말한다.

비용은 외식기업이 음식과 서비스를 생산 및 판매하기 위해 소모한 금액으로 매출원가, 판매비 및 관리비, 영업외 비용, 특별손실, 법인세 등을 포함한다. 매출원가는 상품 판매를 위해 소요된 비용으로 식재료비, 인건비 및 제반경비를 합한 금액이다. 판매비 및 일반관리비는 판매활동 및 기업의 관리와 유지에 따른 비용으로 광고비, 일반 직원의 급여, 보험료, 교통통신비 등이 있다. 영업 외 비용은 기업의 주요 영업활동에 직접 관련되지 않는 비용으로 임대료, 지급 이자 등이 포함된다. 특별손실은 불규칙적으로 발생하는 손실로 자산 처분손실, 재해손실 등이 있으며, 세금은 개인이 내는 사업소득세와 법인이 내는 법인세가 있다.

순이익은 외식기업이 일정 기간의 영업활동을 통해 획득한 수익에서 수익창출을 위해 소비한 비용을 차감한 것으로 수익이 비용보다 많으면 순이익이 발생하고 수익보다 비용이 많은 경우에는 순손실이 발생한 것이다.

손익계산서는 다음의 5단계를 통해 계산할 수 있다(표 10-5). 첫 번째 단계에

표 10-5 외식기업의 손익계산서의 예 （단위: 원）

		구분	금액
		손익계산서	
		2014. 1. 1.~2014. 12. 31.	
1단계	매출액	1. 매출액	652,135,490,132
	- 매출원가	2. 매출원가	566,813,909,454
	매출 총 이익	3. 매출 총 이익	85,321,580,678
2단계	- 판매비 및 일반관리비	4. 판매비와 일반관리비	77,163,546,131
	영업이익	5. 영업이익	8,158,034,547
3단계	+ 영업 외 수익	6. 영업 외 수익	3,164,352,482
	- 영업 외 비용	7. 영업 외 비용	5,555,447,804
	경상이익	8. 경상이익	5,766,939,225
4단계	+ 특별이익	9. 특별이익	1,462,389,734
	- 특별손실	10. 특별손실	-
	법인세 차감 전 순이익	11. 법인세 차감 전 순이익	7,229,328,959
5단계	- 법인세 비용	12. 법인세 비용	3,026,857,247
	당기순이익	13. 당기 순이익	4,202,471,712

자료: S 외식기업.

서 총매출액에서 매출원가를 차감하여 매출총이익을 계산하고 두 번째 단계에서는 매출총이익에서 판매비 및 관리비를 차감하여 영업이익을 산출한다. 세 번째 단계에서는 영업이익에 영업외 이익을 더하고 영업외 비용을 제한 경상이익을 산출하고 네 번째 단계에서는 경상이익에서 특별이익을 더하고 특별손실을 차감하여 법인세 차감 전 순이익을 산출한다. 마지막으로 법인세 비용을 제하고 남는 것이 바로 당기순이익이다.

(3) 현금흐름표

현금흐름표(statement of cash flows)는 일정 기간 기업의 현금흐름을 나타내는 재무제표로 영업활동, 투자활동, 재무활동에 따른 현금의 유입과 유출에 대한 구체적인 정보를 제공한다(그림 10-6). 현금흐름표는 재무상태표나 손익계산서의 당기순이익에 대한 정보에 추가적으로 현금흐름의 순변동을 알 수 있어 매우 유용하다. 이를 통해 기업의 현금 유동성 확보를 위한 거래 내역을 알 수 있으며, 기업의 자금 동원능력을 평가할 수 있다(표 10-6).

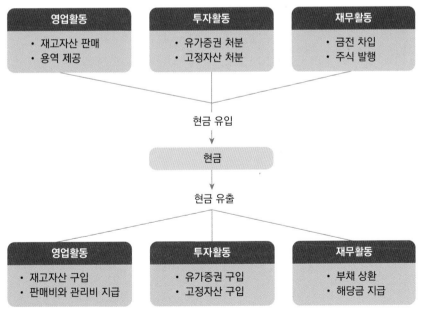

그림 **10-6**
활동별 현금흐름표

현금흐름표에서 현금은 현금, 예금 및 현금등가물을 의미한다. 현금흐름표를 통해 수익, 자산의 처분, 부채의 조달, 소유자 지분의 증가를 통한 **현금유입**(cash flow)과 현금의 사용, 비용, 자산의 취득, 부채의 상환, 자본의 감소 등에 의한 **현금유출**(cash outflow)을 파악할 수 있다.

> **순현금흐름** = 현금유입 − 현금유출

표 10-6 외식기업의 현금흐름표의 예 (단위: 원)

현금흐름표
2014. 1. 1.~2014. 12. 31.

구분	금액
1. 영업활동으로 인한 현금흐름	40,737,357,217
영업으로부터 창출된 현금	43,832,238,370
이자의 수취	1,429,312,227
이자의 지급	0
법인세 납부액	(−)4,524,193,380
2. 투자활동으로 인한 현금흐름	(−)31,504,320,964
투자활동으로 인한 현금유입액	76,412,829,609
투자활동으로 인한 현금유출액	(−)107,917,150,573
3. 재무활동으로 인한 현금흐름	(−)30,510,417,000
재무활동으로 인한 현금유입액	0
재무활동으로 인한 현금유출액	(−)30,510,417,000
4. 현금 및 현금성 자산의 증가(감소)	(−)21,277,380,747
5. 기초의 현금 및 현금성 자산	31,274,508,094
6. 기말의 현금 및 현금성 자산	9,997,127,347

자료: S 외식기업.

2) 재무제표 분석

재무제표 분석은 재무제표를 통하여 기업의 재무 상태나 영업 실적을 분석하는 것이다. 기존 사업의 기업들은 과거의 실적 자료에 의한 재무제표의 분석을 통하여 기업의 경영효율을 평가할 수 있으며 신규 사업의 기업은 추정 재무제표의 비율분석을 통하여 기업의 향후 경영상태를 판단할 수 있다. 재무제표의 분석 방법 중 재무비율 분석이 가장 많이 활용되고 있다.

재무비율 분석은 재무제표에 있는 구성 항목 중 상관성이 있는 것을 선택하여 비율로 산출하는 것이다. 안전하고 효율적인 경영을 위해 외식기업 경영자가 지속적으로 검토해야 할 지표로는 수익성, 안전성, 성장성, 활동성 비율이 있다(그림 10-7).

(1) 수익성 비율

수익성 비율은 외식기업의 이익 창출능력을 평가하는 지표로 매출액에 비하여 또는 투자자본에 비하여 어느 정도의 이익을 올렸는지를 측정한다. 기업활동의 결과로 나타난 일정 기간의 경영 성과를 의미하므로 높을수록 좋다.

총자산 순이익률은 수익성을 대표하는 비율로 ROI(Return on Investment)라고도 한다. 이 비율이 낮으면 총자산은 많으나 순이익이 적다는 것을 의미한다.

자기자본 순이익률은 자기자본이 이익에 얼마나 기여했는지 나타내는 비율로

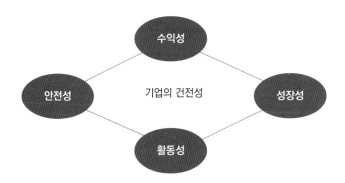

그림 **10-7**
외식기업의 건전성 평가지표

주주들이 관심을 보이는 비율이다. **매출액 순이익률**은 매출액의 견실성을 판단하는 비율로 이것이 낮으면 매출액은 많으나 순이익이 적다는 의미이다.

$$\text{총자산 순이익률(\%)} = \frac{\text{순이익}}{\text{총자산}} \times 100$$

$$\text{자기자본 순이익률(\%)} = \frac{\text{순이익}}{\text{자기자본}} \times 100$$

$$\text{매출액 순이익률(\%)} = \frac{\text{매출순이익}}{\text{매출액}} \times 100$$

(2) 안전성 비율

안전성 비율은 외식기업의 채무를 지급할 수 있는 능력을 평가하는 지표로 이용되며 기업위험도와 밀접한 관계가 있다. 안전성이 낮은 경우 채무를 상환할수 있는 능력에 문제가 생겼다는 뜻으로 기업위험도는 높아진다. 기업의 안전성은 부채비율과 반비례하여 부채비율이 일정 수준 이상으로 높아지면 기업이 위험에 처했다는 의미이다.

$$\text{부채비율(\%)} = \frac{\text{부채}}{\text{자기자본}} \times 100$$

(3) 성장성 비율

성장성 비율은 외식기업의 규모 및 영업활동 결과가 전년과 비교하여 얼마나 증가하였는지를 평가하는 지표로 기업의 미래 경쟁력과 수익 창출능력을 나타낸다. 예를 들어, 기업의 매출액 증가율이 동일 업종 내 다른 기업보다 높으면 그업계에서의 경쟁적 지위가 향상되고 시장점유율이 계속 상승하고 있음을 의미한다. 매출액 증가율과 순이익 증가율은 회사의 성장성을 측정하는 대표적인 비율로, 매출액 및 순이익이 전기보다 얼마나 증가했는지 나타내준다.

$$\boxed{\text{매출액 증가율(\%)}} = \frac{\text{당기 매출액} - \text{전기 매출액}}{\text{전기 매출액}} \times 100$$

$$\boxed{\text{순이익 증가율(\%)}} = \frac{\text{당기 순이익} - \text{전기 순이익}}{\text{전기 순이익}} \times 100$$

(4) 활동성 비율

활동성 비율은 수입 증대를 위하여 투입한 자본과 영업활동의 성과인 매출액을 비교하여 매출액으로 활동성의 정도를 평가하는 지표이다. 총자산 회전율은 총자산에 비하여 얼마의 매출을 올렸는지 나타내며 이외에도 고정자산 회전율, 재고자산 회전율 등의 지표가 있다. 또한 이 지표들은 기업이 보유하고 있는 자원을 효율적으로 활용하고 있는지를 판단하는 데도 이용되어 외식기업의 자본 과잉 투자 여부를 판단하는 데도 이용된다. 기업이 적은 자산으로 큰 매출을 창출했다면 활동성 비율이 상승할 것이며 이는 기업의 자산이 효율적으로 관리되고 있음을 의미한다.

$$\boxed{\text{총자산 회전율(회)}} = \frac{\text{매출액}}{\text{총자산}} \times 100$$

$$\boxed{\text{고정자산 회전율(회)}} = \frac{\text{매출액}}{\text{고정자산}} \times 100$$

$$\boxed{\text{재고자산 회전율(회)}} = \frac{\text{매출액}}{\text{재고자산}} \times 100$$

활동 사례
ACTIVITY

외식기업 A사의 재무상태표와 손익계산서는 다음 표와 같다. 이를 이용하여 다음에 제시되어 있는 재무제표 비율을 분석해보자.

재무상태표

A사 (단위: 천 원)

과목	2014년 12월 31일	2013년 12월 31일
자산		
Ⅰ. 유동자산	672,716	575,349
(1) 당좌자산	411,517	331,053
(2) 재고자산	261,199	244,296
Ⅱ. 고정자산	303,874	240,933
(1) 투자자산	50,549	40,192
(2) 유형자산	251,660	199,960
(3) 무형자산	1,665	781
자산 총계	976,590	816,282
부채		
Ⅰ. 유동부채	696,602	565,657
Ⅱ. 고정부채	112,217	86,443
부채 총계	808,819	652,100
자본		
Ⅰ. 자본금	70,000	70,000
Ⅱ. 자본잉여금	54,770	52,000
Ⅲ. 이익잉여금	43,001	42,182
자본 총계	167,771	164,182
부채와 자본 총계	976,590	816,282

손익계산서

A사 (단위: 천 원)

과목	2014년 12월 31일	2013년 12월 31일
1. 매출액	1,619,632	1,383.678
2. 매출원가	1,559,435	1,317.619
3. 매출총이익	60,197	66.059
4. 판매비와 관리비	42,865	31.841
5. 영업이익	17,332	34.218
6. 영업외수익	121,051	59.615
7. 영업외비용	130,773	45.442
8. 경상이익	7,610	48.391
9. 특별이익	1,819	3.301
10. 특별손실	307	2.308
11. 법인세차감전순이익	9,122	49.384
12. 법인세비용	1,230	7.363
13. 당기순이익	7,892	42.021

1. 2014년 A사의 재무구조의 수익성을 나타내는 자기자본 순이익률을 다음과 같이 계산하였을 때 이 수치의 의미를 해석해보자.

$$\text{자기자본 순이익률} = \frac{\text{순이익}}{\text{자기자본}} \times 100 = \frac{7,892}{167,771} \times 100 = 4.7\%$$

2. 2014년 A사의 재무구조의 안전성을 평가하는 부채비율을 다음과 같이 계산하였을 때 이 수치의 의미를 해석해보자.

$$\text{부채비율} = \frac{\text{부채}}{\text{자기자본}} \times 100 = \frac{808,819}{167,771} \times 100 = 482\%$$

3. 2013년의 수익성과 안전성 비율을 산출해보고 2014년과 비교하였을 때 어떠한 변화가 있었는지 토의해보자.

연 습 문 제
REVIEW

1. 외식원가의 개념과 3가지 구성 요소를 설명해보자.
2. 실제 식재료 원가가 표준 식재료 원가와 차이가 나게 되는 원인과 그 문제를 해결할 수 있는 방안을 제시해보자.
3. 패스트푸드 외식기업에서 인건비 절감을 위해 노력하고 있는 방안들을 제시해보자.
4. 손익분기점의 정의와 손익분기점 매출량 및 매출액 산출 방법을 설명해보자.
5. 외식기업에서 사용하고 있는 주요 재무제표의 종류와 활용 목적을 설명해보자.
6. 외식기업의 건전성 평가를 위해 재무분석에 활용되는 여러 지표를 열거해보자.
7. 외식업체 한 곳의 식재료비 절감을 위한 원가관리 실태를 조사해보자.
8. 최근 외식업에서 인건비 절감과 인력관리를 위해 강구하고 있는 방안을 조사해보자.
9. 외식업체 한 곳의 손익계산서를 토대로 기업의 경영 성과를 분석해보자.

용 어 정 리
KEYWORD

원가 상품의 제조, 판매, 서비스 제공을 위하여 투입된 재화나 용역의 경제가치

외식원가 외식상품인 음식을 생산하여 제공하기 위해 소비된 경제적 가치

외식원가의 3요소 식재료비, 인건비, 경비로 구성되며 이 중 외식업에서 운영비용의 대부분을 차지하는 식재료비와 인건비를 주요원가(prime cost), 또는 기초원가라고 함

식재료비 음식 생산을 위하여 소비되는 식재료 구입비용으로 주식비, 부식비 등이 포함

인건비 음식을 생산하는 데 종사한 직원에게 제공되는 임금, 급료, 각종 수당, 상여금, 퇴직금 수당금 등

경비 음식 생산을 위해 소비되는 원가 중에서 재료비와 인건비를 제외한 모든 비용으로 광열비, 전력비, 감가상각비 등

표준 식재료 원가 표준레시피에 의한 재료의 사용량에 따라 결정되며 각 상품의 품목별로 산출되는 원가로 효율적 원가통제의 수단

식재료비 비율 전체 매출액 중에서 식재료비가 차지하는 비율로 외식업에서 식재료 원가를 통제하는 주요 수단으로 활용

인건비 비율 전체 매출액 중 인건비가 차지하는 비율로 외식업에서 종업원의 인건비 관리 및 생산성을 평가하는 방법으로 활용

손익분기점 이익과 손실이 발생하지 않는 일정 수준의 매출액이 달성되는 지점으로 총매출액(총수익)과 총비용(총원가)이 같아지는 판매량(매출액)

재무제표 회사의 경영 활동에 관한 정보를 보고하기 위해 일정 시점의 기업의 재무적 상태나 활동 결과를 요약한 표로 특정 기간 동안에 특정 회계실체에 관련하여 발생된 거래를 측정·기록·분류·요약한 회계 보고서

재무상태표 연속적인 기업의 경영활동 중 일정 시점의 기업 재무상태를 나타내며 자산, 부채, 자본의 3가지 항목으로 표시

손익계산서 기업의 일정 기간 달성한 경영 성과를 나타내는 보고서로 일정 기간 실현된 수익과 비용의 차이를 순이익 형태로 보고하는 회계자료

현금흐름표 일정 기간 기업의 현금흐름을 나타내는 재무제표로 영업활동, 투자활동, 재무활동에 따른 현금 유입과 유출에 대한 구체적인 정보 제공

재무제표 분석 재무제표를 통하여 기업의 재무상태나 영업 실적을 분석

수익성 비율 외식기업의 이익 창출능력을 평가하는 지표로 매출액에 비하여 또는 투자자본에 비하여 어느 정도의 이익을 올렸는지를 측정

안전성 비율 외식기업의 채무를 지급할 수 있는 능력을 평가하는 지표로 기업위험도와 밀접한 관계가 있음

성장성 비율 외식기업의 규모 및 영업활동 결과가 전년보다 얼마나 증가했는지를 평가하는 지표로 기업의 미래 경쟁력과 수익창출능력을 나타냄

활동성 비율 수입 증대를 위하여 투입한 자본과 영업활동의 성과인 매출액을 비교하여 매출액으로 활동성의 정도를 평가하는 지표

참고문헌
REFERENCE

김영갑, 박노진(2016). 성공하는 식당에는 이유가 있다. 교문사.

송수근, 백남길(2012). 외식조리 원가관리. 백산출판사.

쇼가키야스히코(2012). 맛있어서 잘 팔리는 게 아니고 잘 팔리는 것이 맛있는 요리다. 잇북.

식품외식경제(2011). 인건비 무작정 줄인다고 경영개선 되나.

식품외식경제(2018). 경영혁신의 기본, 스마트 소싱(Smart-Sourcing).

식품외식경제(2020). 셰프봇·카페봇·서빙봇… 사람 대신 로봇이 일한다.

아이뉴스(2020). 그 많던 패밀리 레스토랑 어디로 사라졌나… 외식시장 '휘청'

RGM 외식경영 (2014). 일본 이탈리안 패밀리 레스토랑 〈사이제리야〉.

양일선 외(2004). 단체급식. 교문사.

이권복, 고승식(2008) 호텔 외식사업 원가관리론. 동일출판사.

이진미(2014). 외식원가관리. 백산출판사.

진양호(2014). 호텔 & 외식산업 원가관리론. 지구문화사.

최규완, 박현정, 신서영, 양일선(2007). 외식프랜차이즈 기업의 수익성과 영향 요인 분석. 한국식품조
    리과학회지, 23(2):270-279.

한경수 외(2005). 외식경영학. 교문사.

한국경제신문(2015). 외식시장 가격파괴 바람.

한국외식신문(2019). 음식점 성패, 원가관리능력에 달려.

한국일보(2018). 패밀리레스토랑 떠난 자리에 커피점 속속.

Dopson, L.R. & Hayes, D.K.(2011). Food and Beverage Cost Control. Wiley & Sons, Inc.
    Hoboken, New Jersey.

Hwang, J.(2008). Restaurant table management to reduce customer waiting times, Journal of
    Foodservice Business Research, 11(4), 334-351.

Kimes, S.E.(1999). Implementing Restaurant Revenue Management Cornell Hotel and
    Restaurant Administration Quarterly, 40(3), 16-21.

Kimes, S.E.(2004). Restaurant revenue management: Implementation at Chevys Arrowhead,
    Cornell Hotel and Restaurant Administration Quarterly, 45(1), 52-67.

National Restaurant Association(2013). Controlling Foodservice Costs. Pearson.

금융감독원 홈페이지. www.dart.fss.or.kr.

찾아보기
INDEX

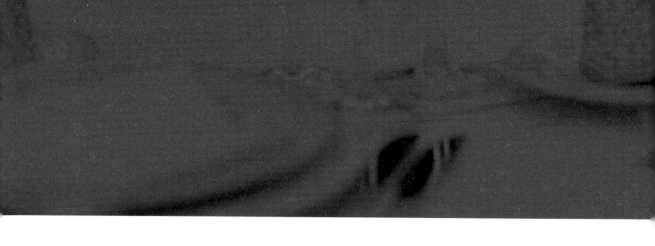

지은이
AUTHORS

양일선

연세대학교 생활과학대학 식품영양학과 교수 역임
연세대학교 생활환경대학원 호텔·외식·급식경영 전공 주임교수 역임
연세대학교 알렌관(Guest House) 관장 / 생활관 관장
연세대학교 여학생처장
연세대학교 사회교육원 원장
연세대학교 교무처장
연세대학교 교학부총장
연세대학교 생활과학대학 식품영양학과 명예교수

농림수산식품부, 문화관광부, 외교부 정책자문위원 역임
한식세계화추진단 민간 단장 역임
한식재단 이사장 역임
한국과학기술단체총연합회 부회장 역임
민관합동 글로벌외식기업 협의체 민간위원장
대한영양사협회 회장 역임(현 감사)
대한가정학회 회장 역임(현 고문)
한국식생활문화학회 회장 역임(현 고문)
Asia-Pacific Council of Hotel & Restaurant & Institutional
　　Educators(APacCHRIE) President
한국외식산업경영연구원 이사

주요 저서

Inventory Control Systems in Food Service Organizations(1992).
The Practice of Graduate Research in Hospitalithy and
　　Tourism(1999, 공저).
개정판 식품구매(2010, 공저).
유아를 위한 영양교육(1997, 공저).
단체급식 4판(2011, 공저).
급식경영학 4판(2013, 공저).

김혜영

연세대학교 대학원 식품영양학과 급식외식경영전공 석사
연세대학교 대학원 식품영양학과 급식외식경영전공 박사
가톨릭대학교 교육대학원 강의전담교수 역임
연세대학교 생활환경대학원 호텔·외식·급식경영전공 겸임교수
배화여자대학교 식품영양과 겸임교수

남궁영

연세대학교 생활과학대학 식품영양학과 학사
연세대학교 대학원 식품영양학과 급식외식경영전공 석사
Purdue University Hospitality and Tourism Management 급식외
　　식경영전공 박사

Research International(현 TNS Research International) 연구원
　　근무
삼성에버랜드 푸드컬쳐사업부 신사업추진팀 근무
외식산업정책학회 이사
경희대학교 호텔관광대학 Hospitality경영학부 교수

박문경

중앙대학교 가정대학 식품영양학과 학사
연세대학교 대학원 식품영양학과 급식외식경영전공 석사
연세대학교 대학원 식품영양학과 급식외식경영전공 박사
배화여자대학교 식품영양과 겸임교수 역임
한양여자대학교 식품영양과 교수

백승희

연세대학교 생활과학대학 식품영양학과 학사
연세대학교 생활환경대학원 식품영양학과 급식외식경영전공 석사
연세대학교 대학원 식품영양학과 급식외식경영전공 박사
국방부 급양분야 정책자문위원 역임
필리핀 University of Santo Tomas, Research Fellow 역임
CJ 주식회사 Food Service 사업부 대리 역임
신구대학교 호텔외식F&B과 부교수

신서영

연세대학교 생활과학대학 식품영양학과 학사
연세대학교 대학원 식품영양학과 급식외식경영전공 석사
연세대학교 대학원 식품영양학과 급식외식경영전공 박사
The HongKong Polytechnic University, School of Hotel &
　　Tourism Management, Research Fellow 역임
연세대학교 생활환경대학원 호텔·외식·급식경영 전공 객원교수 역임
서일대학교 자연과학대학 식품영양학과 부교수

이민아

연세대학교 생활과학대학 식품영양학과 학사
연세대학교 대학원 식품영양학과 급식외식경영전공 석사
연세대학교 내학원 식품영양학과 급식외식경영전공 박사
베니건스(riseON*(주)) R&D Team 주임 근무
한국식품연구원 융합기술연구본부(외식산업연구팀) 선임연구원 근무
한국관광학회 한국호텔외식경영분과학회 산학협력이사 역임
농림수산식품부 한식산업회·세계화 전략 T/F위원 역임
농림수산식품부 외식산업포럼위원 역임
국민대학교 자연과학대학 식품영양학과 부교수

장윤정

연세대학교 생활과학대학 식품영양학과 학사
연세대학교 대학원 식품영양학과 급식외식경영전공 석사
연세대학교 대학원 식품영양학과 급식외식경영전공 박사
Iowa State University Hospitality Management 외식경영전공
　　박사
(주)아워홈 Food Service 사업부 근무
Florida State University, College of Business, Dedman School
　　of Hospitality, Research faculty 역임
Florida State University, College of Business, Dedman School
　　of Hospitality, 겸임교수 역임
연세대학교 생활환경대학원 호텔·외식·급식경영전공 겸임교수
　　역임
우송대학교 Sol International School 글로벌외식창업학과 조교수

정유선

연세대학교 생활과학대학 식품영양학과 학사
연세대학교 대학원 식품영양학과 급식외식경영전공 석사
연세대학교 대학원 식품영양학과 급식외식경영전공 박사
한국외식정보(주) 월간식당 기자 근무
신촌세브란스 병원 영양팀 영양사 근무
서일대학교 자연과학계열 식품영양전공 겸임교수

조미나

연세대학교 생활과학대학 식품영양학과 학사
연세대학교 대학원 식품영양학과 식품학전공 석사
연세대학교 대학원 식품영양학과 급식외식경영전공 박사
샘표식품 연구소 연구원 근무
CJ제일제당 식품연구소 수석연구원 역임
전주대학교 문화관광대학 외식산업학과 조교수 역임
한국관광학회 호텔외식경영분과학회 학술대회조직위원장 역임
수원대학교 경상대학 호텔관광학부 부교수

차성미

연세대학교 생활과학대학 식품영양학과 학사
연세대학교 대학원 식품영양학과 급식외식경영전공 석사
연세대학교 대학원 식품영양학과 급식외식경영전공 박사
농촌진흥청 국립농업과학원 농식품자원부 연구사 근무
NCS(국가직무능력표준) 외식경영-외식운영관리 개발위원
한양여자대학교 외식산업과 부교수

차진아

서울대학교 생활과학대학 식품영양학과 학사
연세대학교 대학원 식품영양학과 급식외식경영전공 석사
연세대학교 대학원 식품영양학과 급식외식경영전공 박사
대한영양사협회 전라북도 영양사회 회장 역임
전주시 완산구 어린이급식관리지원센터장 역임
전주대학교 문화관광대학장 역임
전주대학교 문화관광대학 한식조리학과 교수

한경수

연세대학교 공과대학 식품공학과 학사
연세대학교 대학원 식품영양학과 급식외식경영전공 석사
연세대학교 대학원 식품영양학과 급식외식경영전공 박사
Saint John's University 교환교수 역임
한국관광학회 호텔외식경영분과학회장 역임
ApaCHRIE 한국 Country representative
한국관광학회 부회장및 학술대회조직위원장
한국식생활문화학회 홍보이사
경기대학교 관광대학 외식조리학과 교수

함선옥

연세대학교 생활과학대학 식품영양학과 학사
연세대학교 대학원 식품영양학과 급식외식경영전공 석사
Purdue University Restaurant, Hotel & Institution Management
　　급식외식경영전공 박사
University of Kentucky 종신교수(tenured professor) 역임
미국 Kentucky주 레스토랑협회 위원
한국 호텔외식경영학회 국제교류부위원장 역임
Iowa State University Research Collaboration Full Professor
연세대학교 생활환경대학원 호텔·외식·급식경영 전공 주임교수
연세대학교 생활과학대학 식품영양학과 교수

2판 외식사업경영

2016년 3월 2일 초판 발행 | 2021년 3월 5일 2판 발행 | 2023년 2월 14일 2판 2쇄 발행

지은이 양일선 외 | **펴낸이** 류원식 | **펴낸곳 교문사**

편집팀장 김경수 | **책임진행** 이정화 | **디자인** 신나리 | **본문편집** 우은영 | **표지디자인** 김인수

주소 (10881)경기도 파주시 문발로 116 | **전화** 031-955-6111 | **팩스** 031-955-0955
홈페이지 www.gyomoon.com | **E-mail** genie@gyomoon.com
등록 1968. 10. 28. 제406-2006-000035호
ISBN 978-89-363-2163-5(93590) | **값** 22,000원